Teubner Studienbücher Chemie

S. Warren
Organische Retrosynthese

Teubner Studienbücher Chemie

Herausgegeben von
Prof. Dr. rer. nat. Christoph Elschenbroich, Marburg
Prof. Dr. rer. nat. Friedrich Hensel, Marburg
Prof. Dr. phil. Henning Hopf, Braunschweig

Die Studienbücher der Reihe Chemie sollen in Form einzelner Bausteine grundlegende und weiterführende Themen aus allen Gebieten der Chemie umfassen. Sie streben nicht die Breite eines Lehrbuchs oder einer umfangreichen Monographie an, sondern sollen den Studenten der Chemie – aber auch den bereits im Berufsleben stehenden Chemiker – kompetent in aktuelle und sich in rascher Entwicklung befindende Gebiete der Chemie einführen. Die Bücher sind zum Gebrauch neben der Vorlesung, aber auch – da sie häufig auf Vorlesungsmanuskripten beruhen – anstelle von Vorlesungen geeignet. Es wird angestrebt, im Laufe der Zeit alle Bereiche der Chemie in derartigen Lehrbüchern vorzustellen. Die Reihe richtet sich auch an Studenten anderer Naturwissenschaften, die an einer exemplarischen Darstellung der Chemie interessiert sind.

Organische Retrosynthese

Ein Lernprogramm zur Synthese-planung

Von Prof. Stuart Warren
University Chemical Laboratory Cambridge

Aus dem Englischen übersetzt von
Dr. Thomas Laue, Braunschweig

B. G. Teubner Stuttgart 1997

Die Deutsche Bibliothek – CIP-Einheitsaufnahme

Warren, Stuart G.:
Organische Retrosynthese : ein Lernprogramm zur Syntheseplanung /
von Stuart G. Warren. Aus dem Engl. übers. von Thomas Laue. –
Stuttgart : Teubner, 1997
(Teubner-Studienbücher : Chemie)
Einheitssacht.: Designing organic syntheses <dt.>
ISBN 978-3-519-03541-1 ISBN 978-3-322-91222-0 (eBook)
DOI 10.1007/978-3-322-91222-0

Titel der Originalausgabe: Designing Organic Syntheses –
A Programmed Introduction to the Synthon Approach

Nachdrucke 1979, 1980, 1981, mit Korrekturen 1983, 1986, 1987, 1989, 1991, 1992, 1994, 1996

Vorwort des Autors

Es gibt einige exzellente Bücher über Synthesen in der Organischen Chemie, aber die meisten präsentieren komplette Synthesen von komplexen Molekülen. Sie übersetzen aus der Sprache der Synthese in die der Organischen Chemie. Mit diesem Buch habe ich versucht, den Lesern die Sprache der Synthese zu vermitteln.

Das Programm wurde ursprünglich für Universitätsstudenten vor dem Vordiplom geschrieben. Nachdem der erste Studentenjahrgang dieses Lernprogramm genutzt hatte, wurde es von mir nochmals überarbeitet.

Ich danke den Doktoren Ian Fleming, Ted Mc Donald, Jim Staunton und Peter Sykes sowie den Studenten, die mir mit ihren Kommentaren bei der Überarbeitung geholfen haben. Dr. Denis Marrian danke ich für seine enthusiastische Hilfe beim Umsetzen des ursprünglichen Entwurfs in ein Buch und Frau Lesley Rolph für die Abfassung des Manuskripts.

Dieses Buch ist nur Bestandteil eines umfassenden Pakets zur organischen Syntheseplanung. Mein Lehrbuch "Organic Synthesis: The Disconnection Approach" und das dazugehörende Arbeitsbuch (beide 1983 von Wiley veröffentlicht) komplettieren die Reihe.

Cambridge 1983 *Stuart Warren*

Vorwort des Übersetzers

Ist es im Zeitalter der Globalisierung / Internationalisierung mit weltweiten Datenautobahnen noch sinnvoll, ein Chemiebuch aus dem Englischen zu übersetzen? Muß nicht der Chemiestudent diese Sprache ohnehin beherrschen, zumal der größte Teil der Veröffentlichungen in englischer Sprache verfaßt wird? Diese und andere Fragen stellen sich für den Übersetzer und den Verlag im Vorfeld eines solchen Projekts.

Ich halte eine Übersetzung aus mehreren Gründen für gerechtfertigt. Das Buch wendet sich an Studenten, die am Anfang ihres Studiums stehen. Erfahrungsgemäß greifen diese bevorzugt zu deutschsprachiger Literatur - die Bedeutung des Englischen wird ihnen zumeist erst während des Studiums bewußt. Auf dem deutschsprachigen Lehrbuchmarkt gibt es aber bislang keinen Text dieser Art. Die Übersetzung gab mir die Gelegenheit, das gesamte Layout neu zu gestalten - die Formelzeichnungen in der englischen Ausgabe entsprechen nicht dem heute erwarteten Qualitätsstandard. Weiterhin habe ich die Gelegenheit genutzt, die Lehrbuchzitate zu aktualisieren. Und schließlich bin ich der Meinung, daß mit der Übersetzung ein hervorragendes, aber ein wenig in Vergessenheit geratenes Buch der Öffentlichkeit wieder zugeführt werden könnte.

Während ich dieses Buch übersetzt habe, konnte ich eine Reihe von Gesprächen mit Diplomanden und Doktoranden der Organischen Chemie über das Thema Retrosynthese führen und mußte feststellen, daß häufig das Wissen nicht auf systematischen Grundlagen basiert, sondern jeder seine eigenen Vorstellungen von der Vorgehensweise hat. Auch an diese Leser, die sich schon intensiv mit Organischer Chemie auseinandergesetzt haben, wendet sich dieses Buch. Diesem Leserkreis werden viele der verwendeten Reaktionen sehr einfach vorkommen, und es mag sogar der Eindruck entstehen, daß neuere, wichtige Reaktionen fehlen. Doch das Entscheidende ist die systematische Vorgehensweise bei der Syntheseplanung, die man in diesem Buch vermittelt bekommt. Das Übertragen auf komplexere Moleküle, auf neuere Reaktionen, stellt, wenn man die Systematik verstanden hat, kein Problem mehr dar.

Mein Dank gilt den Herren Prof. Dr. H. Hopf, Dr. B. Kaiser, T. Ritter und im besonderen meiner Frau Heike für ihre Hilfe und ihr Verständnis.

Braunschweig 1997 *Thomas Laue*

Anmerkung für Dozenten

Dieses Buch soll Studenten in die Lage versetzen, sich den Stoff selbst anzueignen, was für den Dozenten aber nicht unbedingt weniger Arbeit bedeuten muß. Denn die Studenten entdecken ihre Wissenslücken, und sollten deshalb intelligentere Fragen stellen, als wenn sie ein Lehrbuch lesen oder ihre eigenen Aufzeichnungen überarbeiten. Mein Ziel ist es, Ihnen mehr Zeit für wirklichen Unterricht zu geben. Das Buch sollte die Grundlage bilden, auf der Sie entsprechende Aufgaben stellen und dann ertragreich diskutieren.
Das Buch selbst hat viele Aufgaben zur Retrosynthese - Syntheseplanung (siehe Anwendungs- und Wiederholungsaufgaben, und solche ohne ausgearbeitete Lösung). Weitere Aufgaben zur Syntheseplanung finden Sie in den unten angegebenen Literaturstellen. Die Literaturhinweise sind so, daß der Dozent, wenn er gefragt wird, Einzelheiten nachschlagen kann - ich denke, daß nur wenige Studenten die Literaturhinweise nutzen werden.

Literatur mit weiteren Aufgaben:

N. Anand, J. S. Bindra, S. Ranganathan, *Art in Organic Synthesis*, Holden Day, San Francisco, **1970**.

J. Ap Simon (Hrsg.), *The Total Synthesis of Natural Products*, Wiley, New York **1973 - 81**, 4 Bände

K. Nakanishi et. al., *Natural Pruducts Chemistry*, Academic Press, New York, **1974**, 2 Bände.

E. J. Corey, Xue-Min Cheng, *The Logic of Chemical Synthesis*, Wiley, New York, **1989**.

J. Fuhrhop, G. Penzlin, *Organic Synthesis*, 2. Aufl.,VCH, Weinheim, **1994**.

F. Serratosa, J. Xicart, *Organic Chemistry in Action*, 2. Aufl., Elsevier, Amsterdam, **1996**.

Inhaltsverzeichnis

Was müssen Sie wissen, bevor Sie beginnen?

Obwohl das Programm Sie auch in einige neue Reaktionen einführen wird, ist sein Hauptanliegen, eine analytische Methode für das Entwerfen von Synthesen vorzustellen. Dafür sollten Sie mit den Grundlagen der Organischen Chemie vertraut sein, d.h. die wichtigsten Reaktionen kennen und ihren Mechanismus aufzeichnen können. Als Chemiestudent nach dem Vordiplom oder wenn Sie noch weiter fortgeschritten sind, werden Sie in der Lage sein, das Buch zügig durchzuarbeiten und die neue Methode zu lernen, ohne daß Sie Lehrbücher hinzuziehen müssen. Für Leser ohne fundierte Kenntnisse der Organischen Chemie wird es nötig sein, nebenher noch neue Reaktionen zu lernen. Zu diesem Zweck können Sie eines der folgenden Lehrbücher der Organischen Chemie heranziehen:

J. March, *Advanced Organic Chemistry*, 4. Aufl., Wiley, New York, **1992**.

A. Streitwieser, C. H. Heathcock, E. M. Kosower, *Organische Chemie*, 2. Aufl., VCH, Weinheim, **1994**.

K. Peter, C. Vollhardt, Neil E. Schore, *Organische Chemie*, 2. Aufl., VCH, Weinheim, **1995**.

M. A. Fox, J. K. Whitesell, *Organische Chemie*, Spektrum Verlag, Heidelberg, **1995**.

Sowie zu Namen- und Schlagwortreaktion:

T. Laue, A. Plagens, *Namen- und Schlagwort-Reaktionen der Organischen Chemie*, 3. Aufl., Teubner, Stuttgart, **1998**.

Sicherlich werden Sie Kommilitonen finden, mit denen Sie über diese Lernmethode sprechen können, und Sie werden feststellen, daß es hilfreich ist, schwierigere Probleme gemeinsam mit anderen zu bearbeiten. Die Anwendungsaufgaben und Probleme ohne detaillierten Lösungsweg sind gut dafür geeignet. In einigen Fällen sind Verweise auf die Originalliteratur gegeben, damit Sie die Möglichkeit haben, Details über einzelne Synthesen nachzuschlagen. Sie können dieses Buch aber auch ohne die Zuhilfenahme der Primärliteratur durcharbeiten.

Wie man das Programm benutzt

Das entscheidende am programmierten Lernen ist, daß Sie in Ihrem eigenen Tempo lernen und selbst Ihren Fortschritt überprüfen können. Sie werden Informationen und Vorstellungen in Blöcken - in sogenannten Lernschritten - erhalten. Jeder ist numeriert und durch eine schwarze Linie vom nachfolgenden getrennt. Die meisten Lernschritte enthalten eine Frage oder Aufgabenstellung, zu der manchmal eine Erläuterung oder ein Hinweis und immer eine Antwort gegeben wird.

Sie sollten zu jeder Frage **Ihre Antwort aufschreiben**. Indem Sie dieses tun, erkennen Sie, ob Sie die Frage wirklich beantworten können oder nicht. Wenn Sie sich nur sagen "*Oh, ich kann das alles, ich brauche es nicht aufschreiben*" und sich die Antworten anschauen, vergeben Sie die Gelegenheit, Ihren eigenen Fortschritt zu überprüfen und betrügen sich wahrscheinlich selbst.

Wenn Sie anfangen, bedecken Sie die erste Seite mit einer Karte, die Sie solange nach unten verschieben, bis Sie den ersten Lernschritt lesen können. Lesen und bearbeiten Sie den ersten Lernschritt, dann enthüllen Sie den zweiten usw.. Sollten Sie mit Retrosynthesen nicht vertraut sein, so lesen Sie die Einführung "*Warum sich mit Retrosynthesen herumquälen?*", damit Sie erkennen, worauf ich hinaus will, da Ihnen ansonsten die ersten Abschnitte des Programms ziemlich sinnlos erscheinen werden.

Warum sich mit Retrosynthesen herumquälen?

Ziel des Programms ist es, daß Sie lernen sollen, eine organische Synthese selbst zu entwerfen.
Angenommen, Sie möchten die folgende Verbindung herstellen:

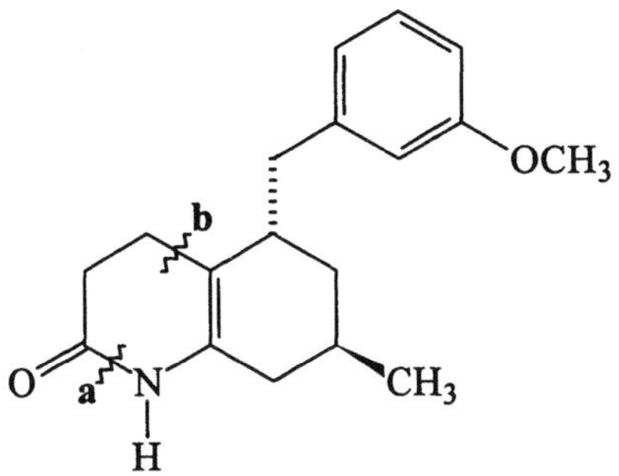

A

Sie würden feststellen, daß sie schon nach dem auf der nächsten Seite skizzierten Weg hergestellt wurde. Sie könnten dann die Edukte (Verbindung **B**, **C**, **E**, **H** und MeI) kaufen und mit der Arbeit beginnen. Aber angenommen, Verbindung **A** wurde niemals synthetisiert. Wie würden Sie eine Synthese dafür entwerfen? Sie kennen die Ausgangsmoleküle nicht - Sie kennen nur die Struktur des gewünschten Moleküls - des **Zielmoleküls**.
Offensichtlich müssen Sie mit dieser Struktur beginnen und rückwärts arbeiten. Der Schlüssel zum Problem sind die *funktionellen Gruppen* im Zielmolekül, in diesem Fall das Stickstoffatom, die Carbonylgruppe, die Doppelbindung und der Benzolring mit seinem Methoxyrest. Sie sollen durch das Programm lernen, daß es für die meisten funktionellen Gruppen eine oder mehrere gute Retrosyntheseschritte gibt. Dabei versteht man unter Retrosyntheseschritte imaginäre Prozesse, die Umkehrung realer chemischer Reaktionen, die eine Bindung im Zielmolekül spalten, um zu der Struktur einer neuen Verbindung zu führen, aus der man das Zielmolekül herstellen kann. Die Vorgehensweise ist folglich vom Produkt zum Edukt.

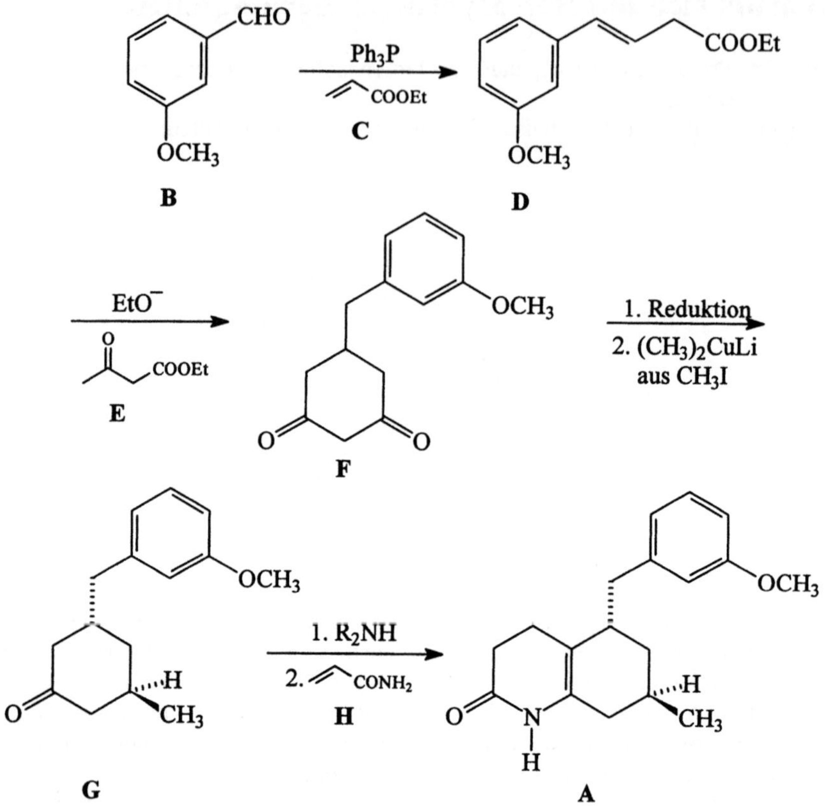

In diesem Fall ist die erste Bindungsspaltung **a** die einer C-N-Bindung, die zweite **b** die einer C-C-Bindung, die uns zu den Verbindungen **G** und **H** zurückführt:

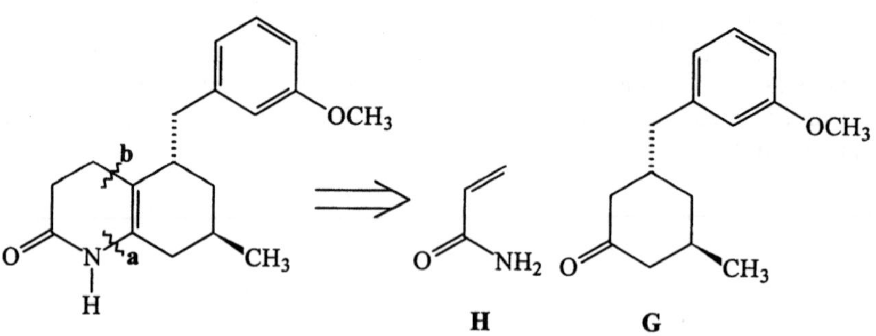

Dieses sind Standardretrosyntheseschritte, die Sie in den Abschnitten G und C dieses Programms kennenlernen werden.
Der erste Teil des Programms (Abschnitte B bis H) zeigt Ihnen, wie man Retrosyntheseschritte gebraucht, und was ein guter Retrosyntheseschritt ist. Im zweiten Teil lernen Sie, wie man zwischen alternativen Retrosyntheseschritten wählt, um zu einer guten Synthesesequenz zu gelangen.
Wenn Sie das Programm durchgearbeitet haben, sollten Sie in der Lage sein, Synthesen von Molekülen der Komplexität von **A** zu entwerfen. Wenn Sie vor dieses Problem gestellt würden, könnten Sie zu einer anderen als der oben gezeigten Lösung kommen, denn es gibt nicht nur eine einzige "richtige Antwort" zu einem Syntheseproblem - jedes gegebene Molekül könnte gut über einige verschiedene Wege erfolgreich hergestellt werden. In der Praxis müßte jeder Ihrer Vorschläge im Labor getestet werden, und als Ergebnis der Laborarbeit müßte Ihr Gesamtschema entsprechend modifiziert werden.

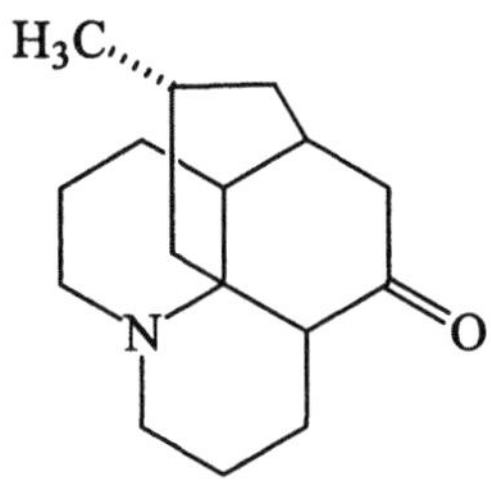

I

Es gab in der Tat mehrere Modifizierungen der Reaktionsfolge bei der Synthese von **A**. Mehr darüber können Sie in *Storks* Artikel in *Pure Appl. Chem.* **1968**, *17*, 383 lesen. Dort werden Sie sehen, daß er **A** als Intermediat in der Synthese des Alkaloids *Lycopodin* **I** genutzt hat. Dieses Zielmolekül liegt außerhalb des Umfangs dieses Programms, aber Organische Chemiker planen solche Synthesen nach denselben Prinzipien, wie Sie sie hier lernen werden. Zunächst müssen Sie in Abschnitt A lernen, wie man einen einfachen Retrosyntheseschritt gebraucht.

Glossar:

Retrosyntheseschritt:

Eine analytische Reaktion, die eine Bindung bricht und ein Molekül dabei in ein mögliches Edukt überführt. Das Gegenteil einer chemischen Reaktion - Entknüpfung einer Bindung im Gegensatz zu Knüpfung. Symbol ist der Retrosynthesepfeil, der Ort der Bindungsspaltung wird durch eine Zick-Zack-Linie gekennzeichnet.

FGI:

Umwandlung einer funktionellen Gruppe (*Functional Group Interconversion*): Ein Gedankenexperiment, bei dem man eine funktionelle Gruppe durch eine andere ersetzt, um einen Retrosyntheseschritt vorzubereiten. Wiederum die Umkehr einer tatsächlichen Reaktion. Symbol ist der Retrosynthesepfeil, mit den Buchstaben FGI darüber.

Synthetisches Äquivalent:

Ein Reagenz oder eine Verbindung, die für ein Synthon eingesetzt wird, da dieses oft zu instabil ist.

Synthon:

Das Fragment, das bei einem Retrosyntheseschritt gebildet wird. Ein Molekülteil, gewöhnlich ein Ion, das durch ein Gedankenexperiment entsteht und oft nicht stabil ist.

Zielmolekül:

Das Molekül, dessen Synthese geplant werden soll. Häufig mit **ZM** abgekürzt und durch die Nummer des Lernschrittes gekennzeichnet.

A. Einführung in die Retrosynthese

1. Bekanntlich kann man *t*-Butanol durch Hydrolyse von *t*-Butylchlorid herstellen:

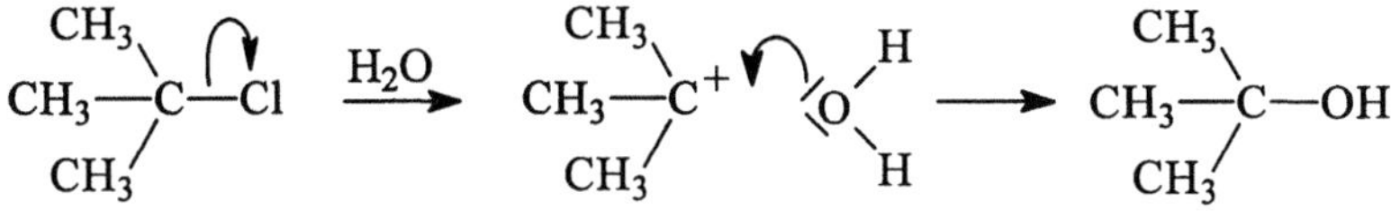

Zeichnen Sie den Mechanismus der imaginären Rückreaktion, der Bildung von *t*-Butylchlorid aus dem Alkohol!

2.

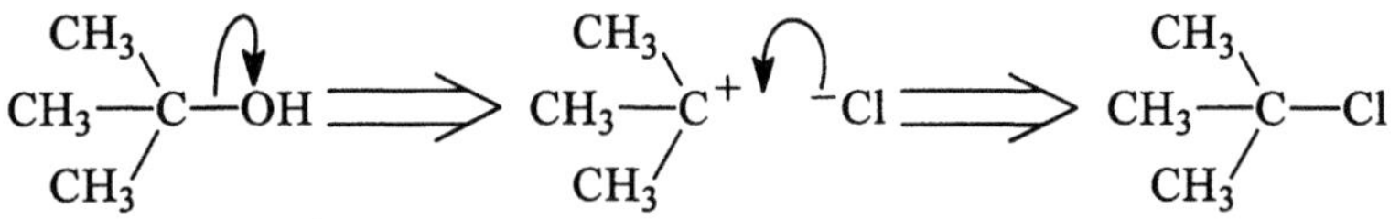

Dieser Retrosyntheseschritt entspricht der ursprünglichen Reaktion. Es ist eine Art Gedankenexperiment, das uns hilft, eine Synthese - in diesem Fall für *t*-Butanol - zu finden. Der Retrosynthesepfeil soll uns immer daran erinnern, daß wir nur die Umkehrung einer tatsächlichen Reaktion zeichnen. Der Leser sollte sich durch den ständigen Wechsel von Reaktions- und Retrosynthesepfeil nicht verwirren lassen.
Wir hätten natürlich jede andere Bindung des Zielmoleküls brechen können, beispielsweise die einer Methylgruppe:

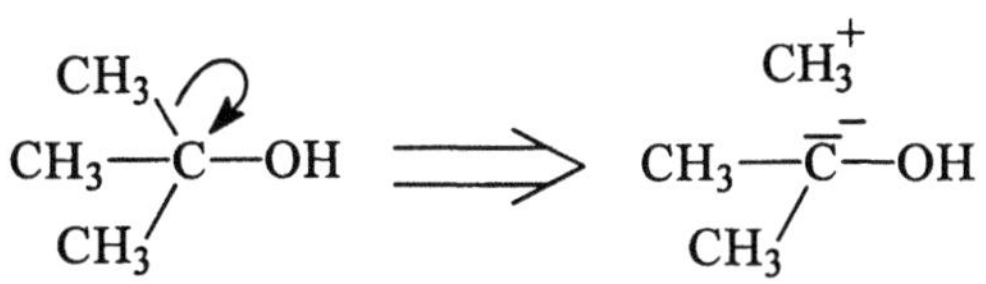

Warum ist diese Lösung weniger befriedigend als die oben diskutierte?

---

3. CH_3^+ und $(CH_3)_2COH^-$, die in einer wirklichen Reaktion als Intermediate durchlaufen werden müßten, sind aufgrund ihres hohen Energiegehalts sehr ungewöhnliche Spezies. Damit haben wir das erste Kriterium gefunden, an dem

man einen guten Retrosyntheseschritt erkennen kann: Er besitzt einen *schlüssigen Mechanismus*.
Wählen Sie für das Zielmolekül (**ZM 3**) aus den Alternativen **a** und **b** eine Bindungsspaltung aus. Zeichnen Sie die Retrosynthesepfeile und die Intermediate:

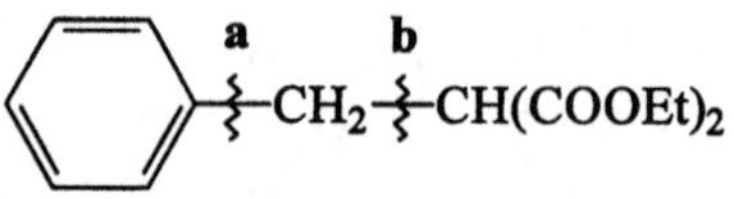

ZM 3

---

4. Die bessere Zerlegung des Moleküls ist **b**, denn es resultieren ein stabiles Kation und ein stabiles Anion:

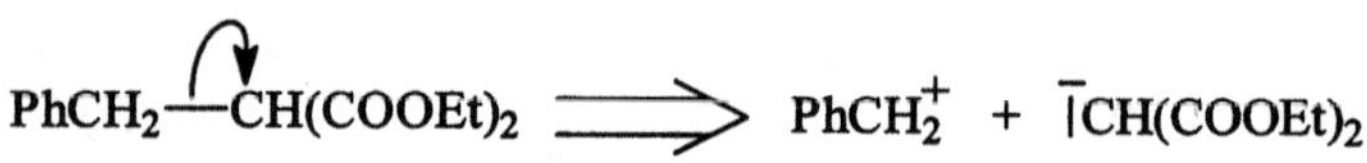

Aus Gründen der Platzersparnis ist der Benzolring, genauer gesagt der Phenylrest, in der obigen Zeichnung durch Ph abgekürzt. Unsere *Synthese* für Zielmolekül **3** ist eine einfache *Malonester-Synthese*:

---

5. Eine andere Gruppe von Reaktionen, bei der Sie sehr gut sehen können, daß Retrosynthesen die Umkehrung der Bildungsreaktionen beschreiben, sind pericyclische Reaktionen. Ein Beispiel ist die *Diels-Alder-Reaktion* von 1,3-Butadien mit Maleinsäureanhydrid.
Formulieren Sie den Mechanismus und das Produkt!

6.

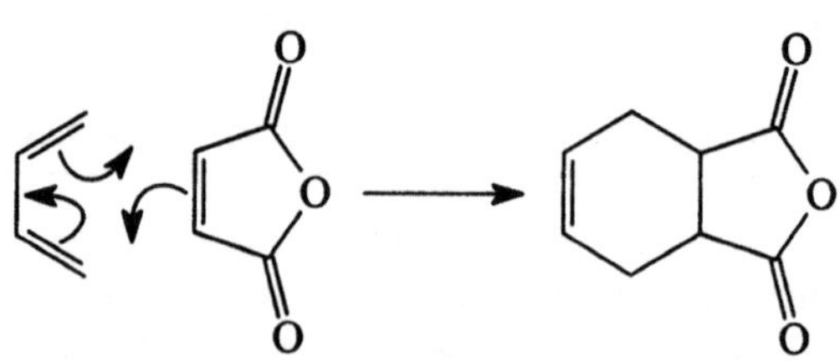

ZM 6

Zeichnen Sie nun den zu dem Produkt **ZM 6** gehörenden Retrosyntheseschritt (inklusive der Verschiebung der Elektronen) auf!

7.

ZM 6

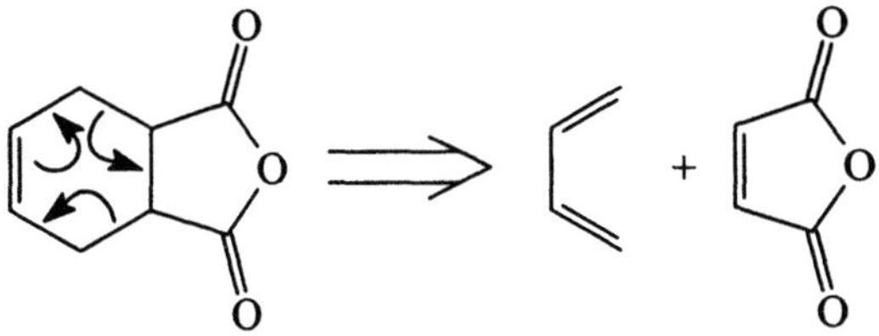

Die Doppelbindung im Sechsring zeigt uns, wo wir mit der Bindungsspaltung beginnen müssen.
Können Sie einen vergleichbaren Retrosyntheseschritt für Zielmolekül **7** finden?

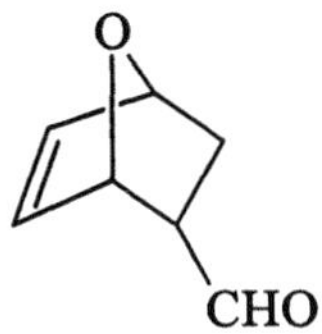

ZM 7

8.

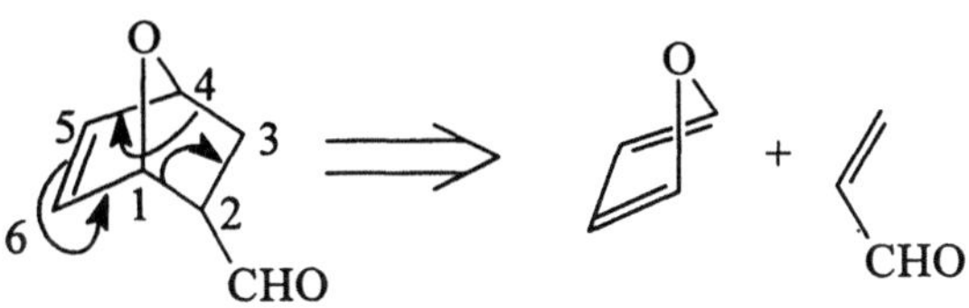

Sie mußten lediglich den Sechsring (siehe Numerierung) mit der Doppelbindung finden und die Pfeile einzeichnen.

---

9. Im folgenden wollen wir Retrosyntheseschritte benutzen, in denen ionische und pericyclische Reaktionen auftreten. Dabei ist es zweckmäßig, nach schlüssigen Mechanismen zu suchen und sich von diesen leiten zu lassen. Mit diesem Grundverständnis von Retrosynthesen sind Sie für den nächsten Abschnitt vorbereitet. Sie lernen dort zuverlässige Retrosyntheseschritte kennen, die Sie fast immer benutzen können, wenn Sie einzelne funktionelle Gruppen im Zielmolekül erkannt haben. Im nächsten Kapitel werden wir uns mit einfachen Retrosynthesen beschäftigen. Bei diesen ist für die Zerlegung der Zielmoleküle jeweils nur eine funktionelle Gruppe relevant.

B. Retrosynthesen für Moleküle mit nur einer funktionellen Gruppe

1. Retrosynthesen einfacher Alkohole

10. Allein durch die Suche nach einem schlüssigen Mechanismus mit stabilen Zwischenprodukten sollten Sie in der Lage sein, einen guten Retrosyntheseschritt für diesen Alkohol (**ZM 10**) vorzuschlagen:

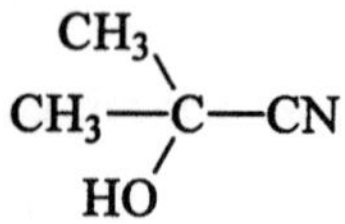

ZM 10

---

11. Betrachten wir zunächst die Spaltung der Bindung zwischen dem zentralen Kohlenstoffatom und der Nitrilgruppe:

Das Cyanid-Ion (CN^-) ist ein stabiles Anion, und das Kation wird durch die freien Elektronenpaare am Sauerstoff stabilisiert. Zeichnen Sie nochmals die Bindungsspaltung, diesmal unter Verwendung eines freien Elektronenpaares.

12.

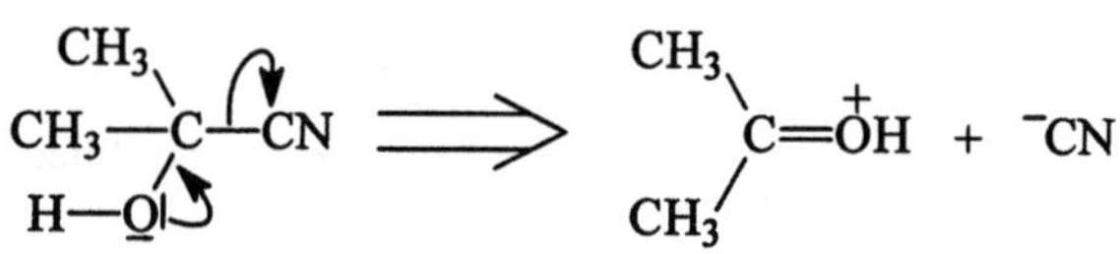

Welche tatsächliche Reaktion entspricht diesem Retrosyntheseschritt?

13.

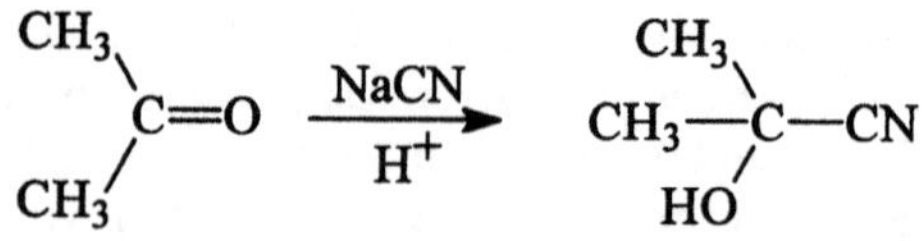

Sie haben sich wahrscheinlich die Reaktion schon vor der Anwendung des Retrosyntheseschritts vorstellen können! Alle einfachen Alkohole lassen sich in dieser Art aufspalten: Man wählt einfach den Substituenten aus, der zum stabilsten Anion führt, spaltet dessen Bindung und gelangt zur Carbonylverbindung:

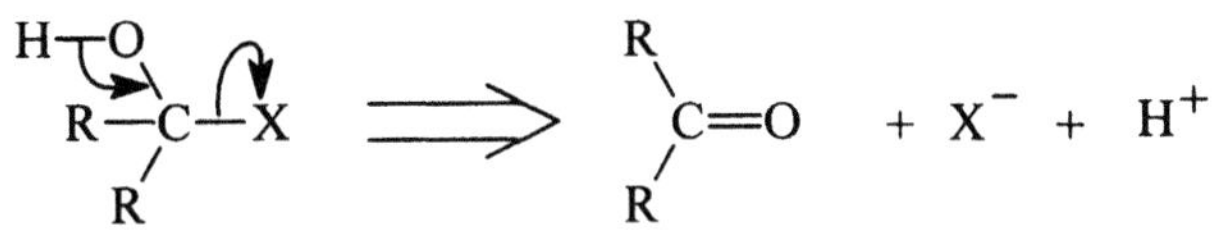

Schlagen Sie eine Retrosynthese für Zielmolekül **13** vor:

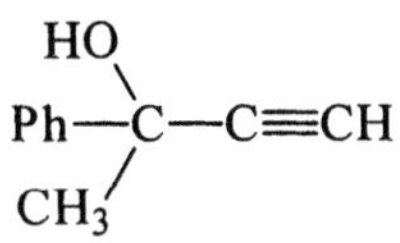

ZM 13

---

14. In diesem Fall ist das Acetylid-Anion das stabilste der drei möglichen Anionen und wird entsprechend abgespalten:

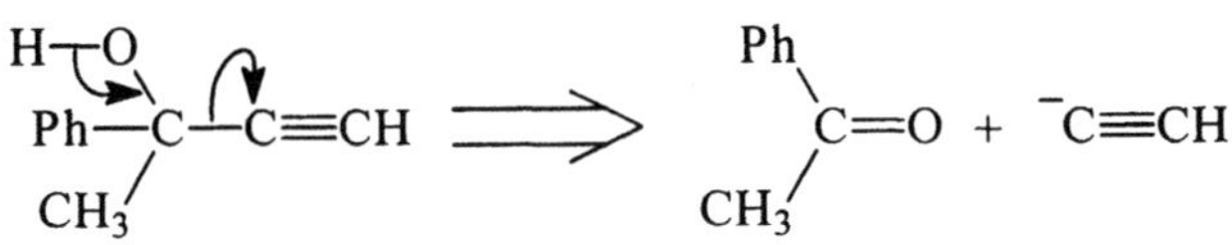

Wie lautet die tatsächliche Reaktion, nach der Zielmolekül **13** gebildet wird?

15.

$$HC{\equiv}CH \xrightarrow[\text{fl. } NH_3]{Na} HC{\equiv}C^- \xrightarrow{PhCOMe} \textbf{ZM 13}$$

Es ist häufig der Fall, daß keiner der Substituenten ein stabiles Anion bilden kann, und deshalb das synthetische Äquivalent des Anions verwendet werden muß, beispielsweise ein Grignard-Reagenz oder Alkyllithium. Wir benutzen "Et^-" als *Synthon*, für das EtMgBr das synthetische Äquivalent ist.

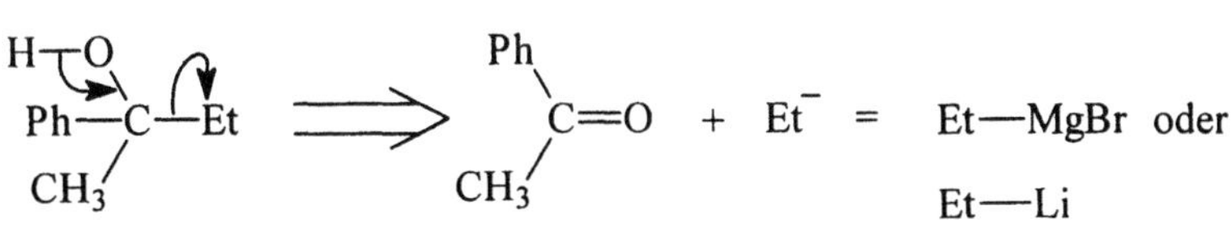

Zeichnen Sie die tatsächliche Reaktion - die Umkehrung dieses Retrosynthese-schrittes - unter Verwendung von Ethyllithium, und geben Sie den Mechanismus an!

16.

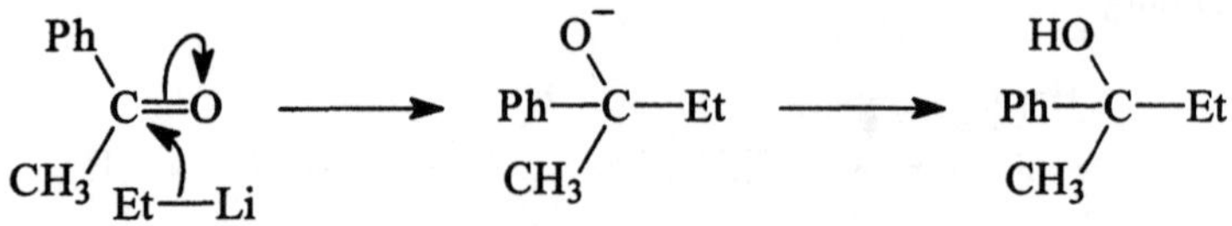

An diesem Beispiel können Sie sehen, wie Ethyllithium als Synthon "Et^-" fungiert, indem die Kohlenstoff-Lithium-Bindung gebrochen wird, und die Elektronen am im Vergleich zum Lithium elektronegativeren Kohlenstoff verbleiben.
Schlagen Sie eine Retrosynthese für Zielmolekül **16** vor!

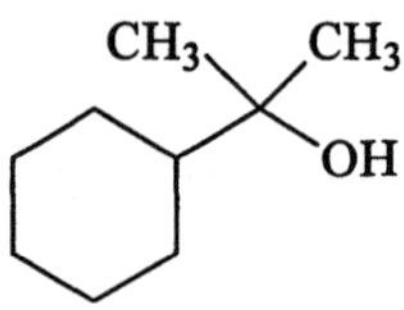

ZM 16

---

17. Es gibt zwei Möglichkeiten:

a)

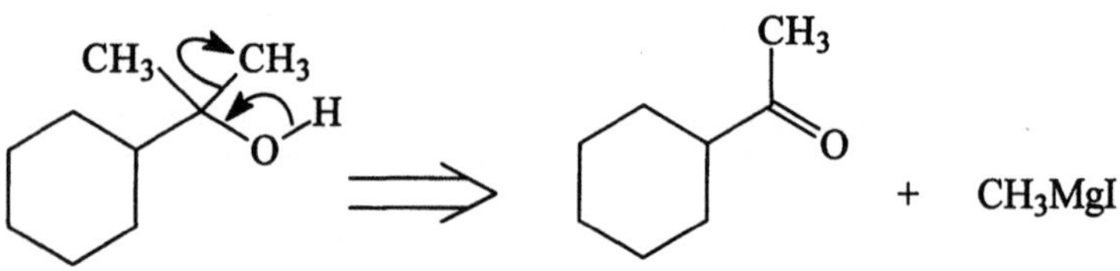

b)

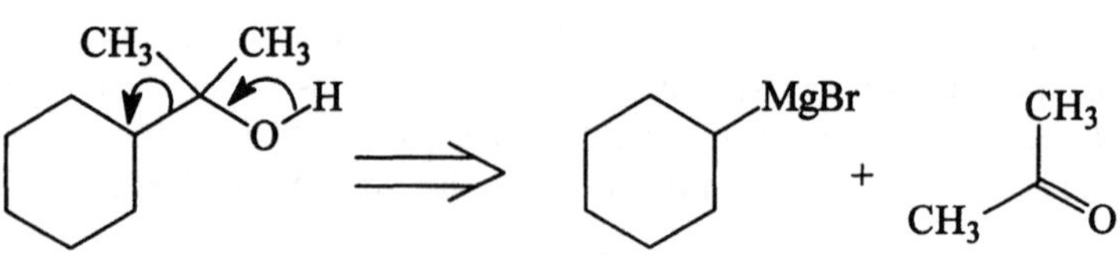

Beide besitzen schlüssige Mechanismen, aber wir ziehen **b** vor, weil diese Zerlegung zu einer *stärkeren Vereinfachung* führt. Weg **a** trennt einfach ein Kohlenstoffatom ab und führt zu einem Zwischenprodukt, das genauso schwierig herzustellen ist wie Zielmolekül **16**. Route **b** hingegen spaltet das

Molekül in zwei Stücke - Aceton und Cyclohexylbromid - auf, die sich in ihrer Größe und strukturellen Komplexität nicht so stark unterscheiden.
Damit haben wir nun zwei Kriterien für einen guten Retrosyntheseschritt: Wir suchen zum einen nach einem schlüssigen Mechanismus und zum anderen nach der stärksten Vereinfachung.

---

18. Eine alternative Lösung zu diesem Problem ergibt sich unter der Voraussetzung, daß zwei der Gruppen am tertiären Alkohol identisch sind, und beide in einem einzigen Retrosyntheseschritt abgespalten werden können. Dadurch erhalten wir einen Ester und zwei Moleküle Grignard-Reagenz:

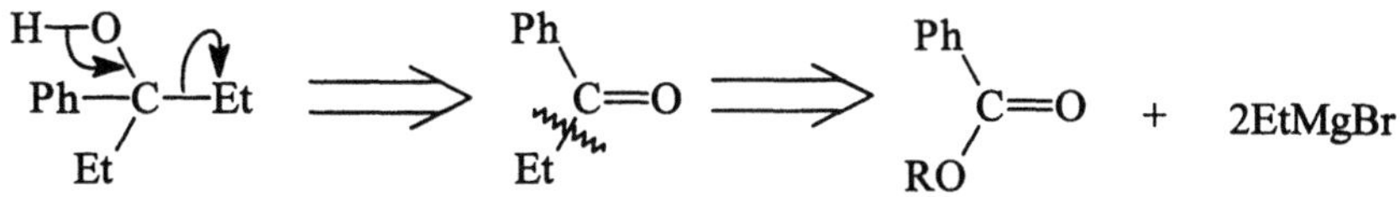

Die Bruttoreaktion lautet folglich:

$$PhCOOR \xrightarrow{2\ EtMgBr} PhC(Et)_2OH$$

Wie würden Sie Zielmolekül **18** herstellen?

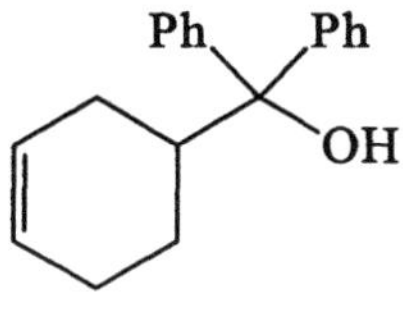

ZM 18

19.

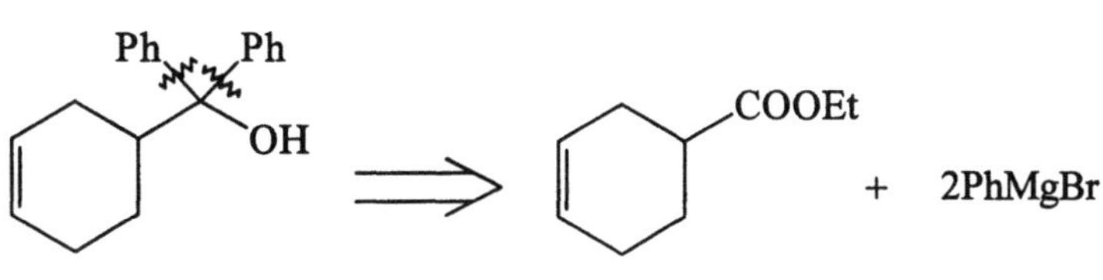

ZM 19

Versuchen Sie, fortzufahren und noch eine weitere Stufe zurückzugehen, das heißt eine Retrosynthese für Zielmolekül **19** zu formulieren!

---

20. Zielmolekül **19** besitzt eine Doppelbindung in einem sechsgliedrigen Ring, weshalb wir die Rückreaktion der *Diels-Alder-Reaktion* (*Retro-Diels-Alder-Reaktion*) benutzen können (Lernschritte 5 - 8):

ZM 19

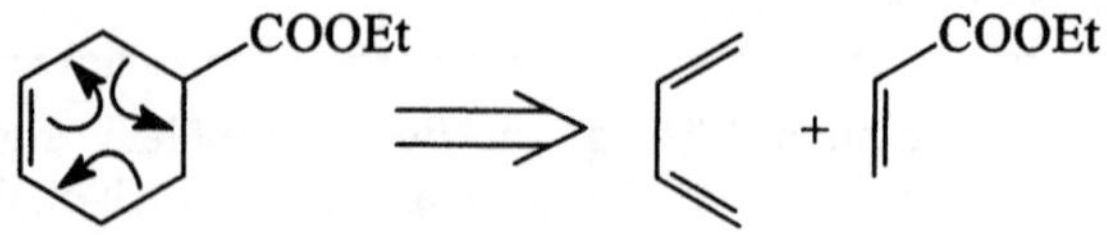

Bedenken Sie, daß die *Diels-Alder-Reaktion* am besten funktioniert, wenn eine elektronenziehende Gruppe (hier COOEt) in der *Dienophil*-Komponente enthalten ist.

---

21. Ist einer der Nachbarsubstituenten der Hydroxylgruppe eines Alkohols ein Wasserstoffatom, so läßt sich die folgende Retrosynthese formulieren:

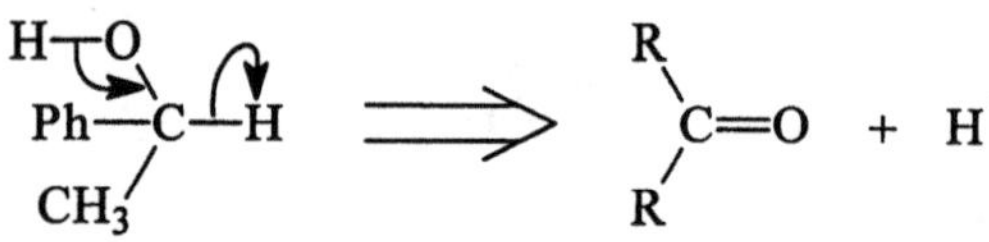

Synthetische Äquivalente für das Synthon H^- sind die Hydriddonatoren Natriumborhydrid ($NaBH_4$) und Lithiumaluminiumhydrid ($LiAlH_4$).
Wie könnten Sie mit einem solchen Retrosyntheseschritt Zielmolekül **21** herstellen?

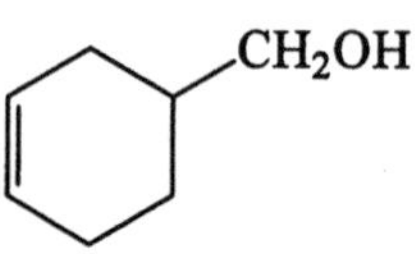

ZM 21

---

22. Entfernen Sie entweder eines oder beide Wasserstoffatome:

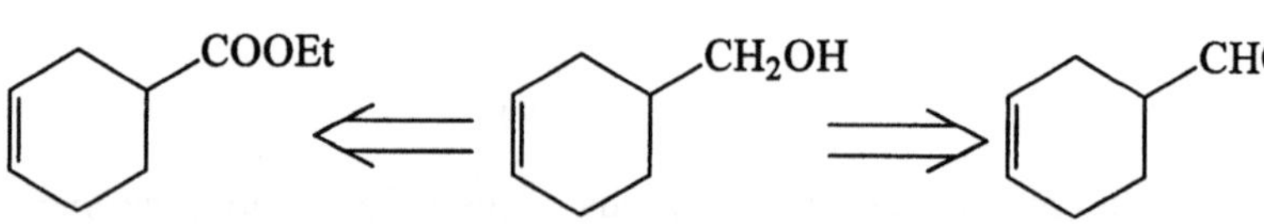

Die Edukte für beide Reaktionen können wiederum durch *Diels-Alder-Reaktion* hergestellt werden.

Die kompletten Synthesen lauten folglich:

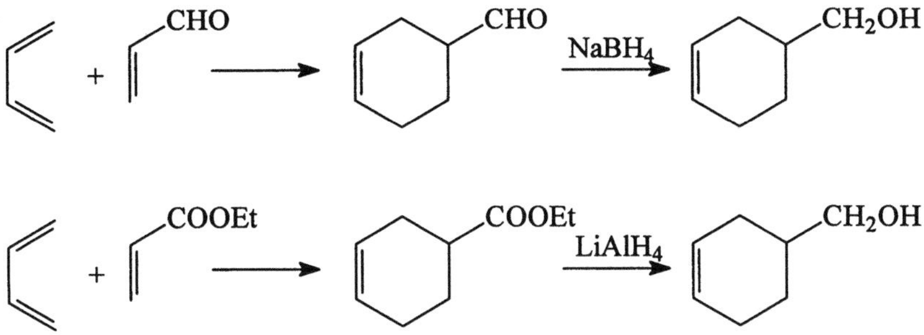

Beachten Sie, daß Natriumborhydrid Aldehyde und Ketone, nicht aber Ester reduziert, während Lithiumaluminiumhydrid mit allen Carbonylverbindungen reagiert. Keines der beiden Reagenzien greift eine isolierte Doppelbindung an.

2. Verbindungen, die sich von Alkoholen ableiten lassen

23. Haben Sie bemerkt, daß die Retrosynthesen, an denen H^- beteiligt war, einfache Redoxreaktionen sind, die das Kohlenstoffskelett des Moleküls nicht verändern? Es handelt sich dabei folglich nicht um wirkliche Retrosyntheseschritte, sondern um **Umwandlungen von funktionellen Gruppen**, die wir mit **FGI** (*Functional Group Interconversion*) abkürzen wollen.
Die Alkohol-Funktion spielt eine Schlüsselfunktion bei der organischen Synthese. Ihre Herstellung kann durch einen der wichtigsten Retrosyntheseschritte geplant werden, und sie läßt sich in eine ganze Reihe anderer funktioneller Gruppen überführen.
Schreiben Sie drei Substanzklassen auf, die sich durch FGI eines Alkohols herstellen lassen!

24. Sie hätten jede Substanzklasse aus diesem Diagramm auswählen können (und es gibt noch weitere!):

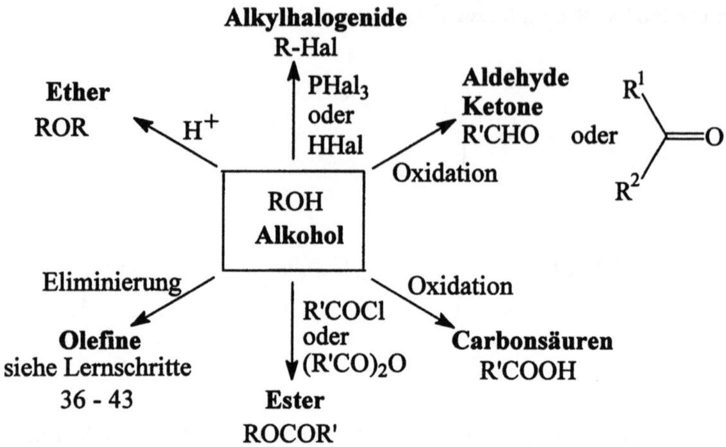

---

25. Diese Umwandlungen der funktionellen Gruppe sind größtenteils sehr effizient und gut geeignet. Die Synthese jeder dieser Verbindungen läßt sich am leichtesten über die Zwischenstufe des Alkohols planen, für den man dann eine Retrosynthese sucht.
Wie würden Sie Zielmolekül **25** herstellen?

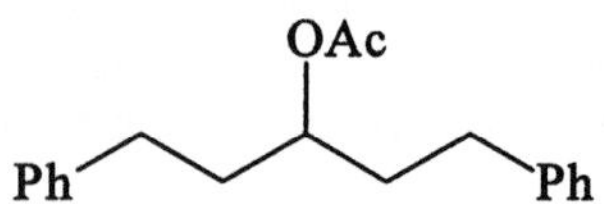

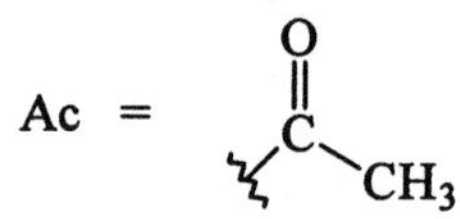

ZM 25

---

26. Analyse:

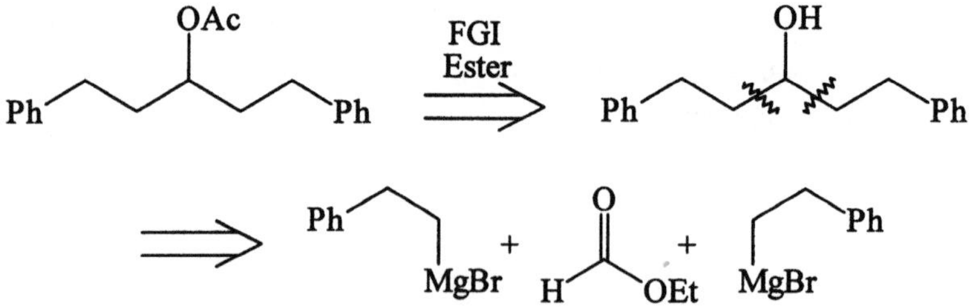

Synthese:

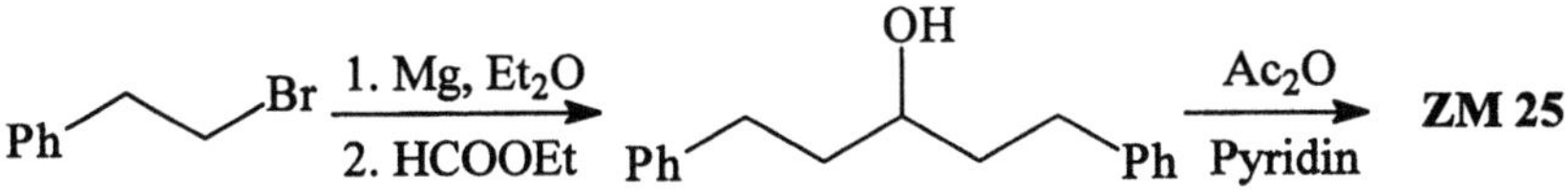

ZM 26

---

27. Lassen Sie uns die Synthese des Bromids (**ZM 26**) etwas genauer betrachten. Eine offensichtliche Möglichkeit für die Retrosynthese ist:

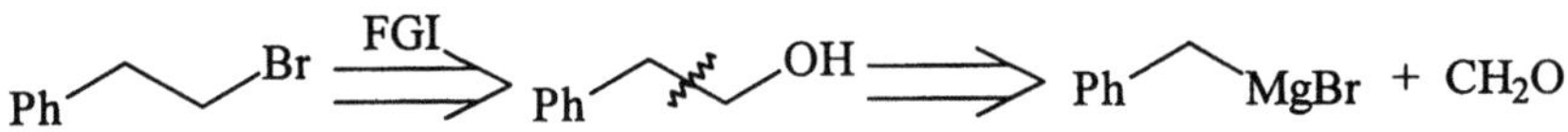

Unglücklicherweise erhält man auf diesem Weg nur eine 40 %ige Ausbeute für die *Grignard-Reaktion* (*J. Am. Chem. Soc.* **1951**, *73*, 3237), hauptsächlich weil Benzyl-Grignard-Reagenzien leicht Radikale bilden, die zur Polymerisation neigen. Auf jeden Fall ist es eine schlechte Taktik, immer ein Kohlenstoffatom nach dem anderen abzutrennen. Eine sinnvollere Zerlegung wäre:

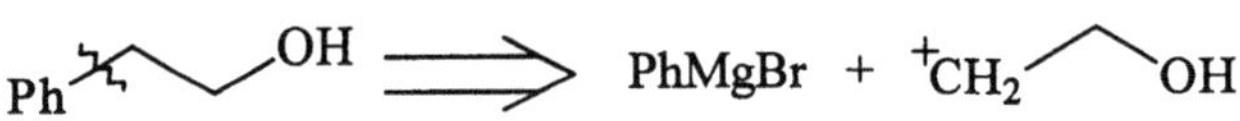

Das synthetische Äquivalent für Synthon **A** ist ein Epoxid, so daß die Reaktionsgleichung lautet:

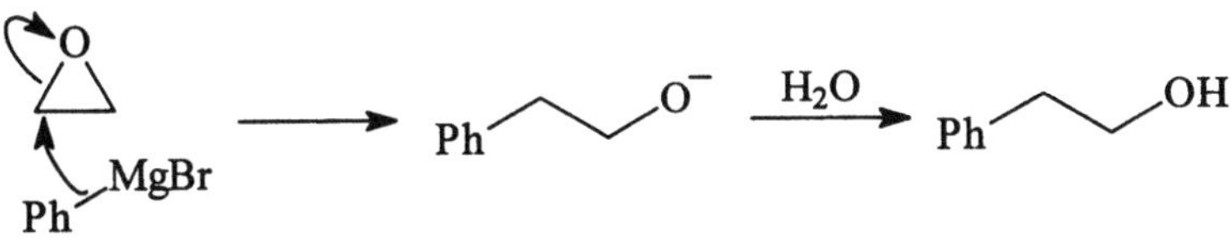

Diese Reaktion läuft mit monosubstituierten Epoxiden zuverlässig ab:

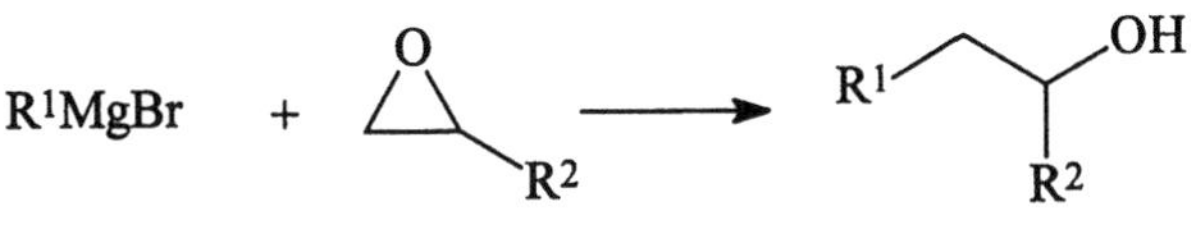

Wie wir aber noch sehen werden, geht diese Selektivität verloren, wenn das Epoxid mehrfach substituiert ist.

---

3. Anwendungsaufgaben

28. Im Verlauf des Lernprogramms werde ich von Zeit zu Zeit die Einführung neuer Retrosynthesen unterbrechen und Ihnen helfen, das bereits Gelernte mit Hilfe von Anwendungsaufgaben zu festigen. Damit sind realistische Probleme gemeint, an denen Sie Ihre wachsenden Fertigkeiten ausprobieren können und die zeigen, welche Bedeutung Syntheseplanung besitzt. Sie können die Anwendungsaufgaben sowohl im Laufe des Programms bearbeiten als auch später darauf zurückkommen, oder auch beide Vorgehensweisen kombinieren, indem Sie ein oder zwei Aufgaben jetzt bearbeiten und den Rest später. Diese Bemerkungen gelten für alle Anwendungsaufgaben, und ich werde sie nicht jedes Mal wiederholen.

---

29. Anwendungsaufgabe 1:
1936 führte *Robinson* die folgende Reaktion in der Erwartung aus, den Alkohol **A** zu erhalten:

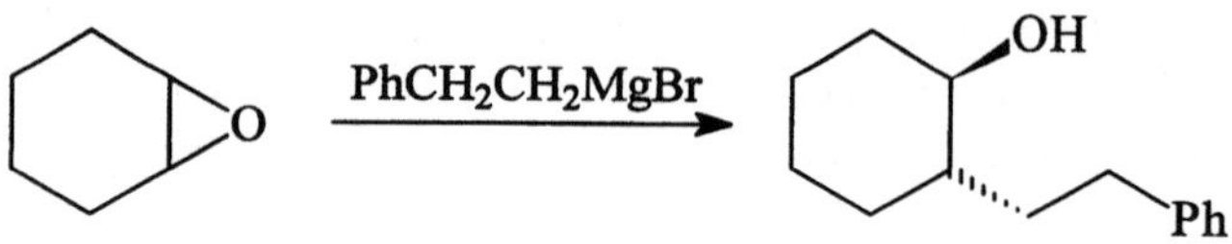

A

Wie gewünscht erhielt er einen Alkohol, doch es war eindeutig nicht **A**, und er vermutete, daß es Zielmolekül **29** sein könnte:

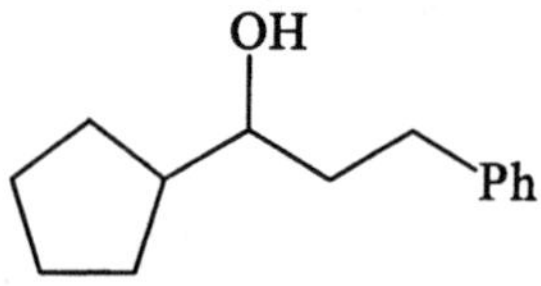

ZM 29

Zur Überprüfung wollte er deshalb Zielmolekül **29** auf einem anderen Weg synthetisieren. Bis vor einigen Jahren war der schnellste und sicherste Weg zur Überprüfung der Identität einer Verbindung, sie auf einem unabhängigen, unzweideutigen Weg herzustellen, und das NMR-Spektrum und den Fingerprintbereich des Schwingungsspektrums zu vergleichen.
Wie würden Sie Zielmolekül **29** herstellen?

---

30. Analyse:
Der offensichtliche Retrosyntheseschritt führt uns zu dem von *Robinson* benutzten Halogenid, das wir bereits in Lernschritt 27 synthetisiert haben:

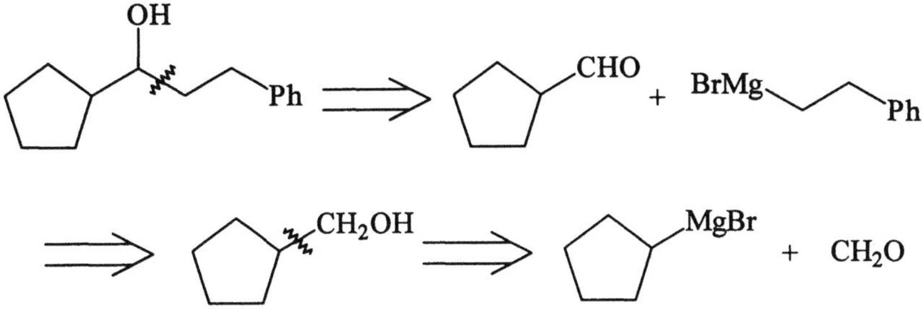

In diesem Fall (letzter Schritt der Retrosynthese) ist die Abspaltung eines Fragments mit nur einem Kohlenstoffatom richtig, weil sich das Grignard-Reagenz von einem einfachen Alkylhalogenid ableiten läßt und nicht polymerisiert.

Synthese:

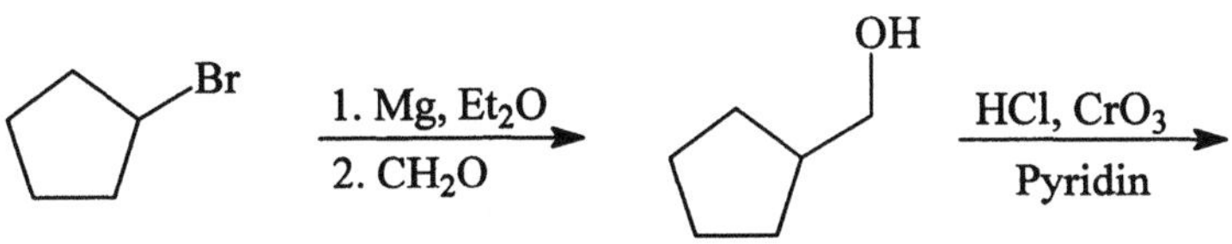

62 - 64 %

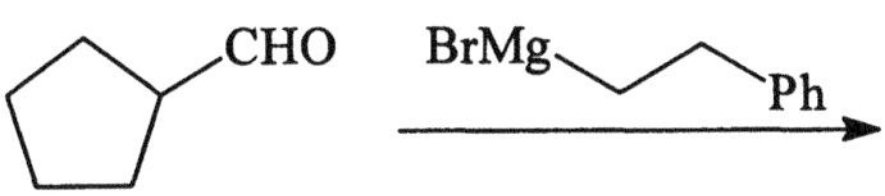

ZM 29
"ausgezeichnete Ausbeute"

78 - 92 %

Auf diesem Weg synthetisiertes **ZM 29** stellte sich tatsächlich als mit der von *Robinson* hergestellten Verbindung identisch heraus. Wenn Sie möchten, können Sie überlegen, wie es gebildet wurde. Die Synthese ist beschrieben in *J. Am. Chem. Soc.* **1926**, *48*, 1080; *Tetrahedron Lett.* **1975**, 2647 und in *Robinsons* Originalveröffentlichung in *J. Chem. Soc.* **1936**, 80.

---

31. Anwendungsaufgabe 2:

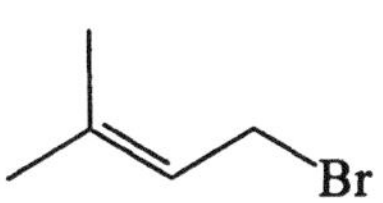

ZM 31

Dieses Allylbromid ("Prenylbromid") ist ein wichtiges Intermediat in Terpensynthesen (einschließlich vieler Aroma- und Duftstoffsynthesen), denn das aus fünf Kohlenstoffatomen bestehende Fragment ist in der Natur weitverbreitet.
Wie würden Sie **ZM 31** herstellen?

---

32. Analyse:
Haben Sie bedacht, daß zwei Allylalkohole als Vorstufen berücksichtigt werden müssen?

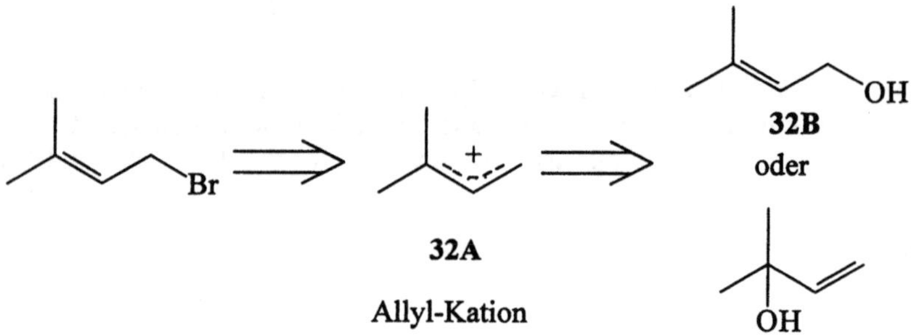

32A

Allyl-Kation

32B

oder

32C

Beide ergeben bei Behandlung mit HBr das Zielmolekül **31**, da das Kation **A** bevorzugt mit Br^- an dem niedriger substituierten Kohlenstoffatom reagiert und so die höher substituierte Doppelbindung bildet. Denken Sie noch einmal darüber nach!

---

33. Analyse:
Sie können **32B** durch Umsetzung eines Vinyl-Grignard-Reagenzes mit Formaldehyd herstellen. Einfacher ist die Synthese über **32C**, indem man das Acetylid-Ion (Lernschritte 14 - 15) als synthetisches Äquivalent für das Synthon $^-CH{=}CH_2$ verwendet:

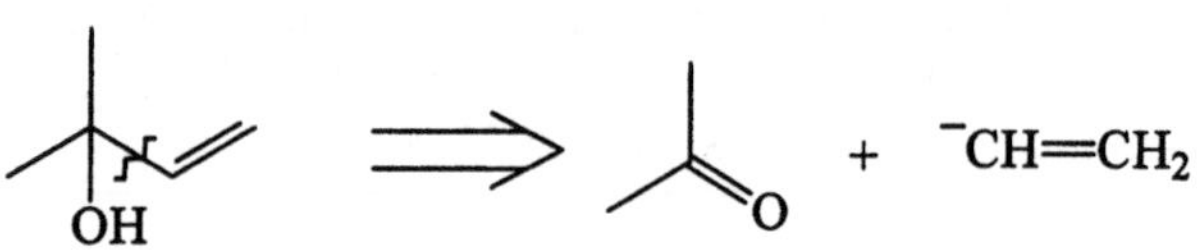

Synthese:
Partielle Reduktion des Acetylens ergibt das Olefin:

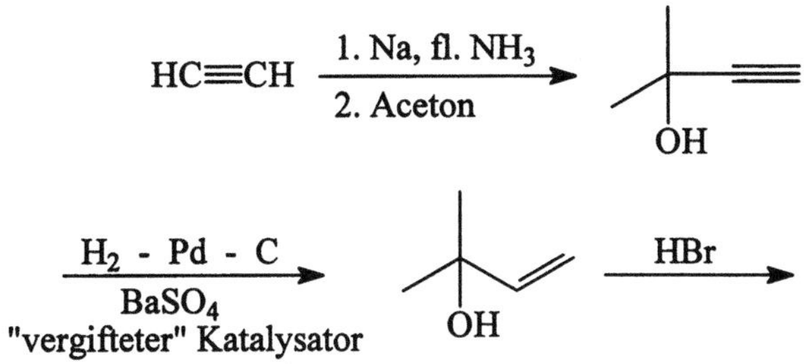

ZM 31

---

34. Anwendungsaufgabe 3:
Diese seltsam aussehende Verbindung (**ZM 34**) wurde von *Corey* als Intermediat bei der Synthese von *Maytansin*, einem Antitumormittel, verwendet.

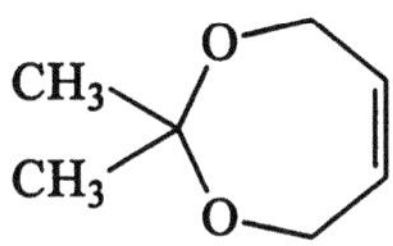

ZM 34

Wie würden Sie Zielmolekül **34** herstellen? Lassen Sie sich nicht von seinem ungewöhnlichen Aussehen täuschen - identifizieren Sie die funktionelle Gruppe, und Sie werden sehen, was Sie zuerst zu tun haben!

---

35. Analyse:
Die funktionelle Gruppe ist ein Acetal, das sich von einem Alkohol und einer Carbonylverbindung ableitet.
Das Diol muß eine *cis*-Doppelbindung aufweisen, weshalb wir hier wieder den Trick mit dem Acetylen benutzen können:

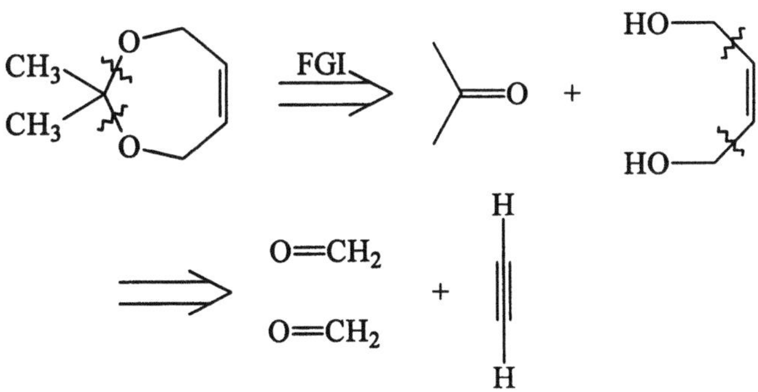

Synthese (*Tetrahedron Lett.* **1975**, 2643):

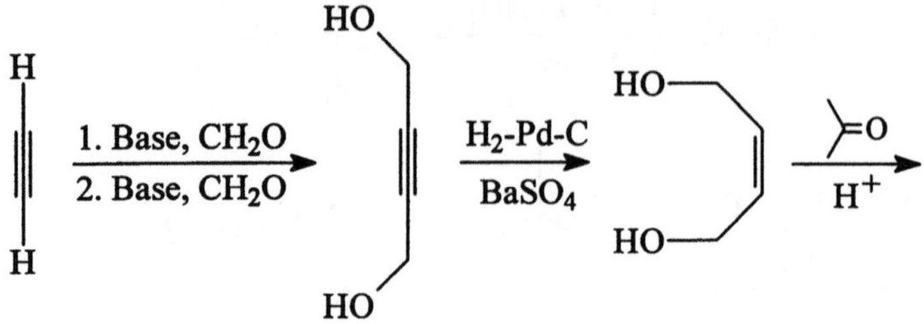

ZM 34

---

4. Retrosynthesen einfacher Olefine

36. Die Retrosynthesen von Olefinen sind etwas komplizierter als die von Alkoholen. Eine Möglichkeit, Olefine herzustellen, ist die Dehydratisierung von Alkoholen:

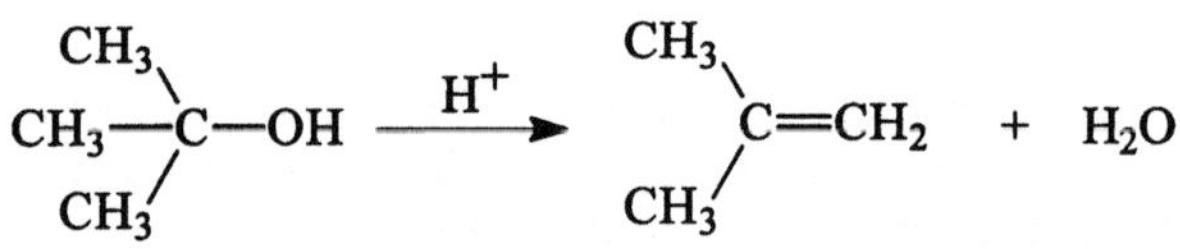

Bei der Gestaltung der Retrosynthese eines Olefins besteht also der FGI-Schritt (Umwandlung der funktionellen Gruppe) aus einer Addition von Wasser an die Doppelbindung.
Wie würden Sie entsprechend Zielmolekül **36** synthetisieren?

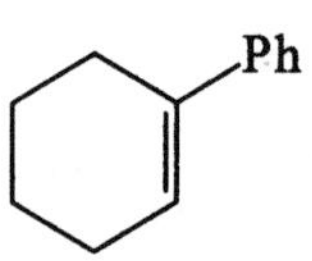

ZM 36

---

37. Von den beiden möglichen Alkoholen, die sie erhalten sollten, wählen Sie den aus, der zu einem sinnvollen Retrosyntheseschritt führt.

---

38. Analyse:

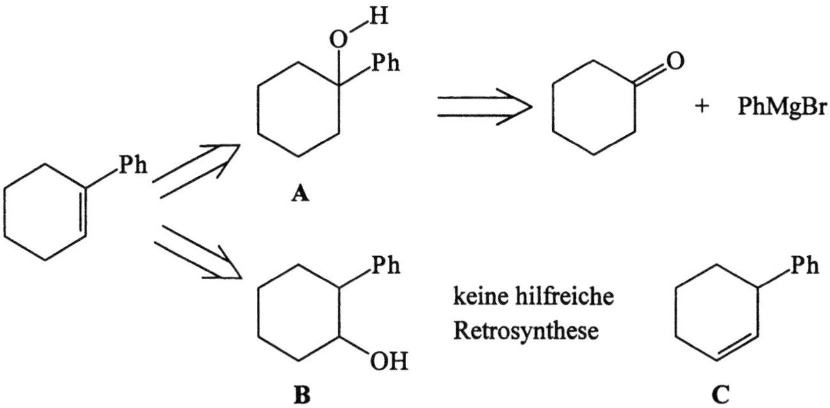

Wir müssen auch erwägen, ob die jeweilige Dehydratisierungs-Reaktion zwei Produkte ergeben könnte. **A** kann durch Dehydratisierung nur **ZM 36** bilden, während **B** genauso **C** ergeben könnte.
Wie würden Sie Zielmolekül **38** herstellen?

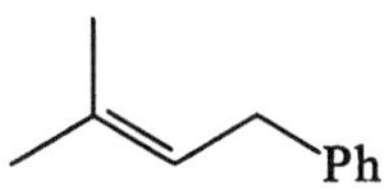

ZM 38

---

39. Die Alternativen sind:

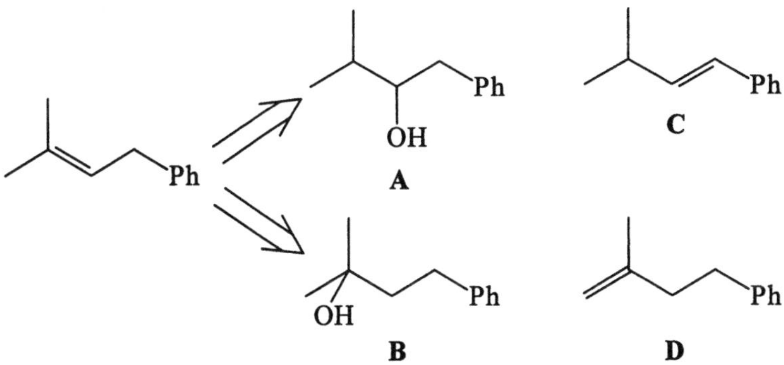

Dehydratisierung von **A** kann auch zu dem mit dem Phenylrest konjugierten Olefin **C** führen, während Dehydratisierung von **B** nur **ZM 38** und nicht das niedriger substituierte **D** liefert. Formulieren Sie den letzten Schritt der Analyse, und schreiben Sie die Synthese auf!

---

40. Analyse:

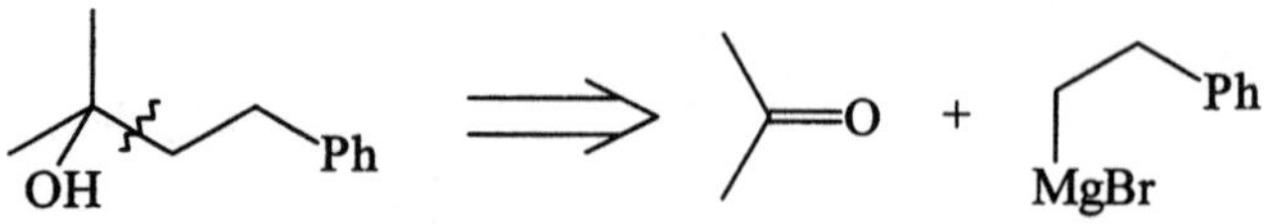

Synthese:

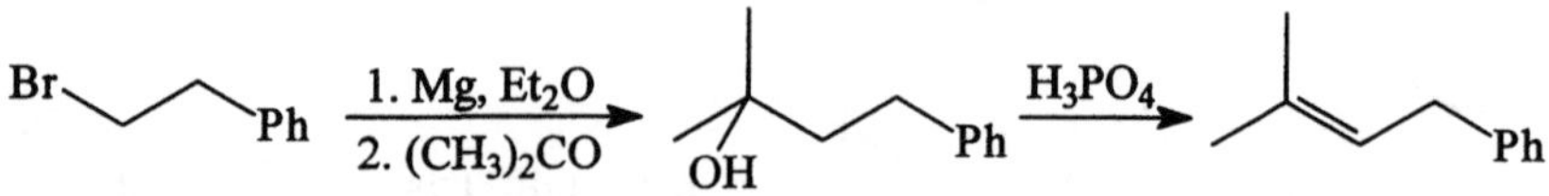

ZM 26 **ZM 38**

---

41. Ein alternativer Weg zu Olefinen ergibt sich aus der direkten Bindungsspaltung der Doppelbindung. Dieses entspricht der *Wittig-Reaktion*:

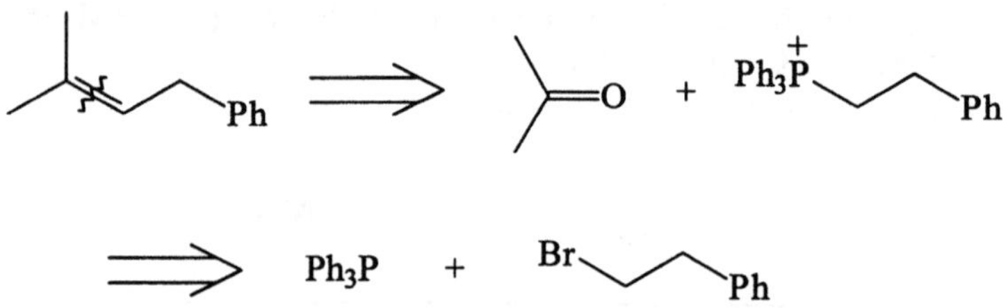

Wenn Sie nicht mit der *Wittig-Reaktion* vertraut sind, lesen Sie Mechanismus und Reaktionsbedingungen in einem Lehrbuch oder bei Laue, Plagens S. 319 - 323 nach.
Die Vorteile dieses Weges sind, daß er zum einen sehr kurz ist, und daß wir zum anderen die Doppelbindung genau dort erhalten, wo wir sie haben wollen. Ansonsten ähnelt diese Reaktionsfolge sehr dem Weg in Lernschritt 40 und benutzt tatsächlich dieselben Edukte.
Wie ließe sich Zielmolekül **41** herstellen?

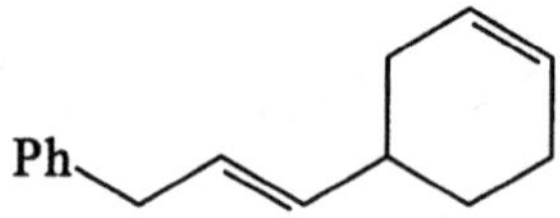

ZM 41

---

42. Wir beginnen mit der Spaltung der Doppelbindung außerhalb des Ringes, wodurch wir zwei Fragmente und zwei alternative Routen erhalten:

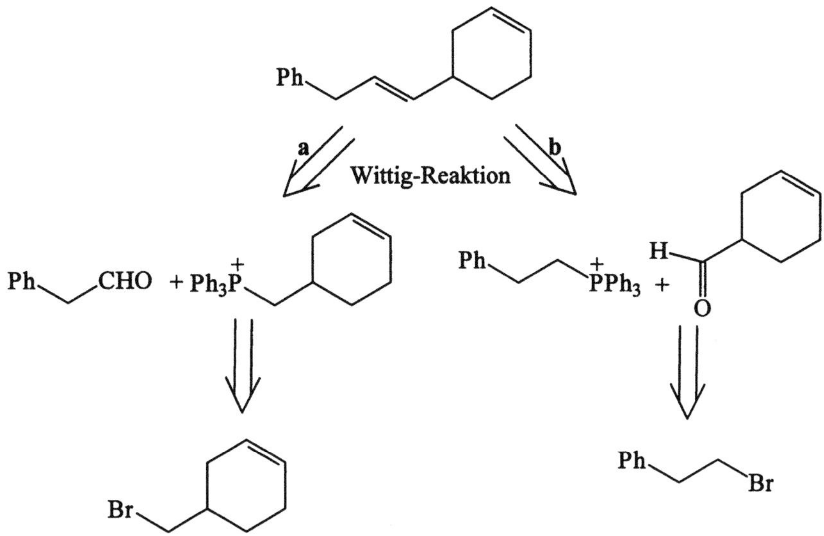

Bei den Edukten, die bei Weg **b** eingesetzt werden, handelt es sich um das Halogenid, das wir in Lernschritt 41 benutzt haben, und einen Aldehyd, den wir leicht durch eine *Diels-Alder-Reaktion* herstellen können. Eine Synthese auf dem anderen Weg ist ebenfalls möglich, aber die Edukte sind nicht so leicht zugänglich.
Schreiben Sie die vollständige Synthese auf!

43.

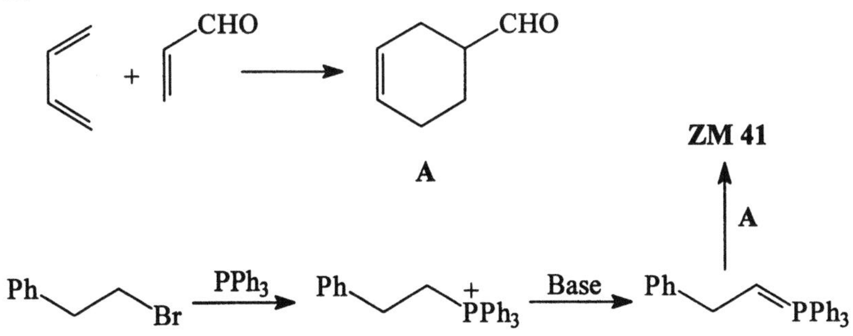

Dieses Beispiel ist eine gute Gelegenheit, unser drittes Kriterium für einen guten Retrosyntheseschritt vorzustellen - er führt zu leicht *erkennbaren Edukten*. Damit sind Verbindungen gemeint, die man bereits kennt oder deren Struktur man erkennt und eine genaue Vorstellung davon hat, wie man diese Verbindung herstellen würde. Wir haben dieses Kriterium bereits in den Lernschritten 20 und 42 benutzt.

---

5. Retrosynthesen von Aryl-Ketonen

44. Die *Wittig-Reaktion* ist so bedeutend, daß sie unser zweites Hauptlehrbeispiel für einen Retrosyntheseschritt bei nur einer funktionellen Gruppe sein soll. Der erste war der Retrosyntheseschritt von Alkoholen zu Carbonylverbindungen und Grignard-Reagenzien. Bei unserem dritten Hauptbeispiel zerlegt man die Kohlenstoffbindung von einem aromatischen Ring zu einer aliphatischen Seitenkette. Beispielsweise würden wir Zielmolekül **44** durch eine *Friedel-Crafts-Reaktion* herstellen, wobei wir Acetylchlorid und Aluminiumchlorid als den Benzolring angreifende Reagenzien einsetzen:

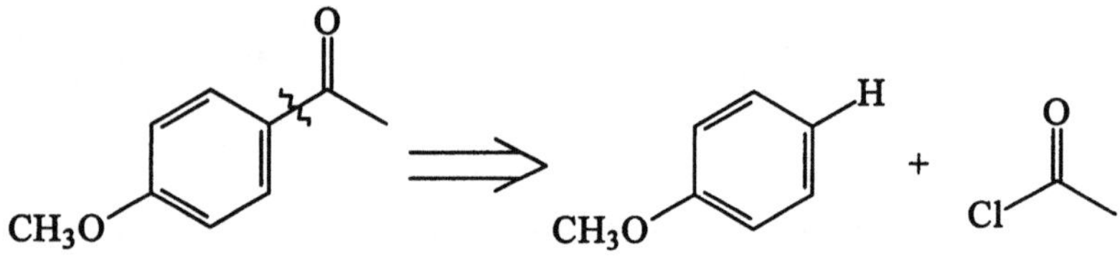

ZM 44

---

45. Prinzipiell können wir jede Bindung eines Substituenten an einen aromatischen Ring auf diese Weise spalten, obgleich dieses in der Praxis nicht immer möglich ist.
Wie würden Sie Zielmolekül **45** herstellen?

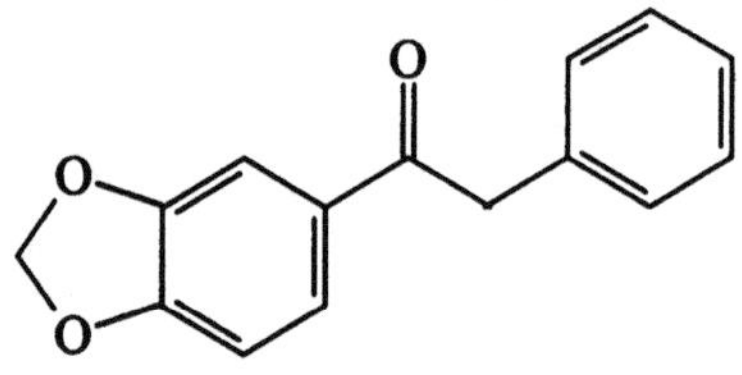

ZM 45

---

46. Bindungsspaltung **a** erweist sich als die bessere der beiden Möglichkeiten, weil sie uns ein *Acyl-* anstelle eines *Alkyl*halogenids sowie einen aktivierten Benzolring liefert :

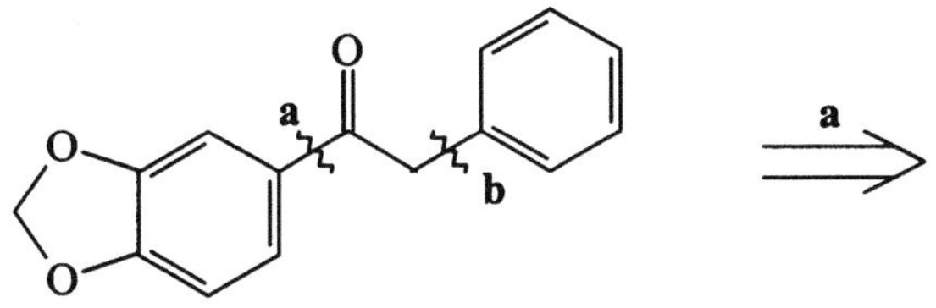

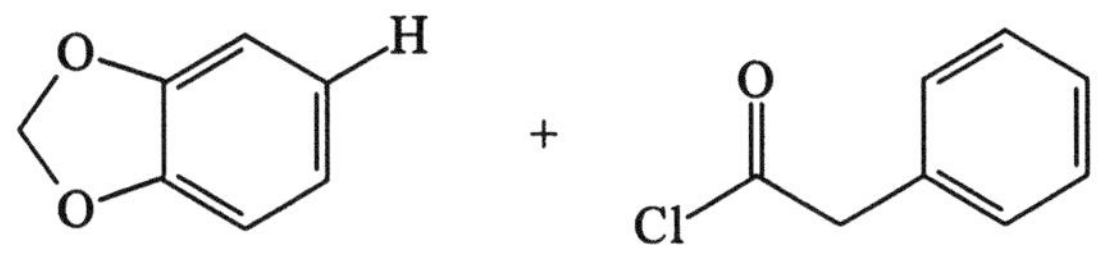

Wenn Sie diesen Lernschritt noch nicht richtig verstanden haben oder den Mechanismus der *Friedel-Crafts-Reaktion* nicht kennen, sollten Sie in einem Lehrbuch nachlesen.

---

47. Manchmal kann die Wahl zwischen zwei Retrosyntheseschritten dieser Art anhand unseres ersten Kriteriums (einen schlüssigen Mechanismus, siehe Lernschritt 17) getroffen werden.
Wie würden Sie Zielmolekül **47** herstellen?

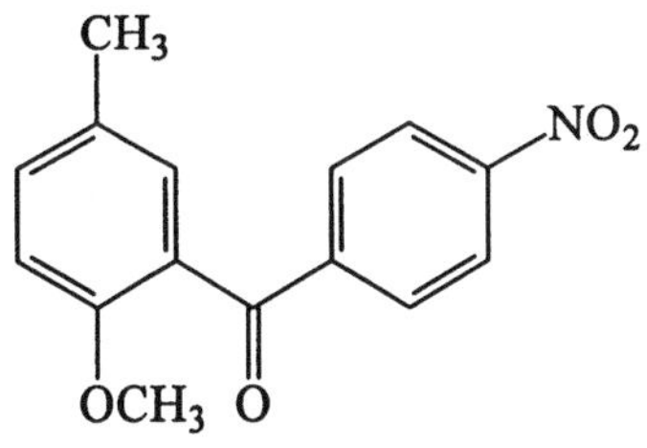

ZM 47

---

48. Es gibt für den ersten Schritt zwei mögliche Spaltungen:

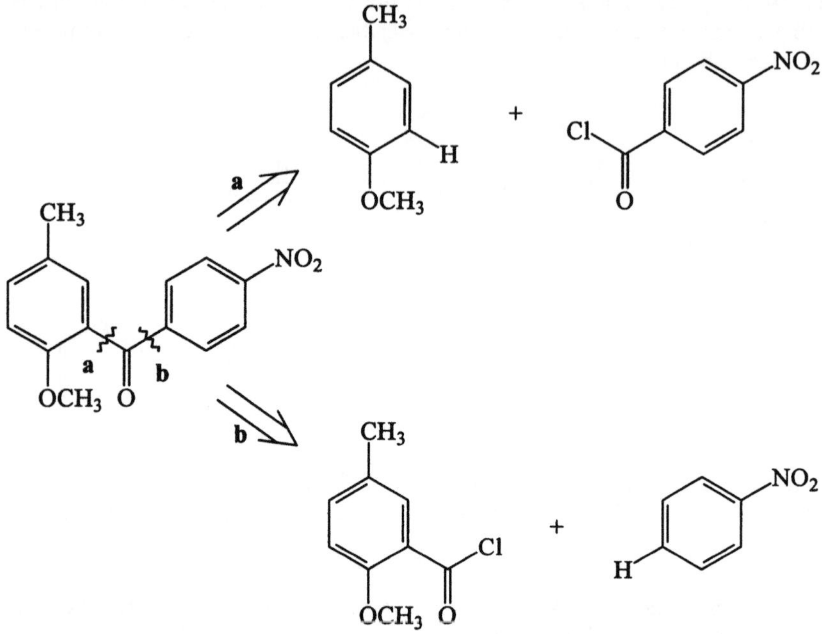

Retrosyntheseschritt **b** wird nicht funktionieren, weil die Nitrogruppe *meta*-dirigierend wirkt, und Nitroaromaten unter Friedel-Crafts-Bedingungen nicht reagieren. Retrosyntheseschritt **a** hingegen funktioniert gut, weil die Methoxygruppe stärker *ortho*-dirigierend wirkt als die Methylgruppe (*Chem. Ber.* **1907**, *40*, 3514).

---

6. "Gesteuerte" Synthesen

49. Bevor wir die Retrosynthesen von Carbonylverbindungen vervollständigen, werden wir die systematische Analyse unterbrechen, um einige Aspekte der Synthesesteuerung zu betrachten. Damit sind Einflußnahmen auf die Selektivität oder die Einführung von Schutzgruppen, mit deren Hilfe man unerwünschte Nebenreaktionen unterdrücken kann, gemeint.

Warum könnte der offensichtliche Retrosyntheseschritt (Spaltung der Bindungen zu den Phenylresten) für Zielmolekül **49** bei der Durchführung der tatsächlichen Reaktion zu Probleme führen?

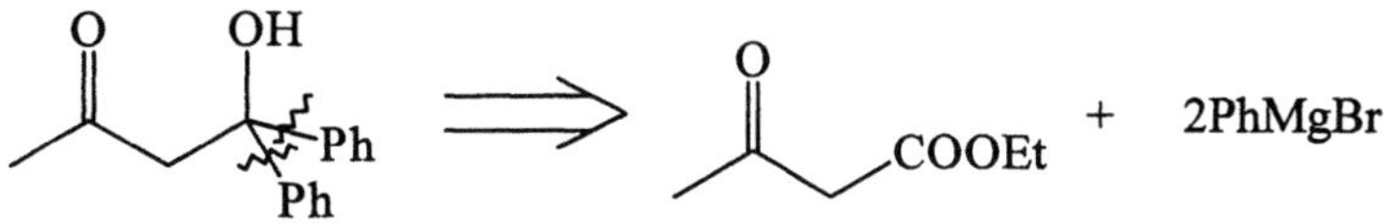

ZM 49

---

50. Das Grignard-Reagenz wird zunächst die reaktivere Gruppe, also das Keton, angreifen und damit das falsche Produkt bilden:

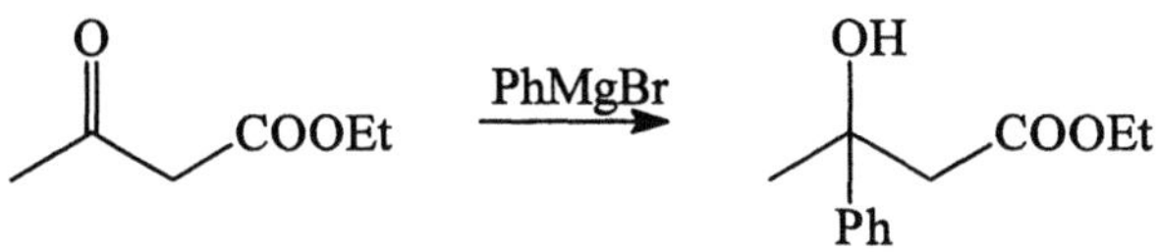

Um dies zu unterbinden, schützen wir das Keton durch eine reversible FGI mit Hilfe einer Schutzgruppe. Eine gebräuchliche Methode ist die Herstellung von cyclischen Ketalen:

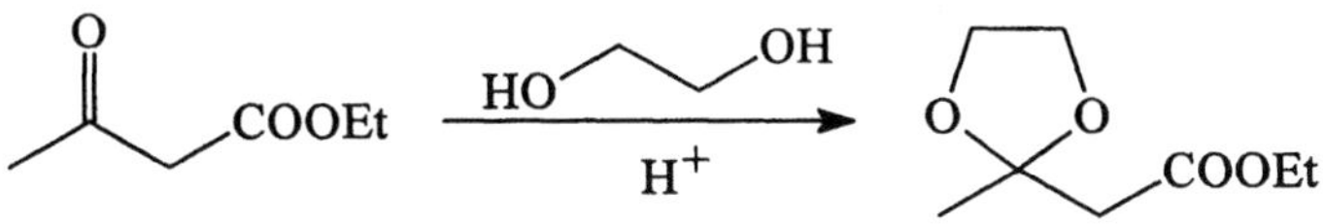

Vervollständigen Sie nun die Synthese!
Wenn Sie sich im Falle des Mechanismus der Acetal- bzw. Ketalbildung nicht sicher sind oder nur etwas mehr über Acetale wissen wollen, lesen Sie in einem Lehrbuch nach (Streitwieser S. 400 - 402).

51.

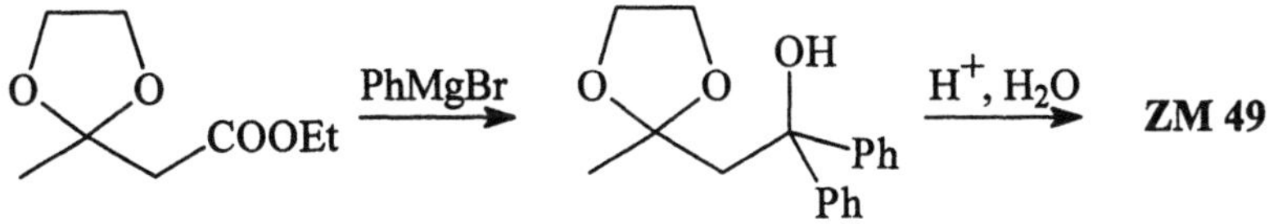

Jede funktionelle Gruppe kann als Schutzgruppe fungieren, vorausgesetzt, sie kann leicht addiert und abgespalten werden, und natürlich auch vorausgesetzt, daß sie nicht mit den Reagenzien, vor denen es schützen soll, reagiert! Wir werden noch weitere Beispiele bei der Durcharbeitung dieses Programms behandeln.

---

52. Manchmal ist es besser, anstatt einen Teil des Moleküls zu schützen, einen anderen zu aktivieren.

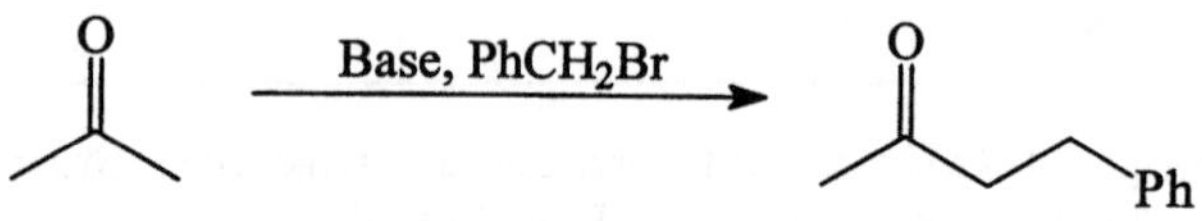

Diese Reaktion liefert nur schlechte Ausbeuten. Warum?
(Eine Enolisierungsreaktion ist daran beteiligt: Wenn Sie sich über den Mechanismus nicht im klaren sind, lesen Sie in einem Lehrbuch nach, z.B. Streitwieser S. 428 - 436.)

---

53. Weil das Produkt mindestens so reaktiv wie das Edukt ist, laufen Folgereaktionen ab:

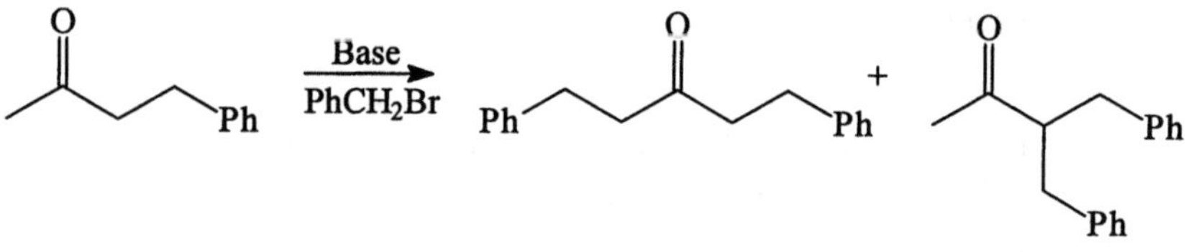

Wir können die Carbonylgruppe nicht schützen, ohne die Reaktion zu stoppen. Deshalb aktivieren wir eine Position durch Addition einer COOEt-Gruppe und benutzen den unten abgebildeten Ester **A**, das synthetische Äquivalent für Aceton (anstelle von Aceton selbst). Die Reaktionsgleichung lautet:

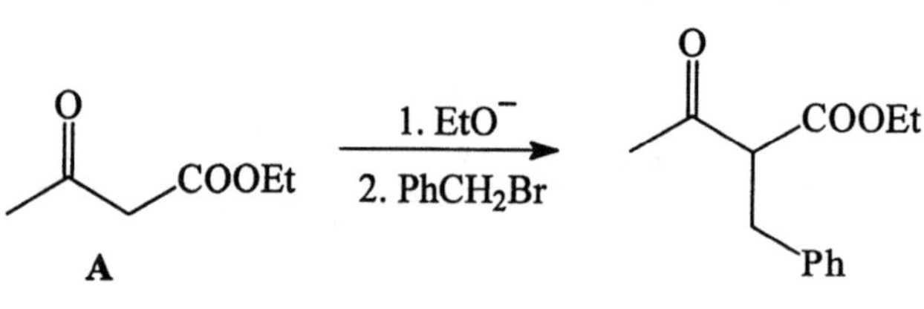

A

Formulieren Sie den Mechanismus!

54.

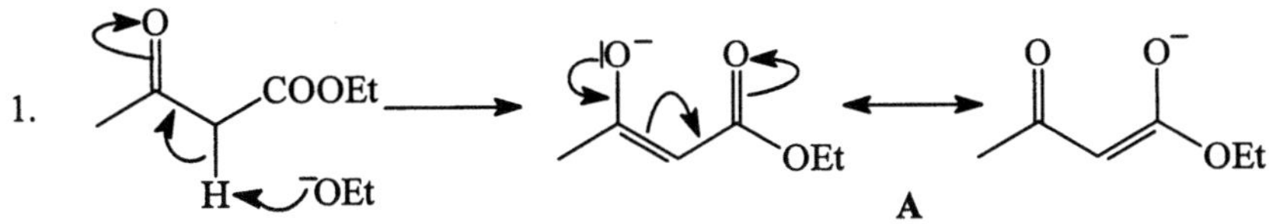

Nur dieses stabile Enolat **A** wird gebildet.

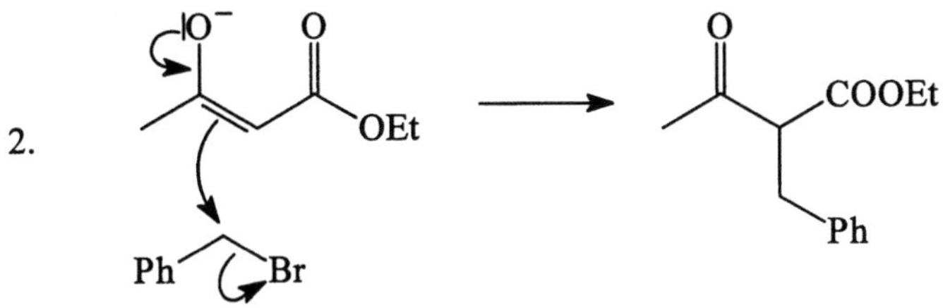

Natürlich müssen wir nun die aktivierende Gruppe, in diesem Fall COOEt, wieder entfernen, genauso wie wir es zuvor bei einer Schutzgruppe getan haben. Wie könnten wir dies tun?

---

55. Durch Hydrolyse und Decarboxylierung:

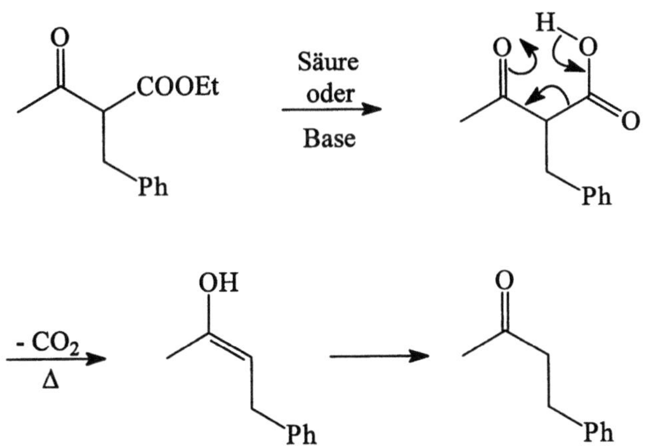

---

56. Dieses ist ein allgemeines Syntheseprinzip für Ketone, und der entsprechende Retrosyntheseschritt lautet:

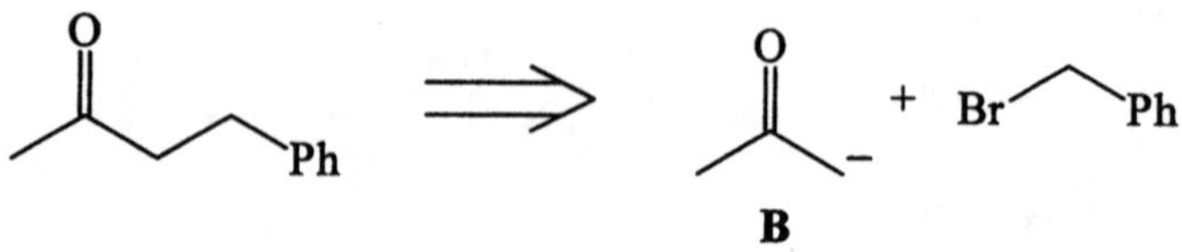

Das Enolat-Ion (**A** in Lernschritt 54) ist ein Reagenz für das Synthon **B**, das Aceton-Anion. Wir werden später sehen, wie man die aktivierende COOEt-Gruppe addiert.

---

57. Durch Addition einer Schutzgruppe und Aktivierung erhalten wir ein Reagenz für das Synthon ($^-CH_2COOH$). Wir schützen die Säure als Ester und addieren eine weitere Ester-Gruppe zur Aktivierung, wodurch der Malonsäureester entsteht: $CH_2(COOEt)_2$.
Wie würden Sie Zielmolekül **57** herstellen?

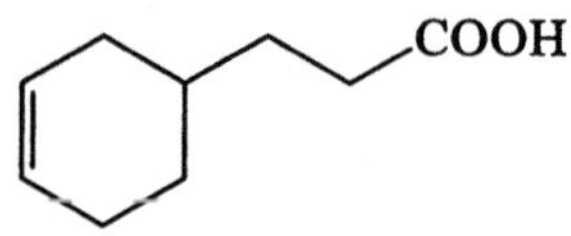

ZM 57

---

58. Analyse:

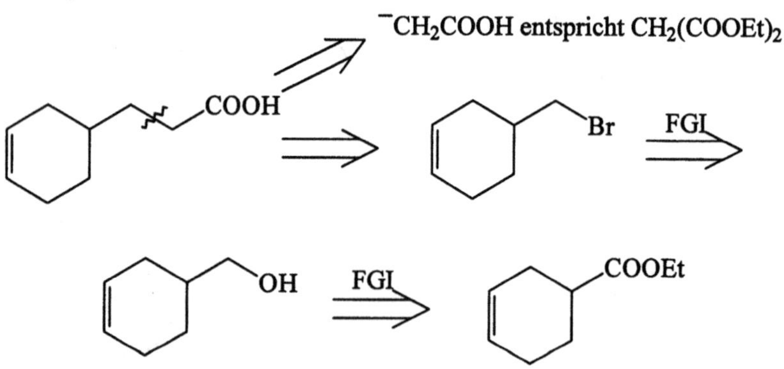

Wir wählen diese Bindungsspaltung, weil man das Edukt leicht durch eine *Diels-Alder-Reaktion* herstellen kann (siehe Lernschritt 22).

Synthese:

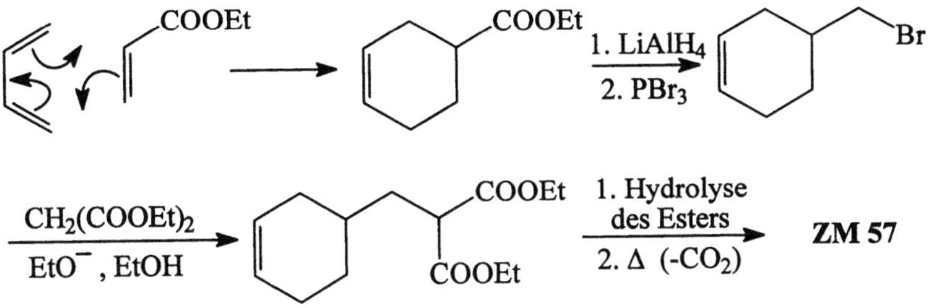

ZM 57

---

59. Nun werden wir ein ziemlich schwieriges Problem behandeln. Um es zu lösen, werden Sie sowohl eine funktionelle Gruppe schützen als auch eine Position aktivieren müssen. Dazu zwei Hinweise: Die Bindungsspaltungen sind eingezeichnet, und Sie könnten damit beginnen, zu überlegen, wie Sie ein *cis*-Olefin herstellen würden.
Wie können Sie demnach Zielmolekül **59** herstellen?

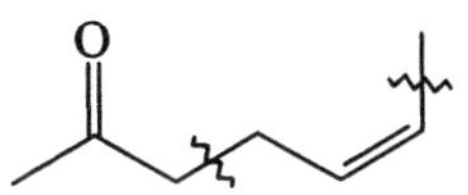

ZM 59

---

60. Analyse:
Dieses *cis*-Olefin wird vermutlich aus einem Acetylen entstanden sein. Wir können daher ein Acetylid-Anion verwenden:

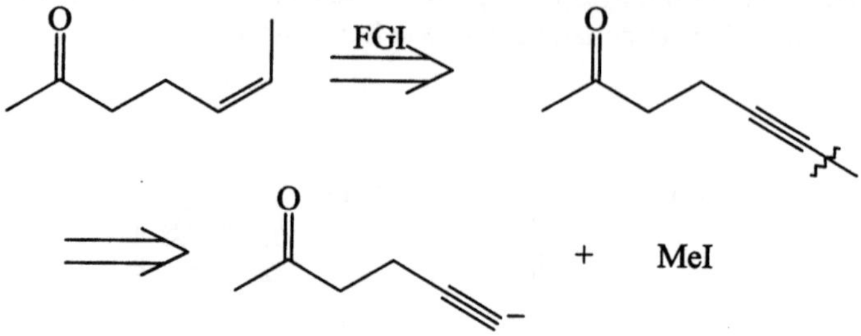

Nun können wir das Keton abspalten, indem wir unser synthetisches Äquivalent für das "Aceton-Anion" benutzen:

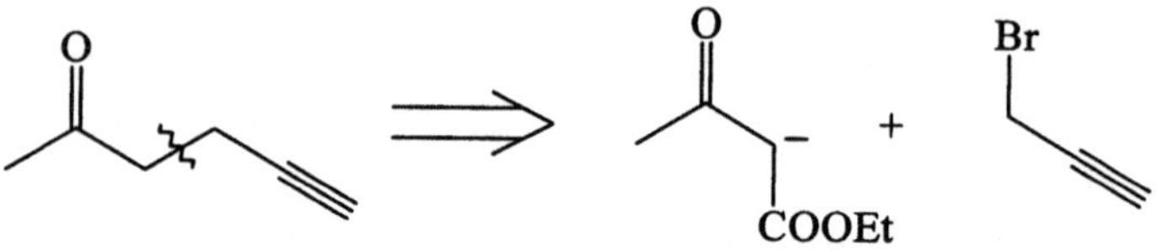

Synthese: (*Crombie, J. Chem. Soc. C*, **1969**, 1016)
Das dem Allylbromid ($H_2C{=}CH{-}CH_2{-}Br$) entsprechende acetylenische Bromid wird Propargylbromid genannt und ist reaktiv und leicht zugänglich. Wir werden das Keton schützen müssen, bevor wir das Acetylid-Anion herstellen. Bei der Synthese zeigt sich, daß Einbau der Schutzgruppe und Decarboxylierung in einem Schritt erfolgen können:

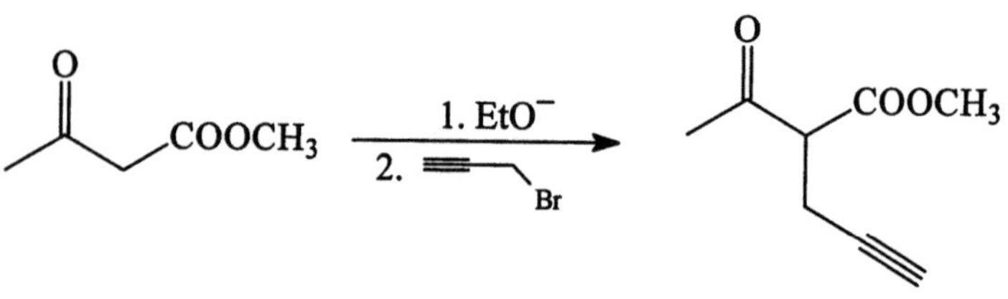

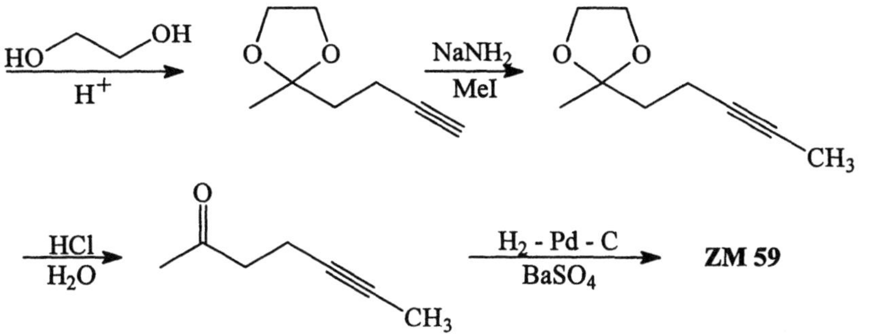

ZM 59

7. Retrosynthesen einfacher Ketone und Säuren

61. Der Abschnitt über die Steuerungsmöglichkeiten in der Synthese hat uns gezeigt, wie wir die Herstellung von Ketonen mit Hilfe eines einfachen Retrosyntheseschritts planen können.
Sie kennen bereits einen weiteren Retrosyntheseschritt für Ketone. Wie können Sie dieses Keton (**ZM 61**) unter Verwendung einer der bisher besprochenen Bindungsspaltungen herstellen?

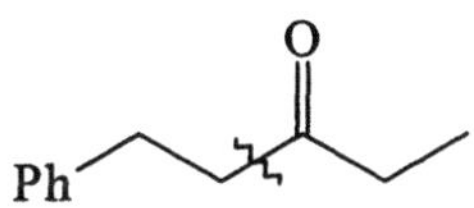

ZM 61

62. Indem wir zuerst zu dem entsprechenden Alkohol zurückgehen:

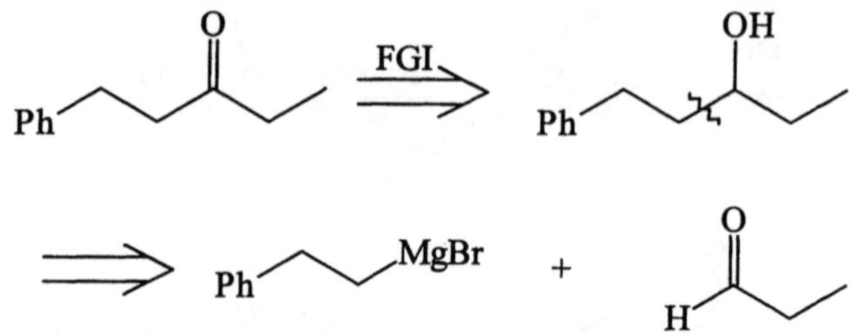

63. Sie wissen auch, wie man Säuren aus primären Alkoholen durch Umwandlung der funktionellen Gruppe (FGI) herstellt. Carbonsäuren sind Verbindungen mit einer Hydroxy-Gruppe und können daher in bezug auf die Retrosynthese genauso wie Alkohole behandelt werden.
Was erhalten Sie, wenn Sie die folgende Bindungspaltung durchführen?

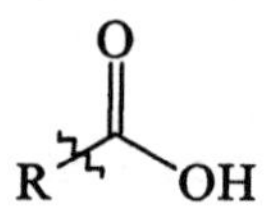

64.

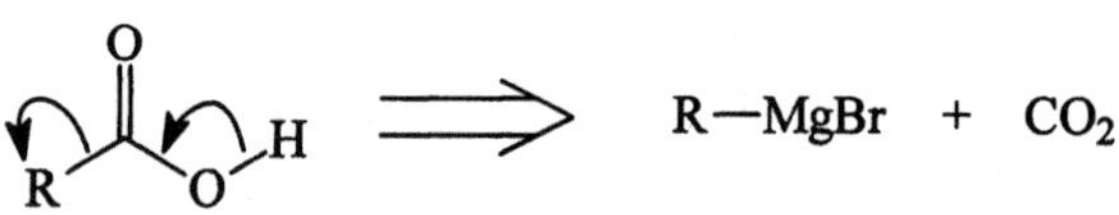

Säurederivate werden direkt aus Säuren oder (in Abhängigkeit von ihrer Stabilität) durch Umwandlung aus anderen Säurederivaten hergestellt. Die wichtigsten Derivate der Carbonsäuren sind Ester (z.B. RCOOR), Amide ($RCOONR_2$), Anhydride (RCOOCOR) und Säurechloride (RCOCl). Ordnen Sie diese Verbindungsklassen in der Reihenfolge ihrer Stabilität!

65.

RCOCl	↑	am reaktivsten
RCOOCOR		
RCOOR'		
$RCONR'_2$	↓	am stabilsten

Durch Verwendung des geeigneten Nucleophils gelangt man in dieser Liste leicht vom Säurechlorid über den Ester zum Amid:

$$\mathrm{RCOCl} \xrightarrow{\mathrm{R'OH}} \mathrm{RCOOR'} \xrightarrow{\mathrm{R'_2NH}} \mathrm{RCONR'_2}$$

Alle Derivate lassen sich zur Säure hydrolysieren, und diese kann durch Reaktion mit $SOCl_2$ oder PCl_5 zum Säurechlorid, der Ausgangsverbindung, umgewandelt werden.

---

66. Damit läßt sich ein komplettes Übersichtsbild der Säurederivate und ihrer Umwandlungen aufstellen:

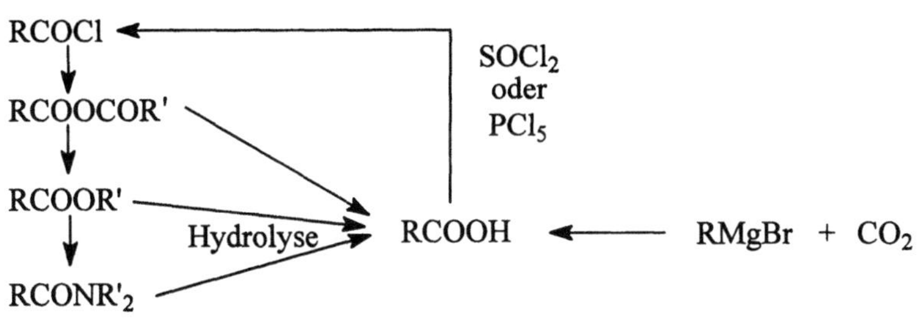

---

67. Wie würden Sie nun dieses Säurederivat herstellen?

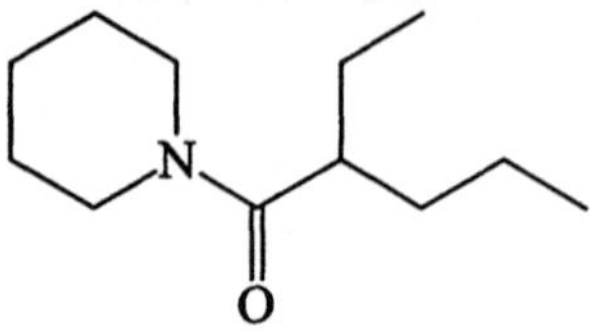

ZM 67

---

68. Analyse:
Bei Amiden führt man zunächst eine FGI zurück zur Carbonsäure durch:

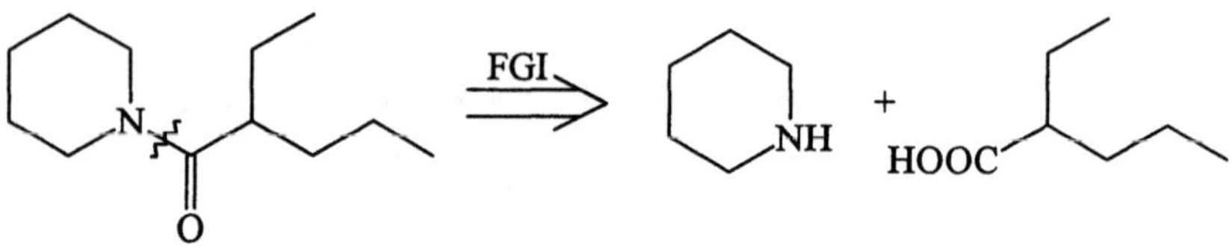

Die Säure ist am α-Kohlenstoffatom verzweigt. Lassen Sie daher die Bindungsspaltung an der α-Bindung erfolgen:

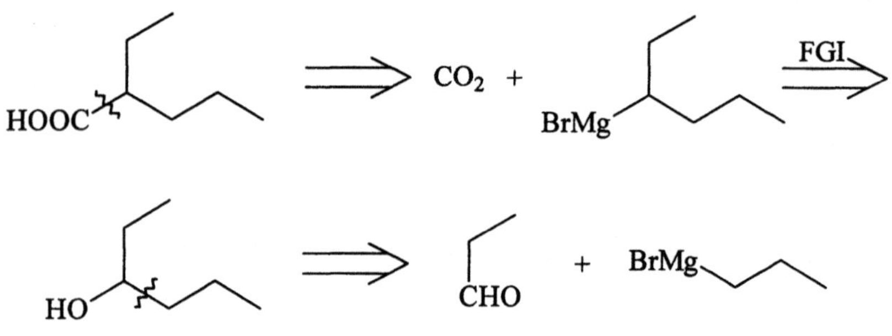

Synthese:

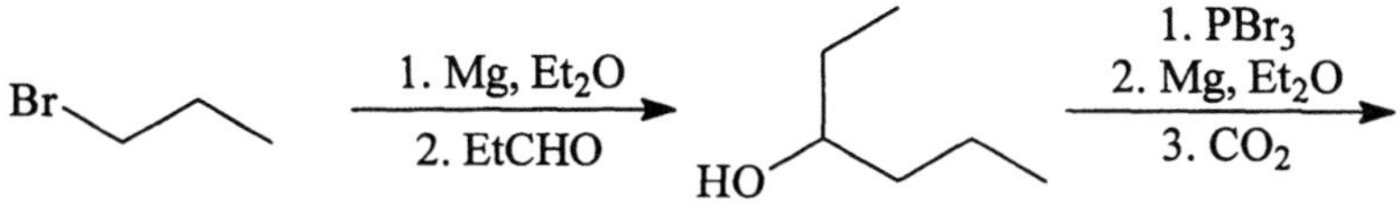

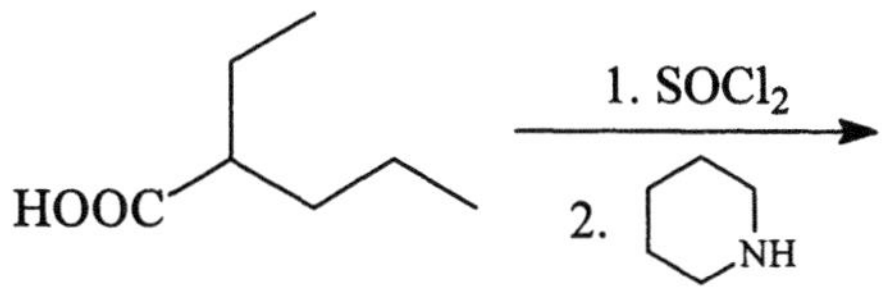

ZM 67

---

69. Schließlich sollten wir bei der Behandlung einfacher Retrosyntheseschritte die Synthese vollständig gesättigter Kohlenwasserstoffe betrachten, also von Verbindungen ohne funktionelle Gruppe. Die gesättigten Kohlenwasserstoffe werden häufig durch Hydrierung von Doppelbindungen hergestellt, und so bieten sich für die Bindungsspaltung verschiedene Möglichkeiten:

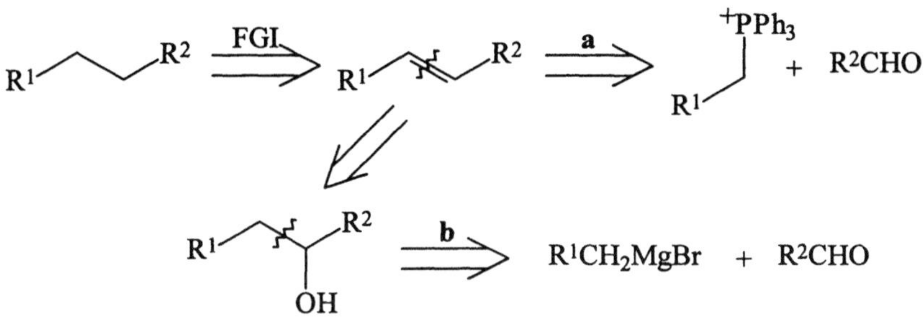

Wenn wir die Kriterien für gute Retrosyntheseschritte benutzen, sollten wir offensichtlich nach zwei annähernd gleichen, wiedererkennbaren Fragmenten (siehe Lernschritt 43) suchen.
Wie könnten Sie somit Zielmolekül **69** herstellen?

ZM 69

---

70. Analyse:
Es gibt viele Antworten. Eine davon ist, die Doppelbindung so dicht wie möglich am Benzolring zu plazieren:

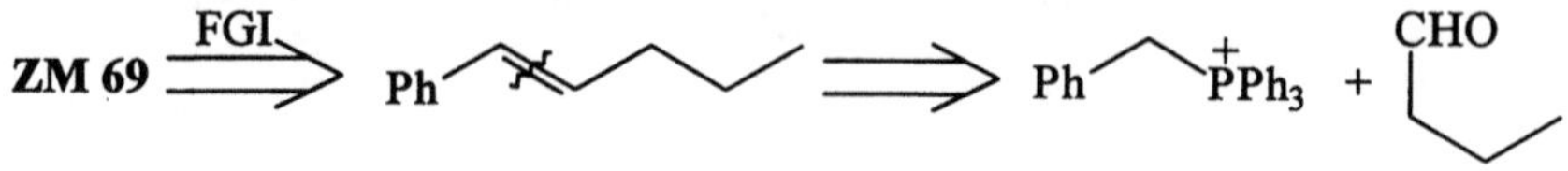

Synthese:

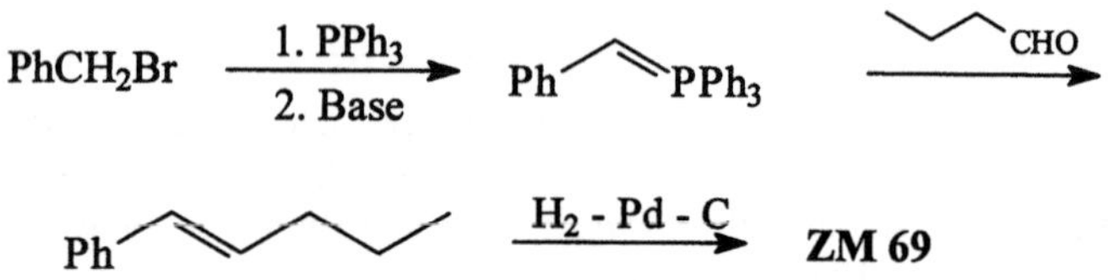

---

71. Wenn wir Retrosyntheseschritte wie **b** in Lernschritt 69 benutzen, können wir uns manchmal davon leiten lassen, eine OH-Gruppe an einem Verzweigungspunkt des Moleküls zu plazieren, weil Bindungsspaltungen dort einfacher sein werden.
Versuche Sie, diese Überlegung bei Zielmolekül **71** umzusetzen!

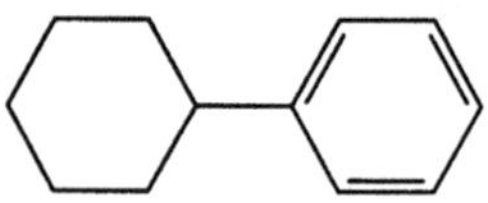

ZM 71

---

72. Analyse:
Lassen Sie sich vom Verzweigungspunkt • leiten:

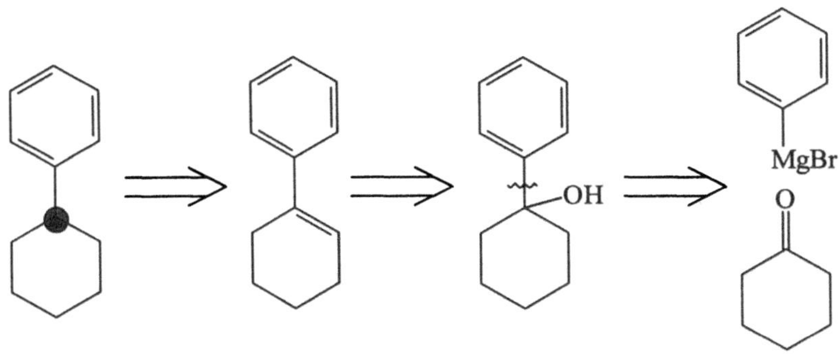

Synthese:

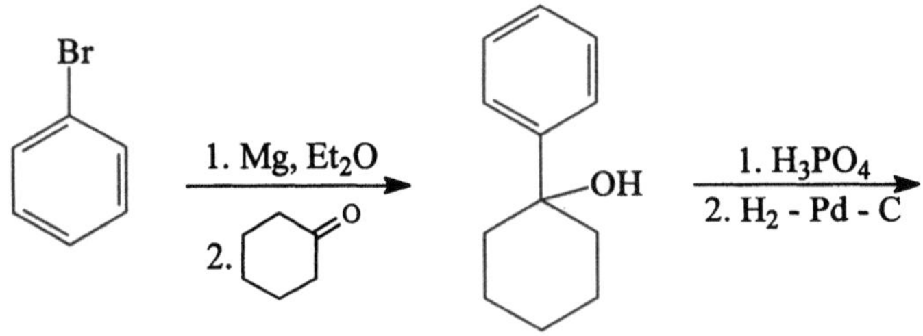

ZM 71

---

8. Zusammenfassung und Wiederholung

73. Obwohl Sie die Synthese von vielen Verbindungen analysiert und die Mechanismen von vielen Reaktionen betrachtet haben, haben Sie bisher erst eine Handvoll wichtiger Retrosyntheseschritte kennengelernt. Können Sie die Einzelheiten der folgenden Bindungsspaltungen ergänzen?

1. **Alkohole** 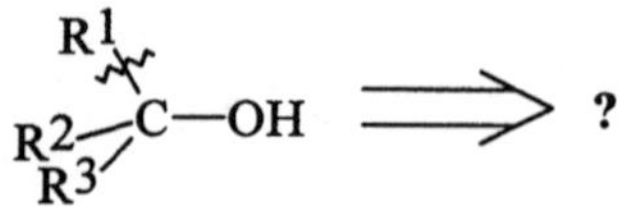

2. **Olefine** 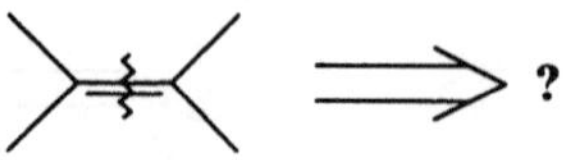 Welche Namenreaktion?

3. **Säuren** R⌇COOH $\Longrightarrow$? R⌇CH_2COOH $\Longrightarrow$?

4. **Carbonylverbindungen** Ar⌇COR $\Longrightarrow$? Name?

R⌇CH_2COR $\Longrightarrow$?

74.

1. **Alkohole** 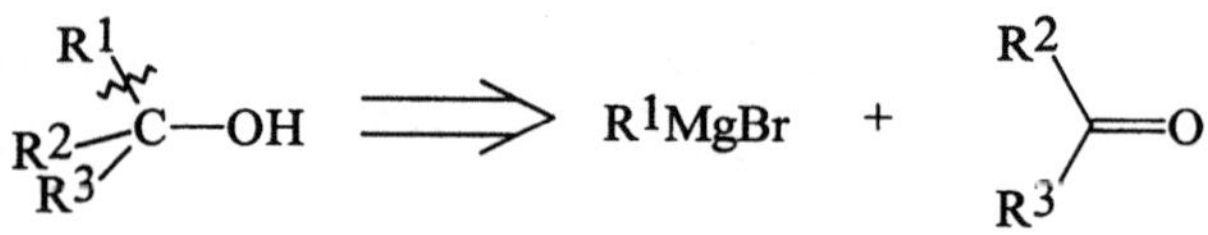

2. **Olefine** 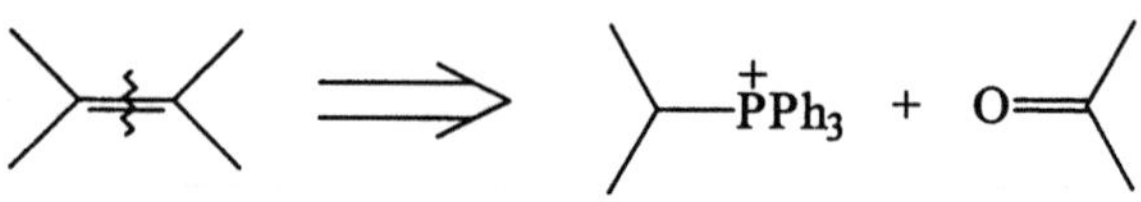 Wittig

3. **Säuren** R⌇COOH $\Longrightarrow$ RMgBr + CO_2

R⌇CH_2COOH $\Longrightarrow$ RBr + $CH_2(COOEt)_2$

4. **Carbonylverbindungen**

Ar⌇COR $\Longrightarrow$ ArH + ClCOR Friedel-Crafts-Reaktion

R⌇CH_2COR $\Longrightarrow$ RBr + $EtOOCCH_2C(=O)R$

---

75. Nennen Sie drei Kriterien für einen guten Retrosyntheseschritt!

76.

*1. **Schlüssiger Mechanismus.***
*2. **Größte mögliche Vereinfachung.***
*3. **Ergibt erkennbare Edukte.***

(Sie hätten noch den Gebrauch des Verzweigungspunktes als Orientierungshilfe nennen können.)

77. An dieser Stelle wäre es sinnvoll, wenn Sie damit beginnen würden, nach Ihren Vorstellungen und für Ihren eigenen Gebrauch eine Liste aller nützlichen Verknüpfungen zwischen den verschiedenen Verbindungsklassen anzulegen. Sie können später weitere hinzufügen. Eine solche gutgestaltete, farbenprächtige Übersicht der Beziehungen zwischen den einzelnen funktionellen Gruppen wird Ihnen im folgenden noch oft gute Dienste leisten können.

9. Anwendungsaufgaben

78. Anwendungsaufgabe 4:
Diese Verbindung (**ZM 78**) ist ein wichtiges Intermediat bei der Synthese von Alkaloiden. Behandlung mit $POCl_3$ ergibt das Mohnalkaloid *Papaverin*. Wie würden Sie, ausgehend von einfachen Edukten, Zielmolekül **78** herstellen?

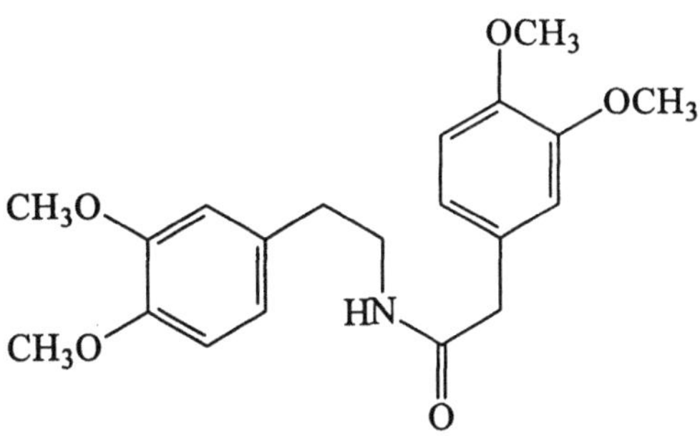

ZM 78

79. Analyse:

Die vorhandenen vier Ether-Gruppen befinden sich an der Peripherie des Moleküls und sind leicht herzustellen. Das Amid ist bei diesem Beispiel die Schlüsselfunktionalität, die wir zuerst an der C-N-Bindung aufspalten müssen. Betrachtet man die beiden Fragmente, so stellt man fest, daß sowohl Säure als auch Amin aus demselben Nitril hergestellt werden können:

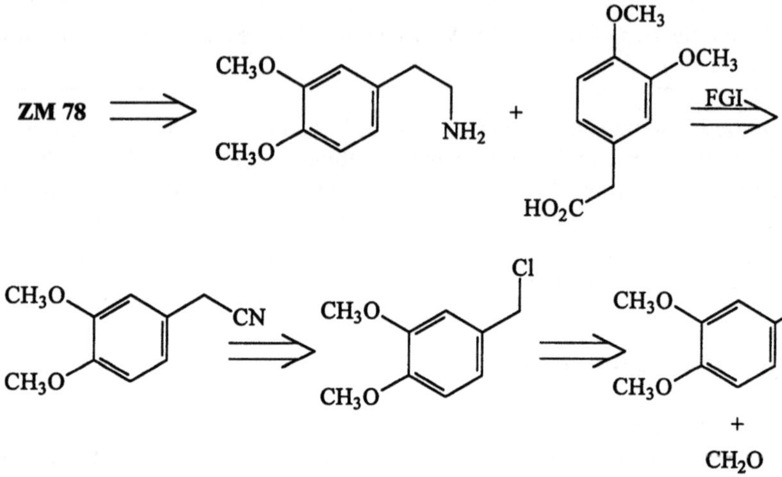

Synthese:

Die Synthese erfolgt ausgehend vom leicht zugänglichen *Brenzkatechin*:

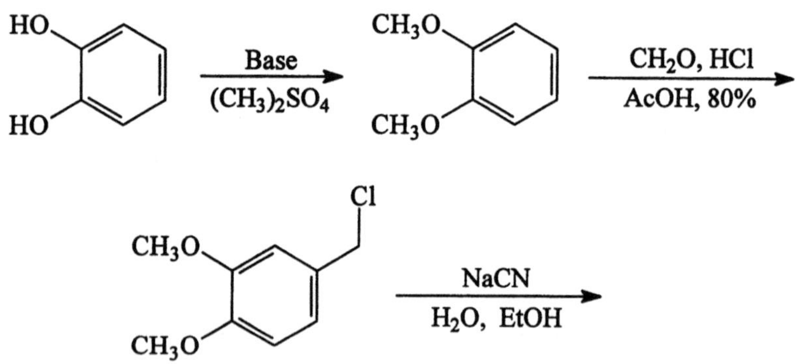

A

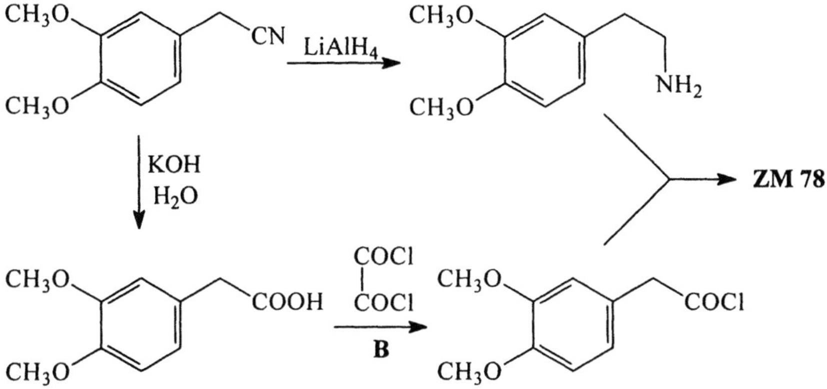

Die Reaktion, bei der **A** entsteht, wird als *Chlormethylierung* (*Blanc-Reaktion*) bezeichnet und ist eine zuverlässige Methode, ein CH_2OH-Äquivalent an einen aromatischen Ring zu addieren. Vielleicht überrascht es Sie, daß das Reagenz **B** zur Herstellung eines Säurechlorids benutzt wird. Bei **B** handelt es sich um Oxalylchlorid, eine Verbindung, die oft eingesetzt wird, um reine Säurechloride zu erhalten - die anderen Produkte bei dieser Reaktion sind Gase - um welche handelt es sich? Formulieren Sie den Mechanismus!
Das Nitril ist in einem Patent beschrieben (*Chem. Abs.* **1955**, 15963); die letzten Reaktionsschritte wurden von der Forschergruppe von *A. R. Battersby* in Cambridge durchgeführt. Zum Mechanismus der *Chlormethylierung* siehe Laue, Plagens, S.48 - 50.

---

80. Anwendungsaufgabe 5:
"*Brufen*" (**ZM 80**), ein Antirheumamittel, ist eines der zehn wichtigsten Medikamente in Großbritannien. Wie könnte man es herstellen?

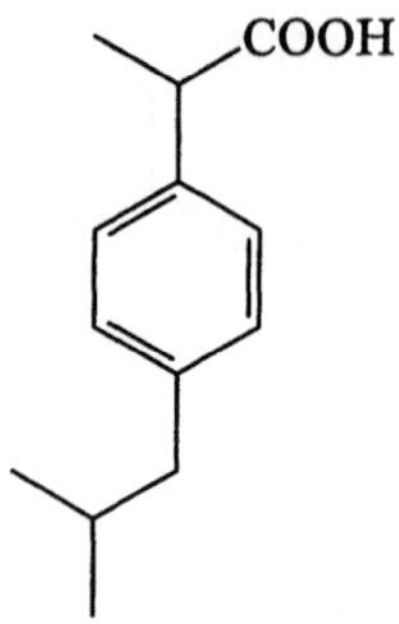

ZM 80

---

81. Analyse:
Die Carbonsäure ist die einzige funktionelle Gruppe, deshalb sollten wir dort beginnen:

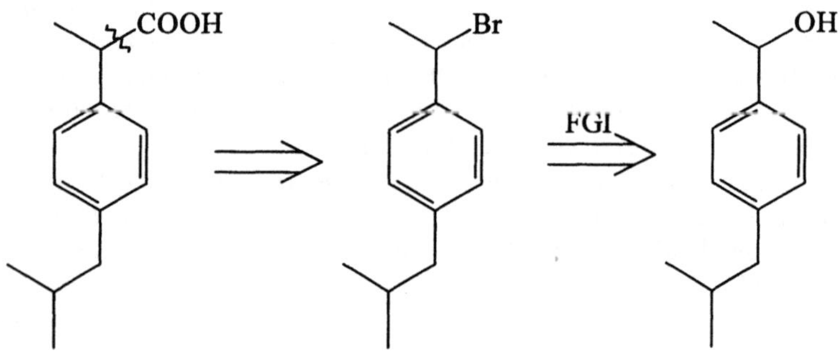

Wir erhalten dabei einen Benzylalkohol, weshalb wir die *Friedel-Crafts-Reaktion* der *Grignard-Reaktion* vorziehen:

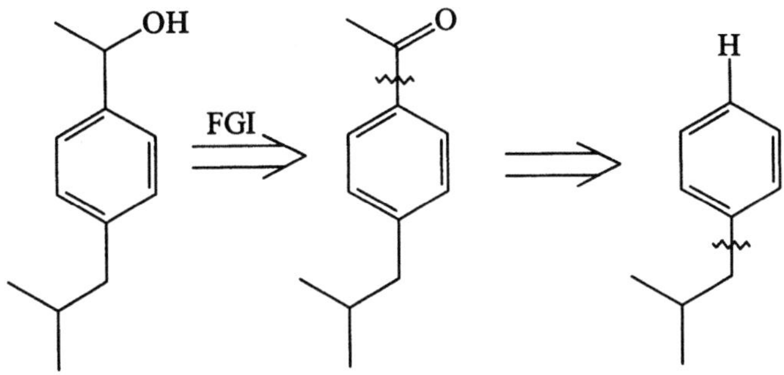

Wir wollen ein zweites Mal die *Friedel-Crafts-Reaktion* benutzen. Um keine Umlagerungen zu erhalten, müssen wir eine Acylierung anstelle einer Alkylierung verwenden.

Synthese:
Dies ist eine der möglichen Synthesen von *Brufen*:

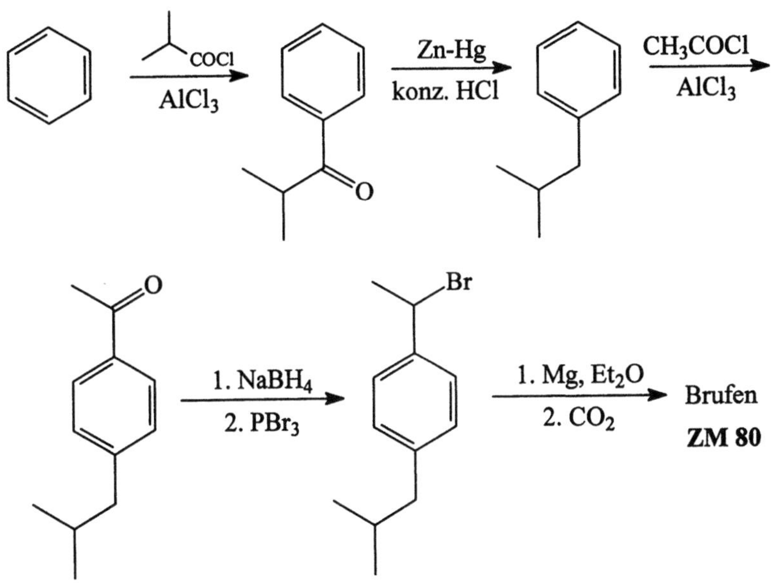

Brufen
ZM 80

82. Anwendungsaufgabe 6:
Einige Chemiker, die die Möglichkeit einer reversiblen *Friedel-Crafts-Reaktion* untersucht haben, wollten einen aktivierten aromatischen Ring, verknüpft mit einer verzweigten Alkylkette, herstellen und wählten daher Zielmolekül **82**.
Wie würden Sie diese Verbindung herstellen?

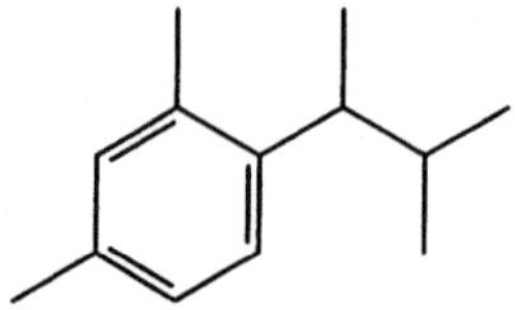

ZM 82

---

83. Analyse:
Wie in Lernschritt 72 lassen wir uns von einem Verzweigungspunkt leiten und führen an dieser Stelle eine Hydroxy-Gruppe ein:

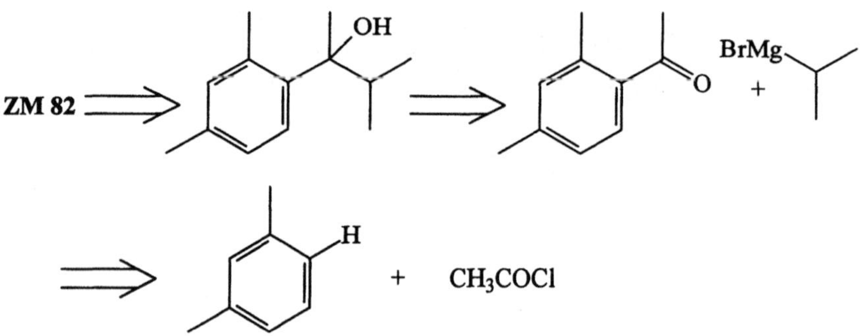

Synthese:

Beachten Sie, daß es nur eine Art von aktivierter Position für die *Friedel-Crafts-Reaktion* gibt - *ortho* und *para* zu den beiden Methylgruppen. Aus sterischen Gründen erfolgt keine Reaktion in der *ortho*-Position zwischen den beiden Substituenten:

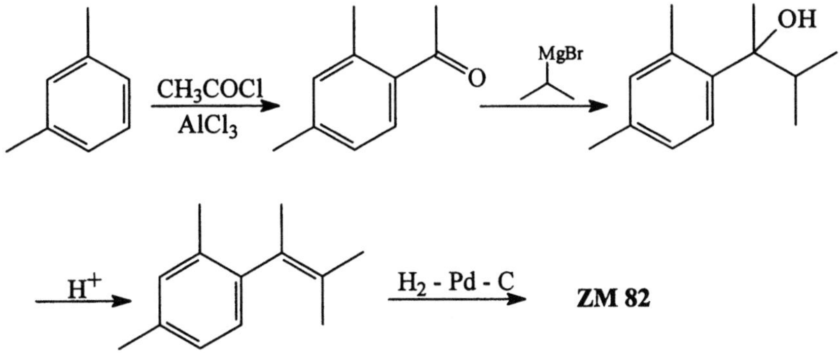

ZM 82

Tatsächlich benutzten die Chemiker im wesentlichen diesen Weg, um **ZM 82** für die dann folgenden Untersuchungen herzustellen (*J. Org. Chem.* **1942**, 7, 6).

C. Retrosynthesen unter Beteiligung zweier funktioneller Gruppen

1. 1,3-Dioxygenierte Verbindungen

Hierbei handelt es sich um Verbindungen, bei denen am Kohlenstoffgerüst in 1,3-Position Bindungen zu Sauerstoffatomen vorhanden sind.

(a) β-Hydroxycarbonyl-Verbindungen

84. Enthält ein Molekül zwei funktionelle Gruppen, dann ist derjenige Retrosyntheseschritt der beste, der beide gleichzeitig einbezieht. Was erhalten Sie, wenn Sie Zielmolekül **84** als Alkohol betrachten und sich bei der Retrosynthese an der Carbonylfunktion orientieren?

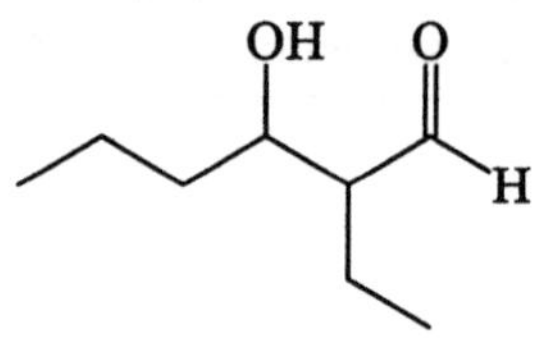

ZM 84

85.

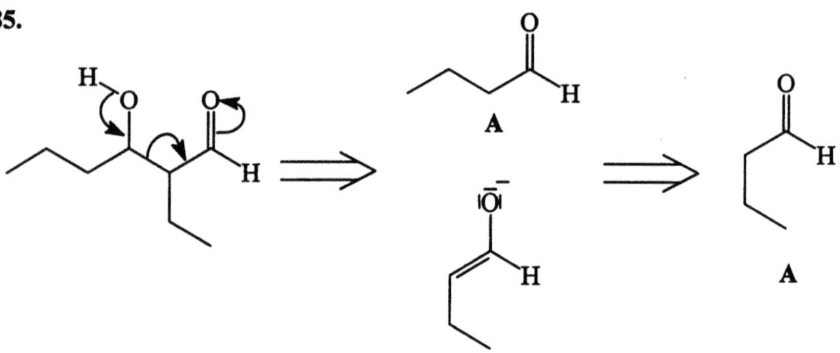

B

B ist das Enolat-Anion, das sich vom Aldehyd **A** ableitet. Deshalb ist es nicht nötig, ein Grignard-Reagenz oder irgend ein anderes synthetisches Äquivalent in dieser Reaktion einzusetzen: Anion **B** kann selbst als Intermediat fungieren, so daß es genügt, den Aldehyd **A** mit einer milden Base zu behandeln:

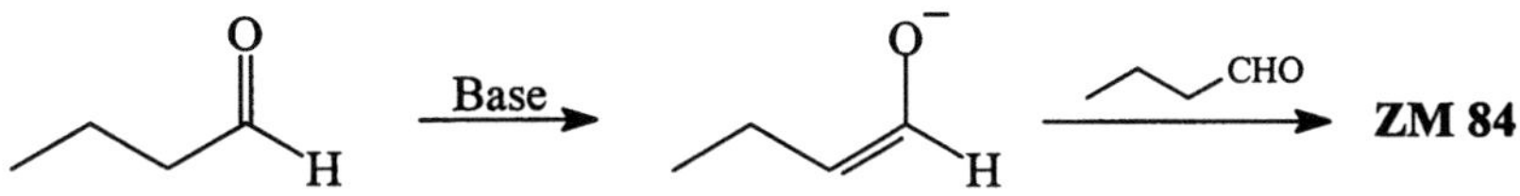

Wie würden Sie Zielmolekül **85** herstellen?

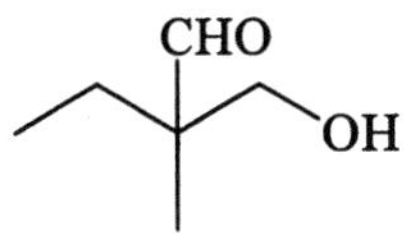

ZM 85

---

86. Analyse:

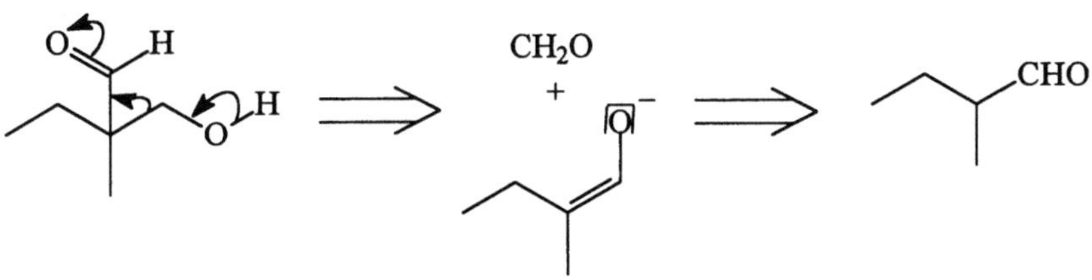

Synthese:

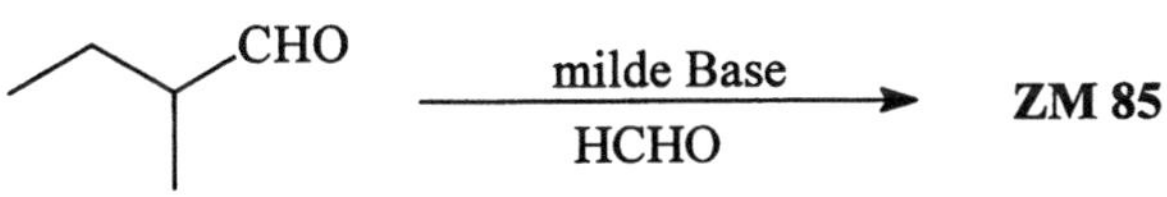

A

Sie werden sich fragen, warum Aldehyd **A** nicht mit sich selbst, wohl aber mit Formaldehyd reagiert. Dieses ist eine Frage der Reaktivität, wie sie bei Carbonylreaktionen berücksichtigt werden muß. Sollten Sie die Reaktivitätsunterschiede und ihre Ursachen nicht kennen, so lesen Sie in einem Lehrbuch nach. Im vorliegenden Fall kann nur Aldehyd **A** enolisieren. Das stärkere Elektrophil ist Formaldehyd.
Versuchen Sie nun, das folgende Problem zu lösen: Wie würden Sie Zielmolekül **86** synthetisieren?

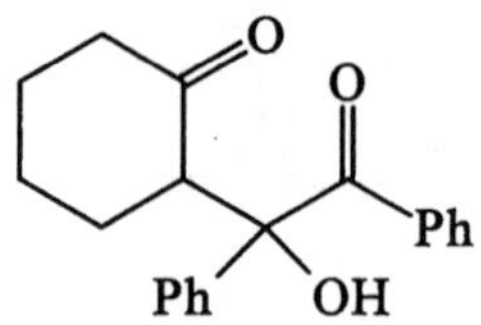

ZM 86

---

87. Analyse:
Sie sind vielleicht versucht, zunächst Bindung **a** zu zertrennen, doch würde dies zu dem unbekannten und vermutlich sehr instabilen PhC=O⁻-Synthon führen. Besser ist es, Bindung **b** zu spalten, da man so zwei Carbonylverbindungen erhält:

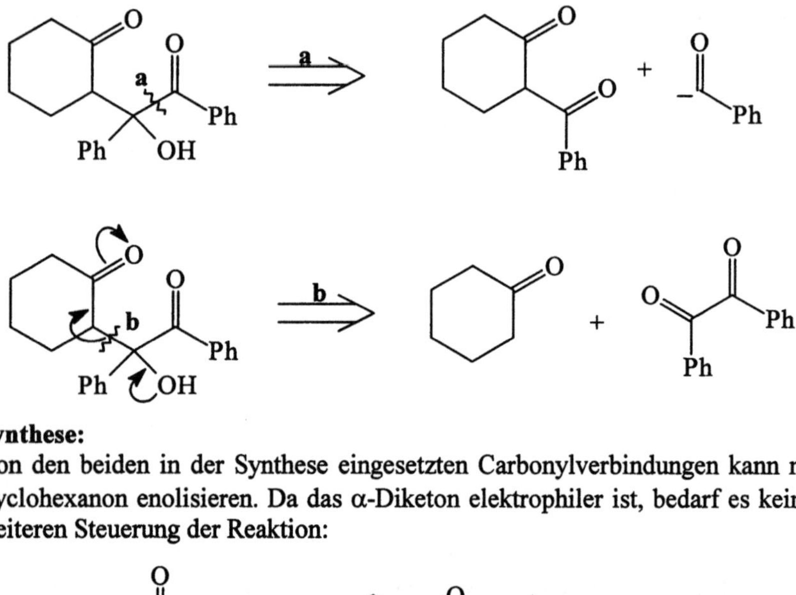

Synthese:
Von den beiden in der Synthese eingesetzten Carbonylverbindungen kann nur Cyclohexanon enolisieren. Da das α-Diketon elektrophiler ist, bedarf es keiner weiteren Steuerung der Reaktion:

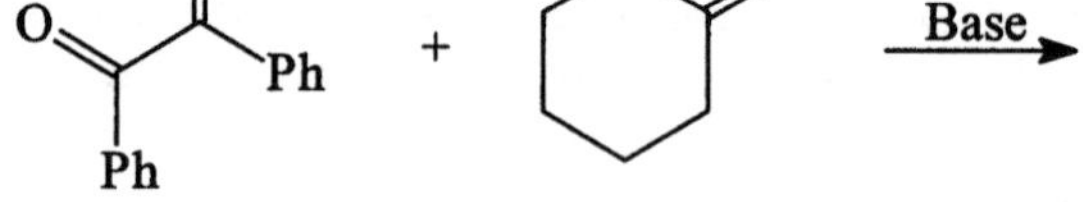

ZM 86

(b) α,β-ungesättigte Carbonylverbindungen

88. In den folgenden Lernschritten wollen wir eine unserer Methoden zur Olefinsynthese benutzen und zwar die Umwandlung eines Alkohols. Schreiben

Sie beide Alkohole auf, aus denen Zielmolekül **88** hergestellt worden sein könnte, und überlegen Sie, welcher zu bevorzugen wäre.

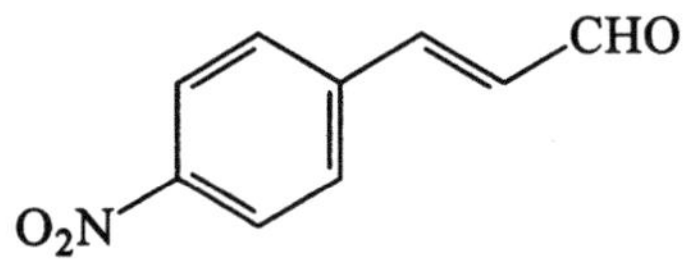

ZM 88

---

89. Analyse:

Die FGI gemäß **b** führt zu einem Alkohol, dessen Retrosynthese einfach ist:

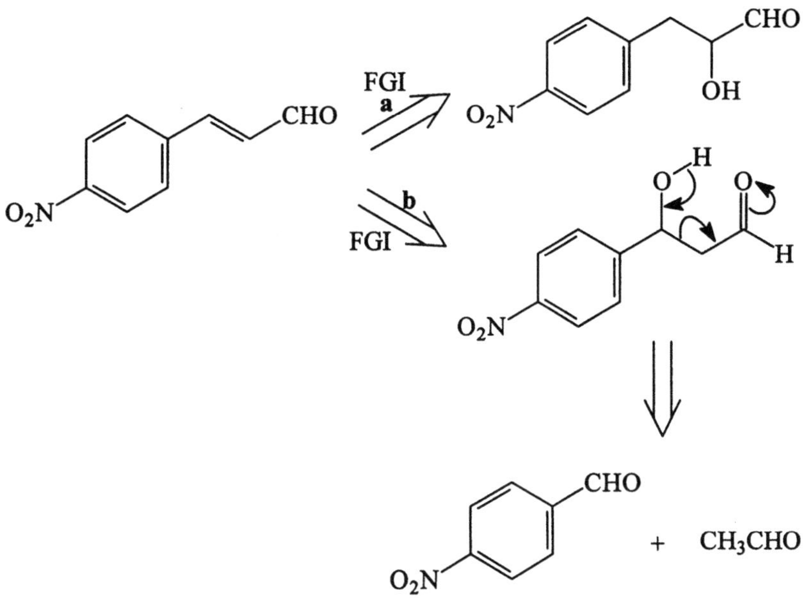

Synthese:

Bei dieser Synthese werden deutlich drastischere Bedingungen verwendet als die, bei denen β-Hydroxycarbonyl-Verbindungen entstehen. Sie können entweder die β-Hydroxyverbindung mit HCl in Essigsäure behandeln oder die Kondensation in Base durchführen (*Bull. Chem. Soc. Jpn.* **1952**, *25*, 54; *Chem. Abs.* **1954**, *48*, 5143):

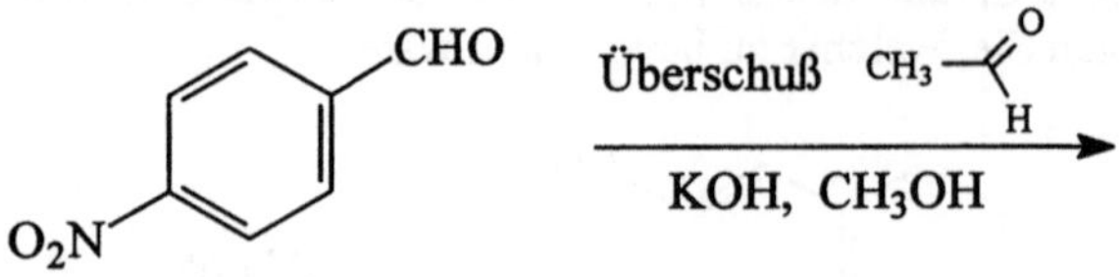

ZM 88

Nur der Acetaldehyd verfügt über α-Wasserstoffatome und kann enolisieren. Da beide Aldehyde etwa gleich elektrophil sind, benutzen wir einen Überschuß an Acetaldehyd, um die Verluste durch Selbstkondensation zu kompensieren.
Wie würden Sie Zielmolekül **89** herstellen?

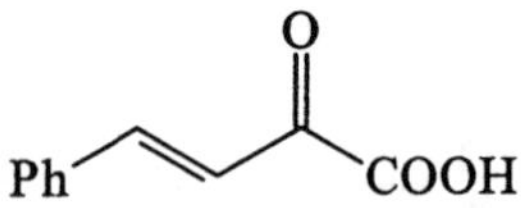

ZM 89

---

90. Analyse:
Nach derselben Methode erhalten Sie:

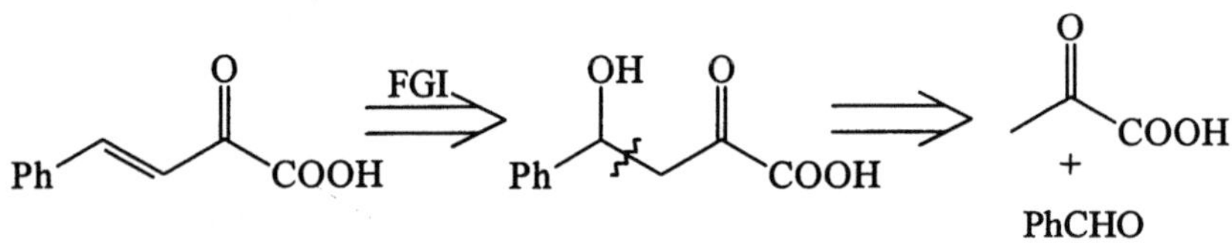

Synthese:
Es ist keine Steuerung notwendig, da nur die Ketocarbonsäure enolisieren kann, und der Aldehyd stärker elektrophil ist. Das Zielmolekül **89** entsteht in einer Ausbeute von 80%, wenn die beiden Edukte zusammen mit KOH in Methanol bei Raumtemperatur gerührt werden (*Helv. Chim. Acta* **1931**, *14*, 783).

---

91. Wir können folglich jede α,β-ungesättigte Carbonylverbindung an der Doppelbindung zerschneiden und für das eine Fragment "CH_2" und für das andere "CO" schreiben:

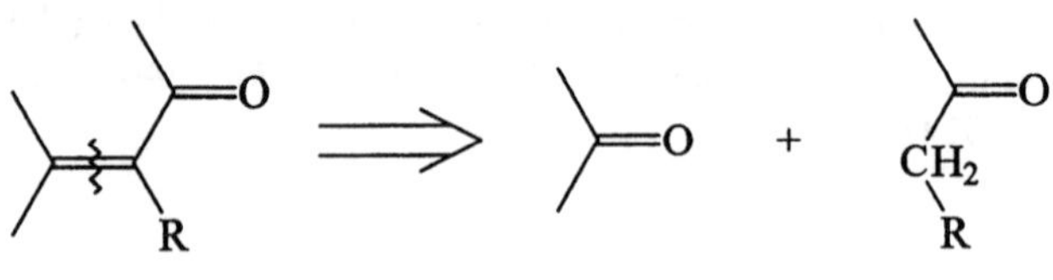

Welche Retrosynthese schlagen Sie für die folgende Verbindung vor?

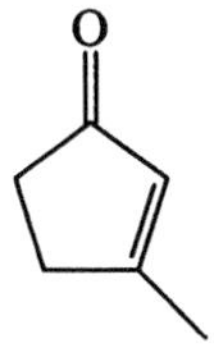

ZM 91

92. Hoffentlich haben Sie sich nicht durch den Ring irritieren lassen:

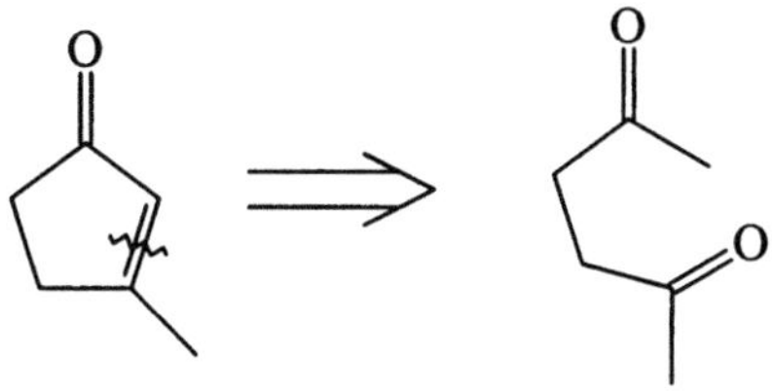

Wir werden später auf die Synthese dieses Eduktes zurückkommen.

93. Retrosynthesen von 1,3-dioxygenierten Verbindungen und von β-Hydroxy-carbonyl-Verbindungen zeigen Gemeinsamkeiten. In jeder der folgenden Strukturen läßt sich die α,β-Bindung wie dargestellt spalten:

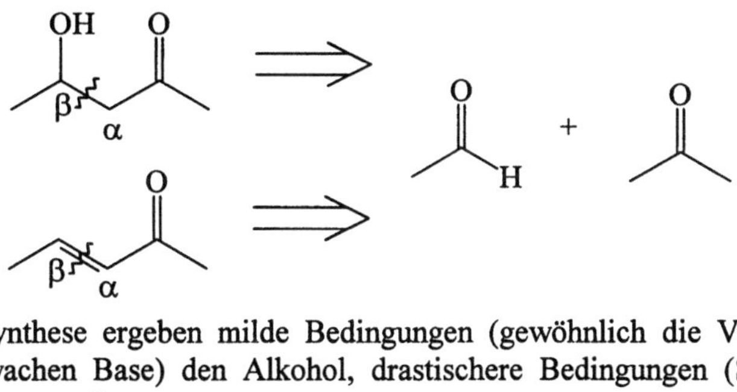

Bei der Synthese ergeben milde Bedingungen (gewöhnlich die Verwendung einer schwachen Base) den Alkohol, drastischere Bedingungen (Säure oder Base) führen zum Enon.

(c) 1,3-Dicarbonylverbindungen

94. Überträgt man diese Vorgehensweise auf α,β-ungesättigte Carbonyl-verbindungen, so erhält man eine gute Retrosynthese für 1,3-Dicarbonylver-bindungen:

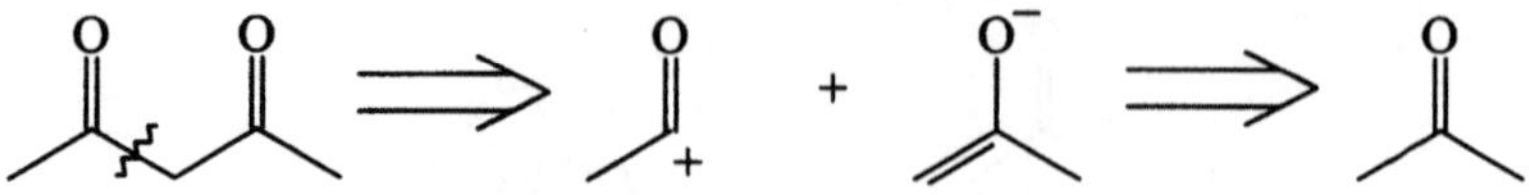

Als Reagenz für das Synthon RCO^+ wird allgemein RCOX verwendet, wobei X für die Abgangsgruppe - beispielsweise EtO^- - steht.
Wie würden Sie Zielmolekül **94** herstellen?

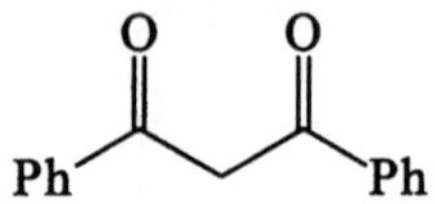

ZM 94

---

95. Analyse:

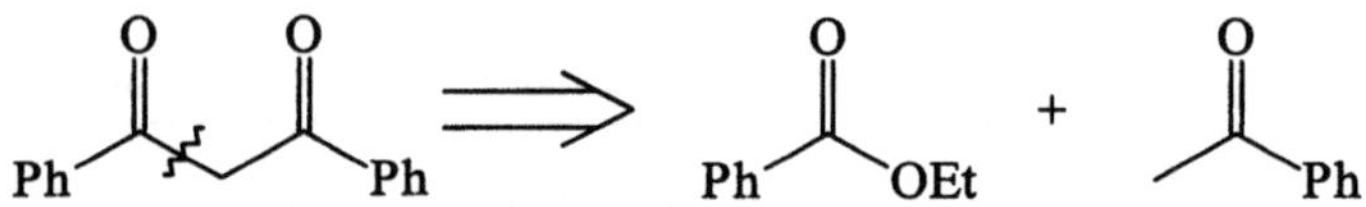

Synthese:

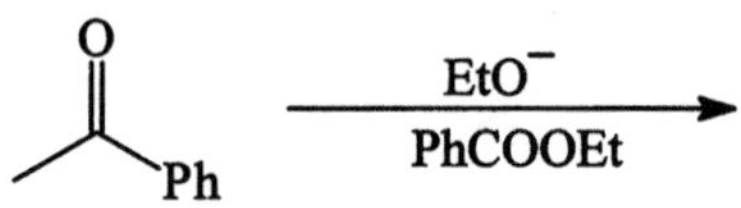

ZM 94

Übertragen Sie nun das Gelernte auf Zielmolekül **95**!

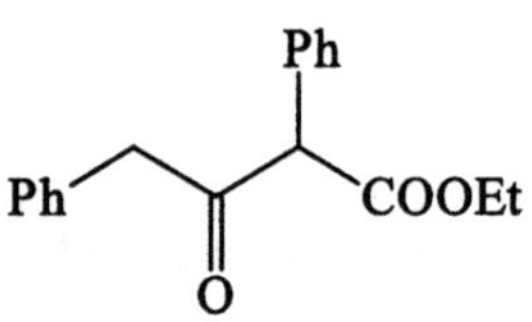

ZM 95

---

96. Sie haben die Wahl zwischen Bindung **a** und **b**:

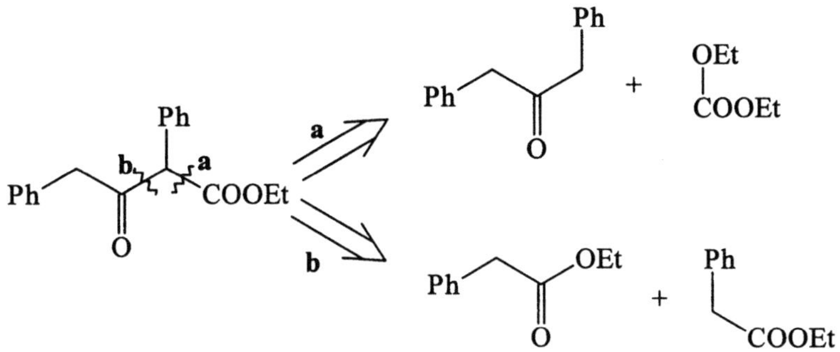

Weg **b** ist zu bevorzugen, da er mit der größeren Vereinfachung verbunden ist. Er besitzt weiterhin den schon in Lernschritt 85 benutzten Symmetrievorteil - beide Edukte sind identisch. Die Synthese erfolgt nach dem Mechanismus der *Claisen-Esterkondensation*:

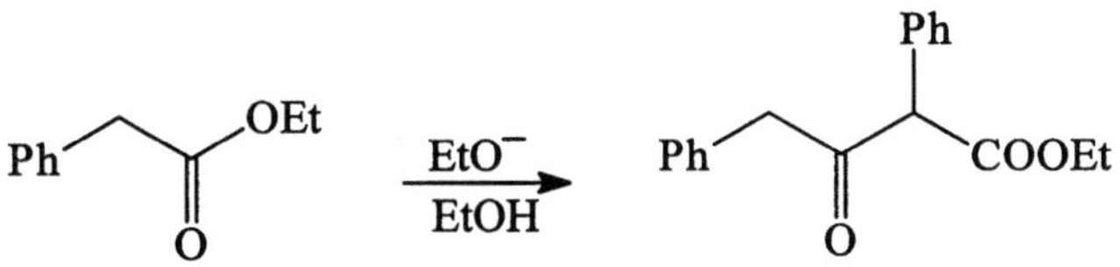

---

97. Der andere Retrosyntheseschritt (**a** in Lernschritt 96) ist sehr wichtig, wenn wir die Reaktion durch Einführung einer COOEt-Gruppe besser steuern wollen. Wie würden Sie Zielmolekül **97** herstellen?

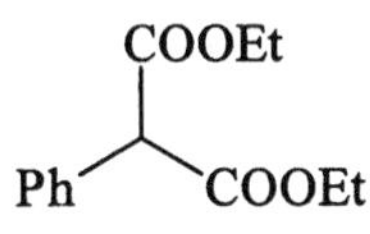

ZM 97

---

98. Diese Retrosynthese ist ganz einfach, wenn wir an Lernschritt 96 denken:

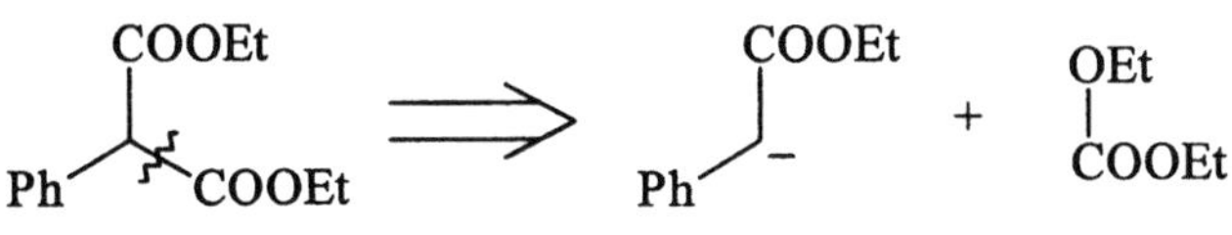

Die Verbindung $CO(OEt)_2$ heißt Diethylcarbonat und ist gut zugänglich. Ich hoffe, Sie haben sich nicht von der folgenden Alternative irreführen lassen:

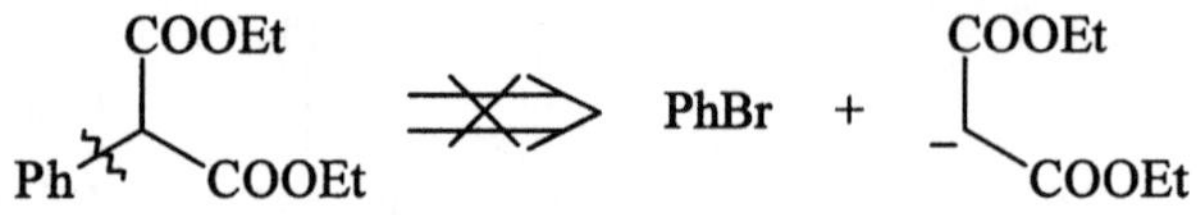

Nucleophile Substitutionen an Arylhalogeniden erfordern nämlich besondere Bedingungen (siehe Streitwieser S. 1023 - 1026).
Vielleicht erinnern Sie sich aufgrund der Lernschritte 57 - 58 daran, daß man Zielmolekül **97** als Reagenz für das Synthon $PhC^{-}HCOOH$ einsetzen kann.
Wie würden Sie demnach Zielmolekül **98** herstellen?

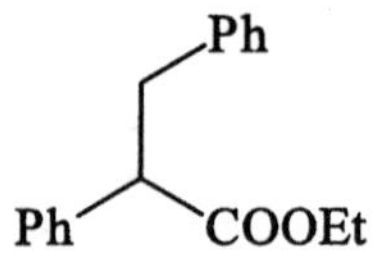

ZM 98

---

99. Analyse:

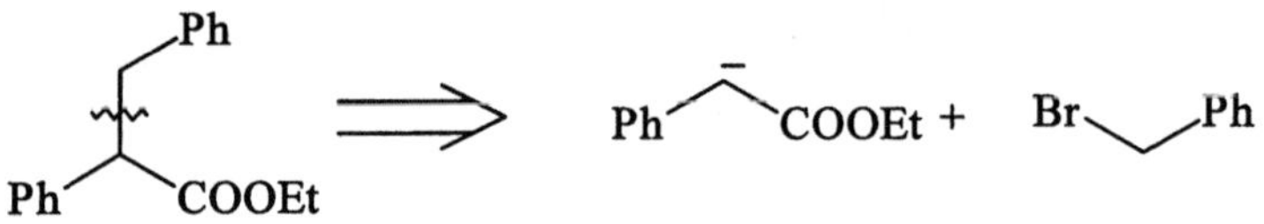

Synthese:

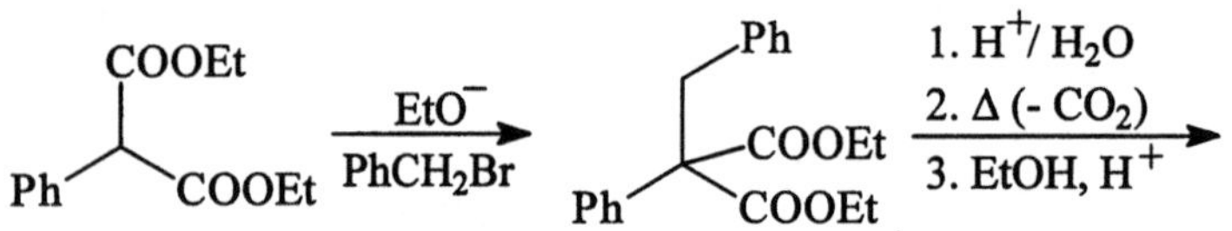

---

100. Wie würden Sie Zielmolekül **100** herstellen?

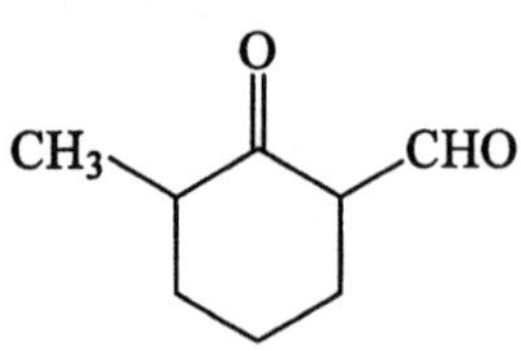

ZM 100

101.

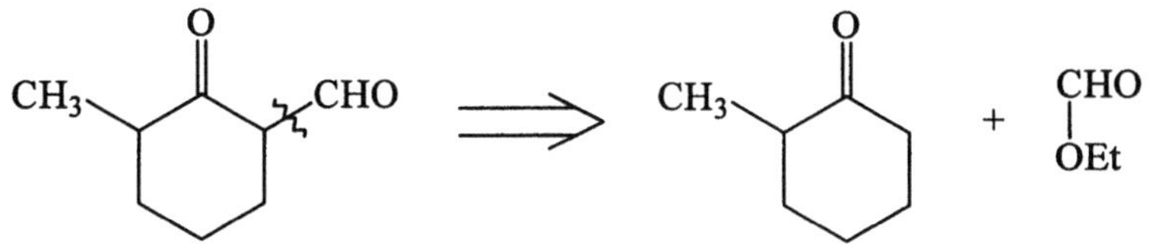

Als Reagenz für das Formylfragment kann Ethylformiat eingesetzt werden. Diese Umsetzung ist eine wichtige Methode zur Steuerung der Selektivität, da die Reaktion nur an einer Seite der Carbonylgruppe erfolgt. Ursache hierfür ist die Regioselektivität, die sich daraus ergibt, daß das Produkt enolisieren kann:

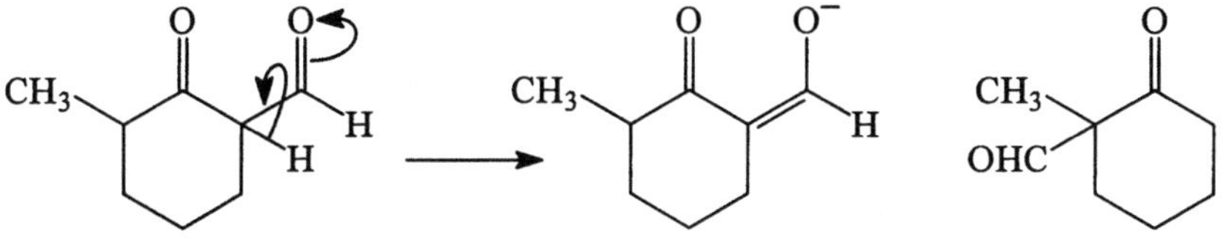

A **B**

In basischem Milieu kann das Produkt das stabile Enolat **A** bilden. Dieses ist bei dem Alternativprodukt **B** nicht möglich, weil es kein Wasserstoffatom an dem formyl-substituierten Ringkohlenstoffatom besitzt. Die Möglichkeit zur Enolisierung verschiebt das Gleichgewicht auf die Seite von Produkt **A**.
Wie könnten wir dieses bei der Synthese von Zielmolekül **101** einbeziehen?

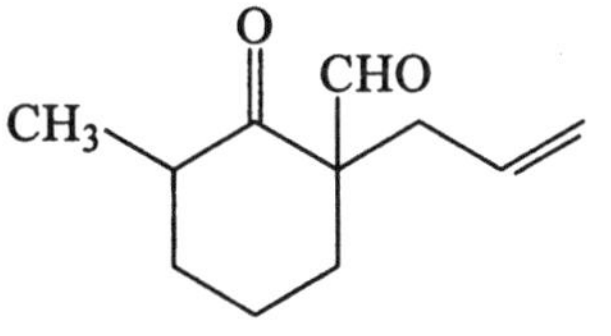

ZM 101

102.

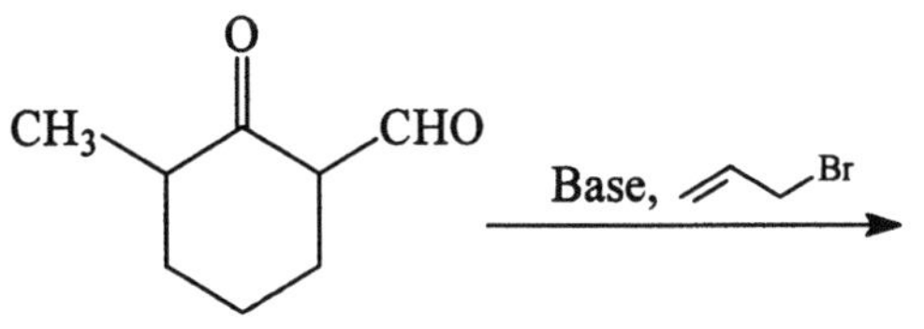

Unter den Reaktionsbedingungen bildet sich nur das stabile Enolat **101A**, welches gut mit Allylbromid reagiert. Der aktivierende Formylrest kann durch basenkatalysierte Hydrolyse entfernt werden:

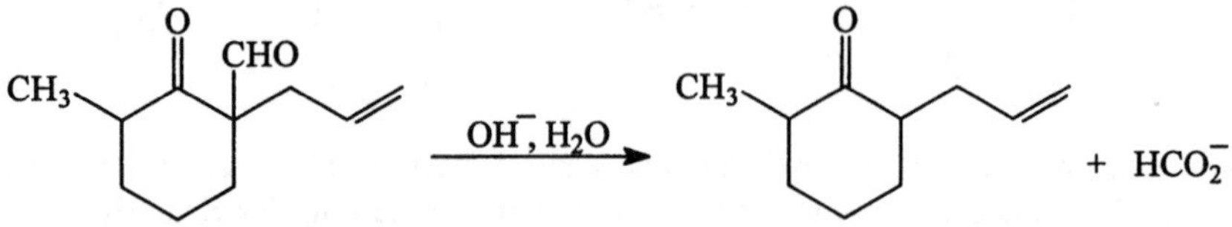

Formulieren Sie den Mechanismus!

---

103. Die Base (OH^-) greift die reaktivere Carbonylgruppe an:

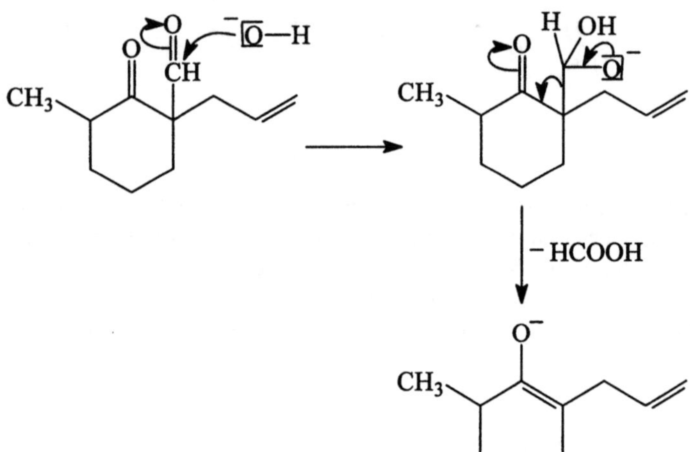

Sollten Ihnen diese Carbonylreaktionen nicht vertraut sein, lesen Sie bitte in einem Lehrbuch nach.

---

104. Die Addition von Gruppen mit nur einem Kohlenstoffatom, die wir in den Lernschritten 98 und 101 betrachtet haben, ist gerechtfertigt, wenn wir lediglich eine aktivierende Gruppe an ein gut zugängliches Keton addieren wollen. Dies ist aber keine elegante synthetische Vorgehensweise!
Welcher alternative Retrosyntheseschritt steht uns hier zur Verfügung?

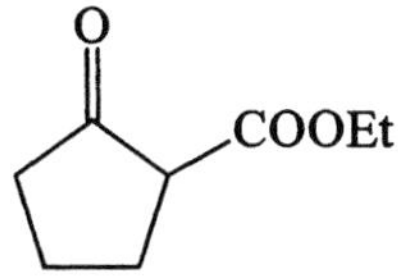

ZM 104

105. Analyse:

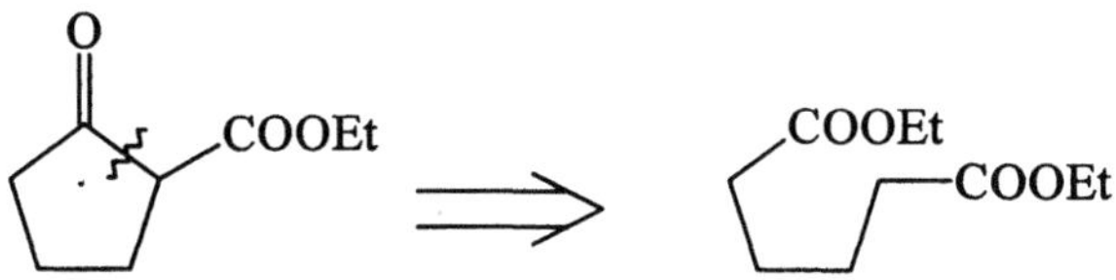

Das Edukt für diese Bindungsspaltung ist symmetrisch und darüber hinaus gut zugänglich (siehe Lernschritte 194ff.).

Synthese: Diese cyclische Variante der *Claisen-Esterkondensation* wird als *Dieckmann-Kondensation* bezeichnet (Einzelheiten zu diesen Reaktionen finden Sie in Laue, Plagens S. 57 - 62):

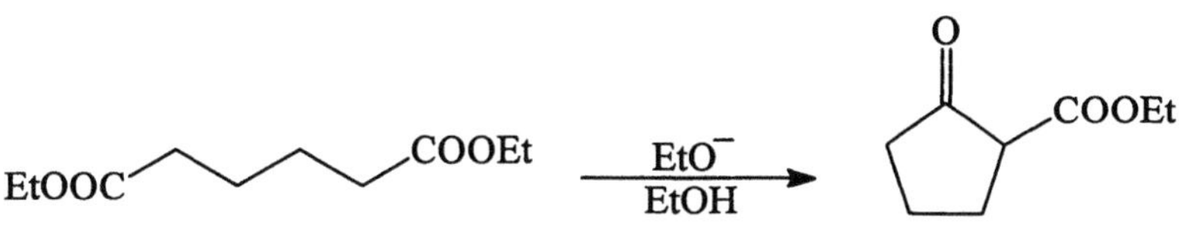

106. Manchmal können wir uns bei der Wahl der Retrosyntheseschritte von der relativen Stabilität der in Frage kommenden anionischen Fragmente leiten lassen. Wie würden Sie Zielmolekül **106** herstellen?

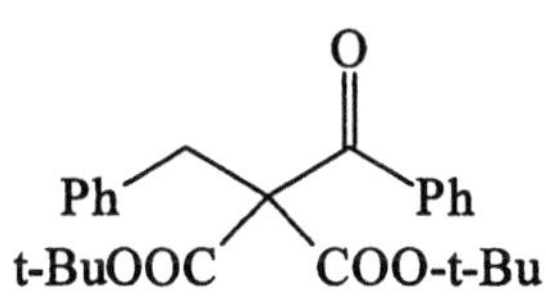

ZM 106

107. Einer der möglichen Retrosynthesewege führt bei der zweiten Bindungsspaltung zu dem stabilen symmetrischen Anion, das sich leicht aus einem Malonester herstellen läßt.

Analyse:

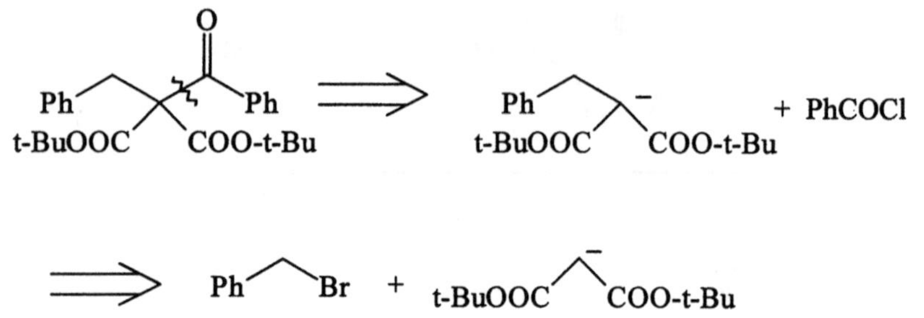

Synthese:

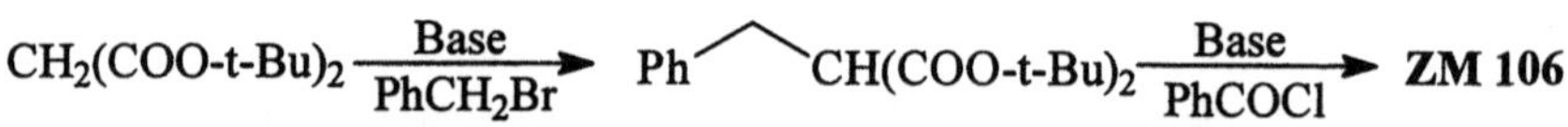

(d) Anwendungsaufgaben

108. Anwendungsaufgabe 7:

α-β-ungesättigte Lactone sind in der Synthesechemie beim Aufbau großer Moleküle mit komplexer Funktionalität wertvolle Intermediate, da man sie in *Diels-Alder-Reaktionen* gut einsetzen kann.

Wie würden Sie dieses Lacton (**ZM 108**) herstellen?

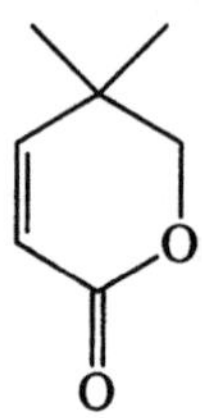

ZM 108

---

109. Analyse:

Wir müssen zunächst den Lactonring öffnen:

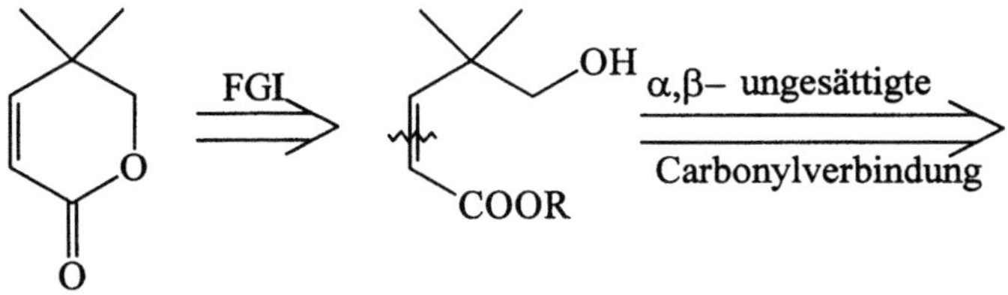

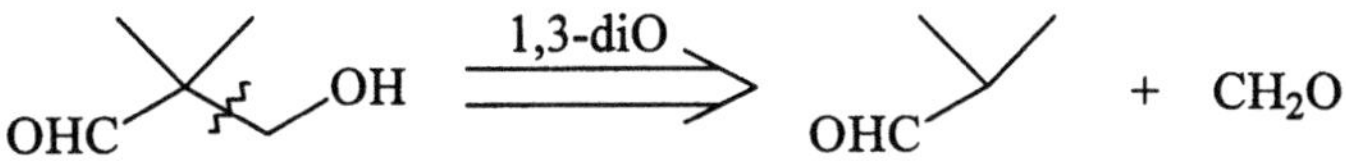

Synthese:
Im ersten Reaktionsschritt ist keine Kontrolle notwendig, da die Aldehyde jeweils nur ein enolisierbares H-Atom besitzen. Wenn wir Malonsäure für den zweiten Schritt verwenden, erfolgen Cyclisierung und Decarboxylierung spontan (*Monatsh. Chem.* **1904**, *25*, 13):

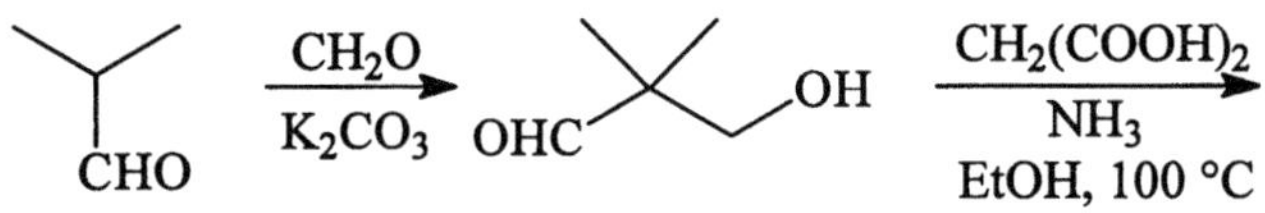

ZM 108

Wenn Sie sich über die Einzelheiten des letzten Schrittes nicht ganz im klaren sind, sollten Sie den genauen Mechanismus ausarbeiten!

---

110. Anwendungsaufgabe 8:
Schlagen Sie eine Synthese für dieses Cyclopentanolderivat (**ZM 110**) vor, einer Verbindung, die zur Erweiterung der Pupillen der Augen führt!

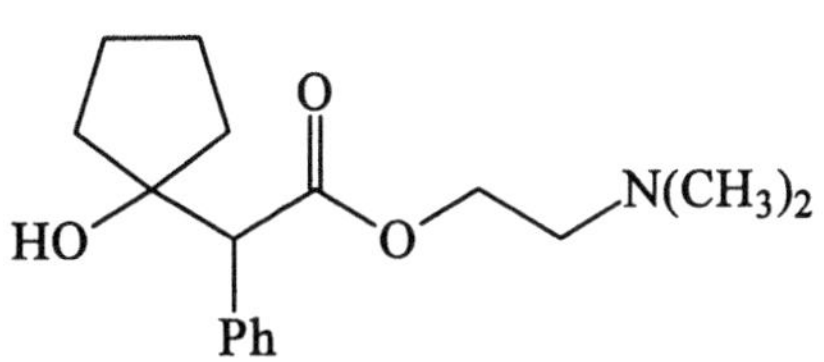

ZM 110

---

111. Analyse:
Wir müssen zunächst den Ester in seine Bestandteile zerlegen:

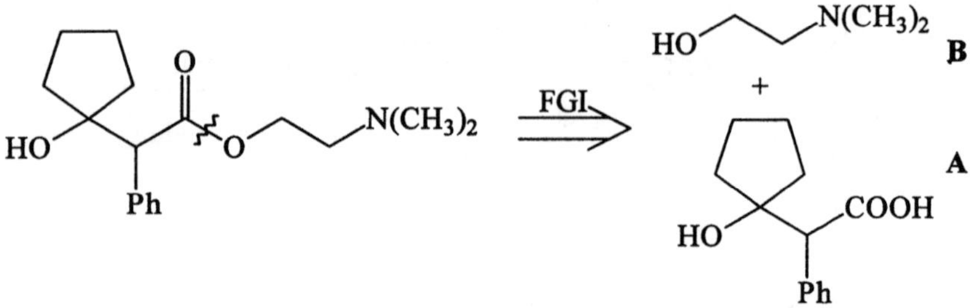

Der Alkohol **B** ist ein typisches Produkt aus der Reaktion eines Epoxids mit einem Amin, und bei Säure **A** handelt es sich um eine 1,3-dioxygenierte Verbindung:

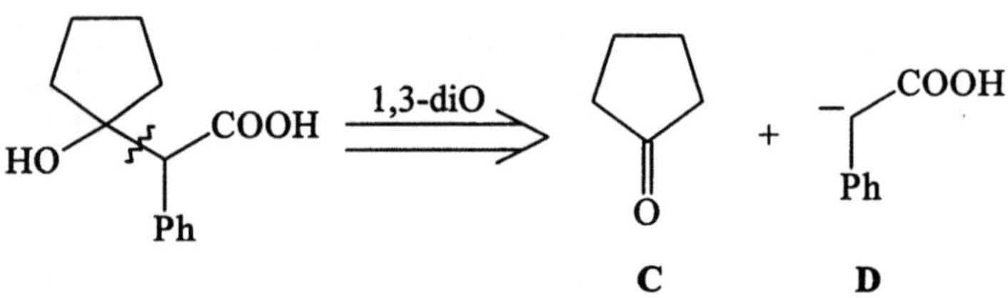

Synthese:
Kontrolle wird in der Kondensationsreaktion benötigt, da das Keton **C** sowohl bezüglich der Enolisierung als auch der Elektrophilie reaktiver ist als die Säure **D**. Die *Reformatsky-Reaktion* (siehe Laue, Plagens, S. 265 - 267) scheint für diesen Zweck eine gute Methode zu sein. Wiederum wissen wir nicht, wie dieses kommerzielle Produkt technisch hergestellt wird, eine mögliche Synthese ist die folgende:

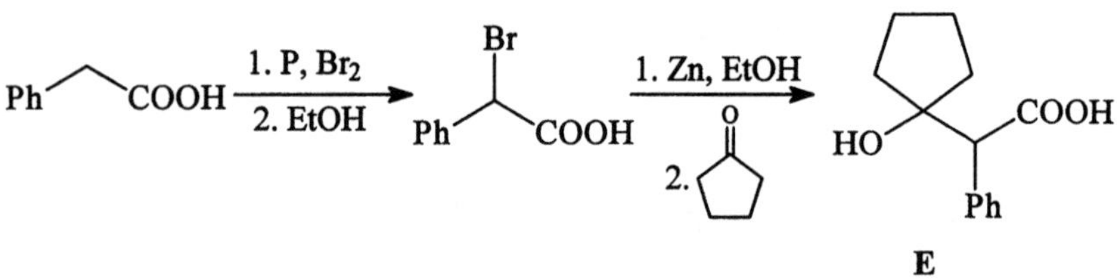

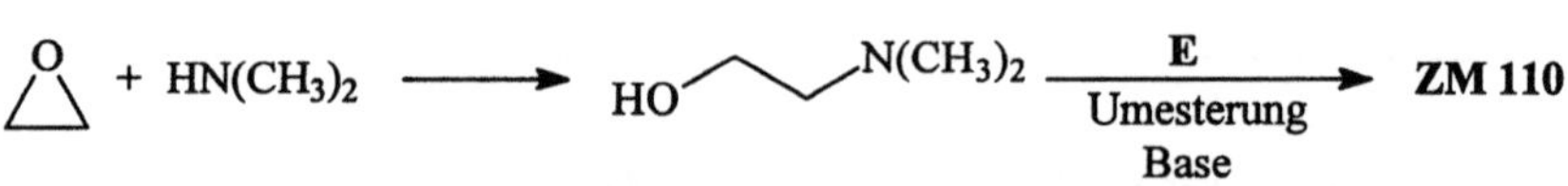

Es besteht keine Gefahr, daß der tertiäre Alkohol unter diesen Reaktionsbedingungen einen Ester bildet. Bei dem letzten Reaktionsschritt handelt es sich um eine *Umesterung* (siehe Streitwieser S. 538).

2. 1,5-Dicarbonylverbindungen

112. In diesem Abschnitt haben wir bisher Enolat-Anionen mit anderen Carbonylverbindungen durch direkten Angriff an die Carbonylgruppe umgesetzt. Wir können die Möglichkeiten dieser Reaktion noch ausdehnen, indem wir α,β-ungesättigte Carbonylverbindungen als Elektrophile einsetzen. Dies bezeichnet man als *Michael-Reaktion*. Vergegenwärtigen Sie sich noch einmal die *Michael-Reaktion*, indem Sie den Mechanismus, beispielsweise für die folgende Reaktion, aufschreiben:

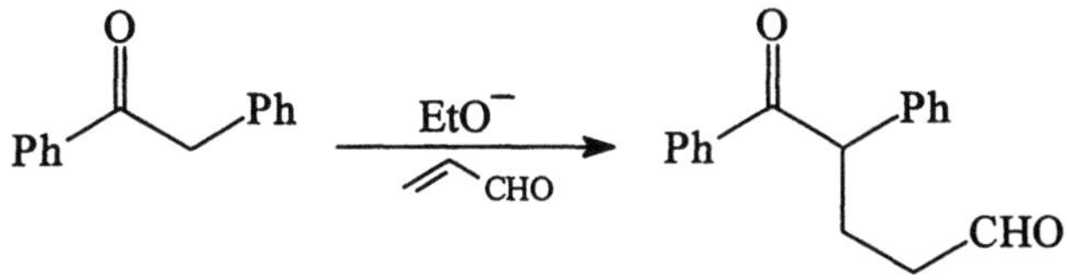

113.

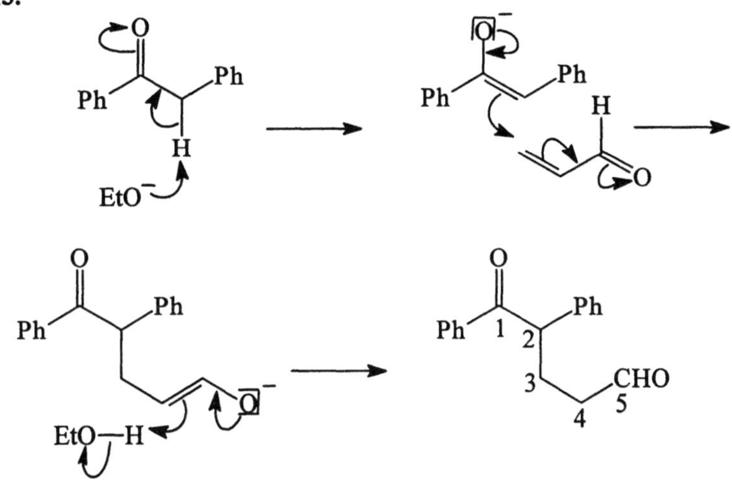

Wie Sie sehen, erhalten wir aus dieser Reaktion eine 1,5-Dicarbonylverbindung. Wir können daher Verbindungen dieses Typs an jeder der beiden mittleren Bindungen trennen:

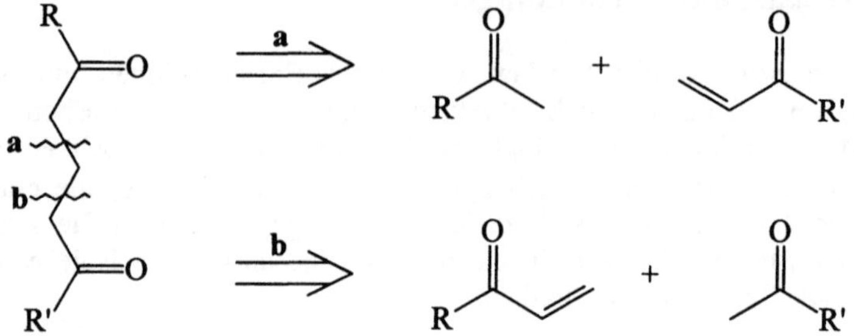

Manchmal ist die Wahl einfach, und es ergibt sich aus der Molekülstruktur, wo wir mit dem Retrosyntheseschritt ansetzen müssen. Wie würden Sie Zielmolekül **113** herstellen?

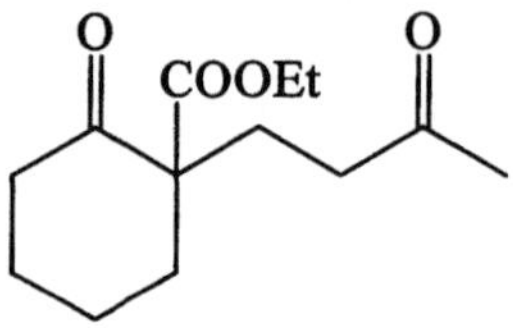

ZM 113

---

114. Nur eine der beiden Bindungsspaltungen kommt in Frage, da die andere Position nicht zu einer Doppelbindung führen kann:

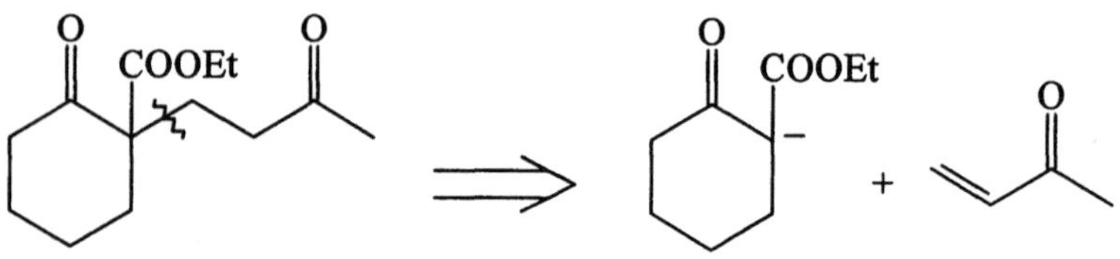

Dieser Retrosyntheseschritt besitzt außerdem die Vorteile, daß

- er zu einem stabilen Anion führt und
- beide Edukte leicht durch die in den Lernschritten 97 - 99 und 104 - 106 beschriebenen Methoden hergestellt werden können.

Manchmal müssen wir eine Wahl zwischen zwei mechanistisch vernünftigen Retrosyntheseschritten treffen.
Welche Bindungsspaltung würden Sie für Zielmolekül **114** wählen?

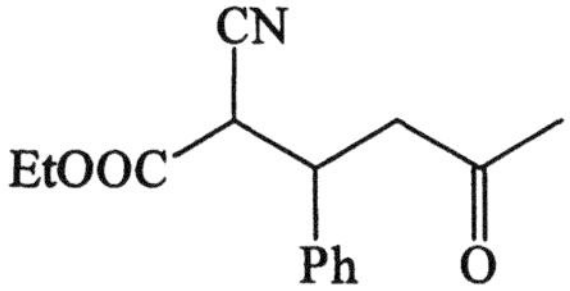

ZM 114

115.

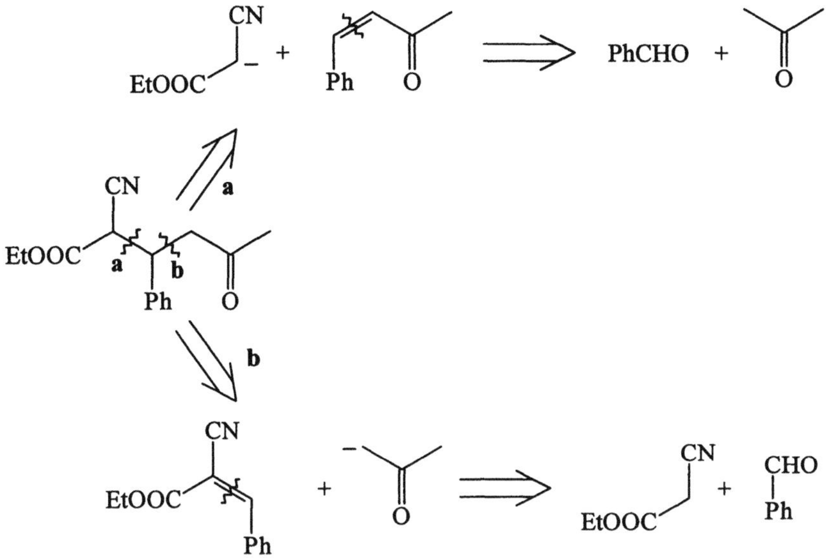

Beide Bindungsspaltungen **a** und **b** sind akzeptabel und führen zu denselben Edukten. Da Weg **a** die *Michael-Reaktion* mit einem stabilen Anion nutzt, ist er vorzuziehen.

116. Die *Michael-Reaktion* ist Bestandteil einiger sehr wichtiger und umfangreicher Synthesesequenzen. Betrachten Sie Zielmolekül **116** als α,β-ungesättigte Verbindung, und nutzen Sie für Ihre Analyse die *Michael-Reaktion*.

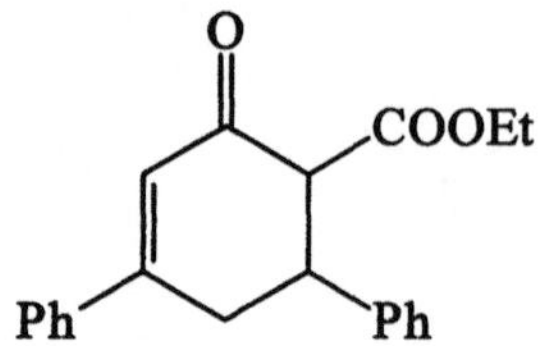

ZM 116

---

117. Analyse:

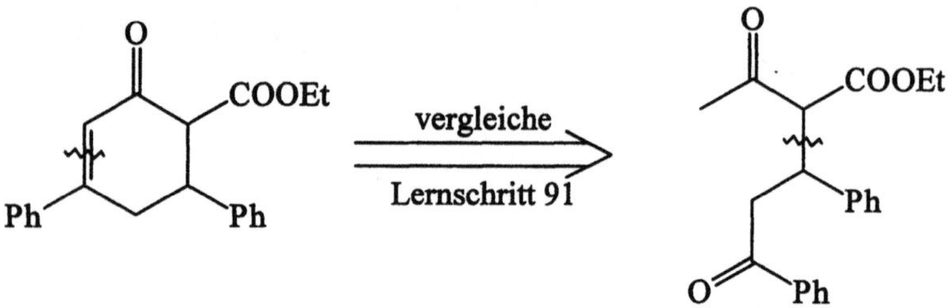

Mit nur einem guten Retrosyntheseschritt haben wir eine 1,5-Dicarbonylverbindung erhalten.

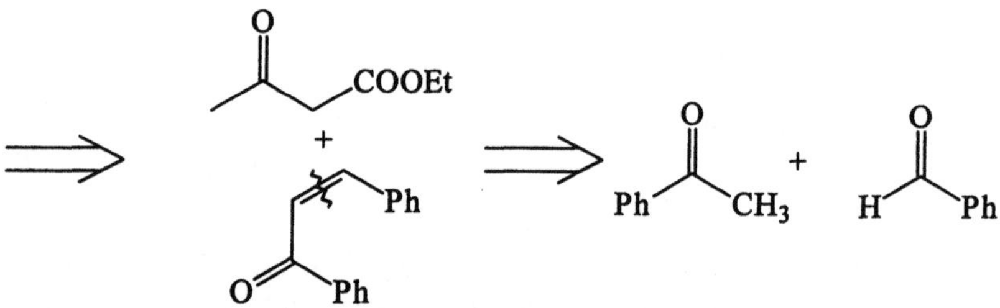

Die Sequenz aus *Michael-Reaktion* und Cyclisierung wird als *Robinson-Anellierung* (Anellierung bedeutet die Bildung eines Ringes) bezeichnet.

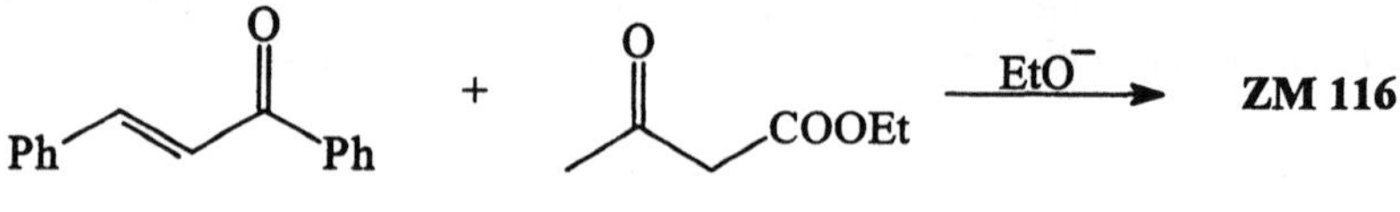

Analysieren Sie in derselben Art Zielmolekül **117**!

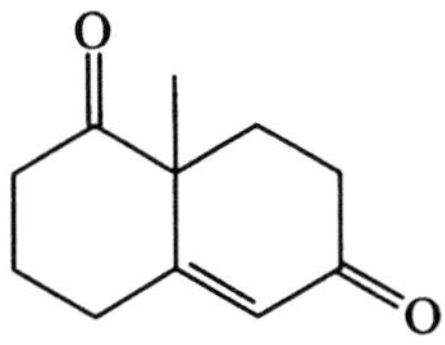

ZM 117

---

118. Beginnen wir wiederum mit dem α,β-ungesättigten Keton.

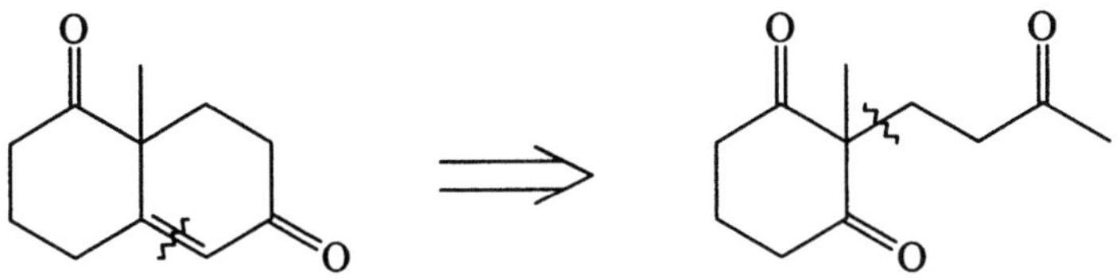

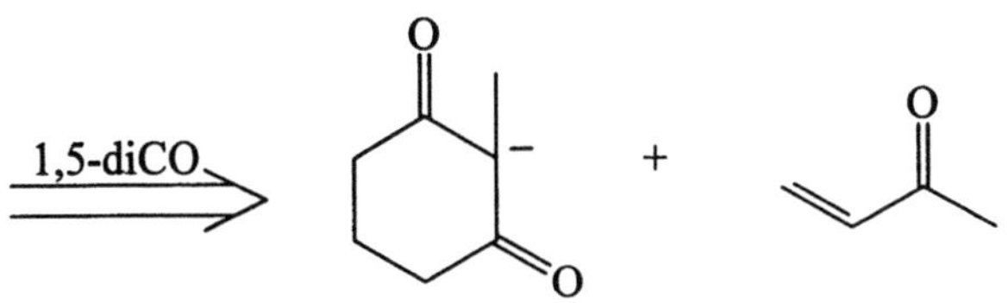

(bestes Anion)

Diese Sequenz kann in ein oder zwei Schritten ausgeführt werden und führt zu einem wichtigen Molekül für die Synthese von Steroiden. Weitere Details können Sie, wenn Sie interessiert sind, in I. Fleming, *Grenzorbitale und Reaktionen organischer Verbindungen*, VCH, Weinheim, **1992** nachlesen.

---

119. Wenn wir ein einfaches 1,5-Diketon herstellen wollen, müssen wir eine aktivierende Gruppe wie COOEt zur Steuerung der Reaktion einsetzen, um Nebenreaktionen zurückzudrängen.
Wie würden Sie Zielmolekül **119** herstellen?

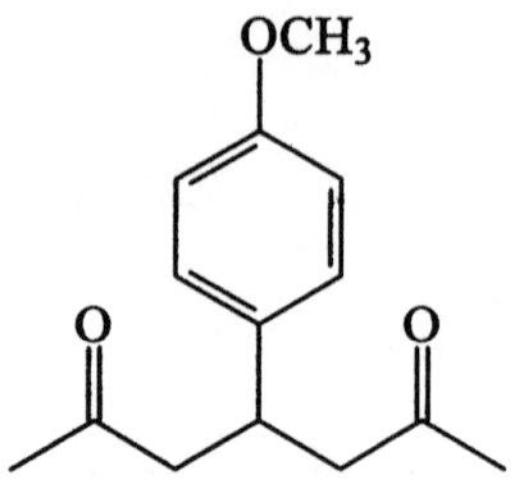

ZM 119

---

120. Analyse:

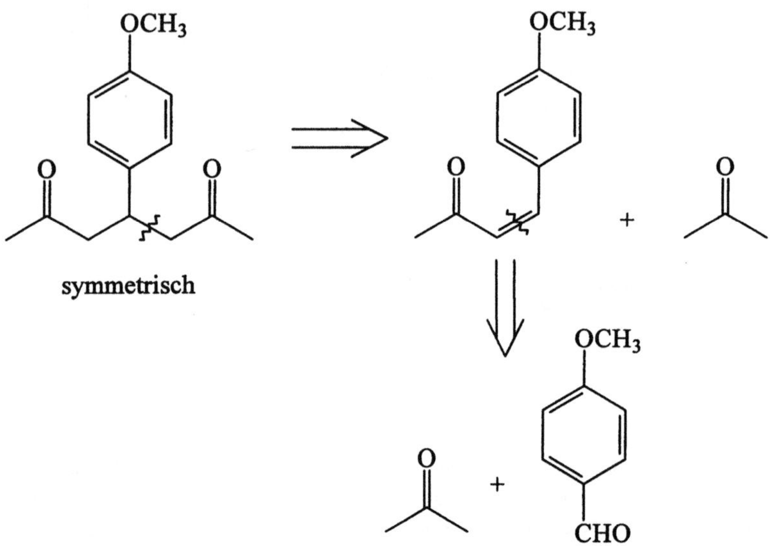

Synthese:
Um im zweiten Reaktionsschritt eine gute Ausbeute sicherzustellen, führt man die Reaktion am besten mit einer aktivierten Verbindung (hier dem β-Ketoester) durch, so daß die Synthese folgendermaßen aussieht:

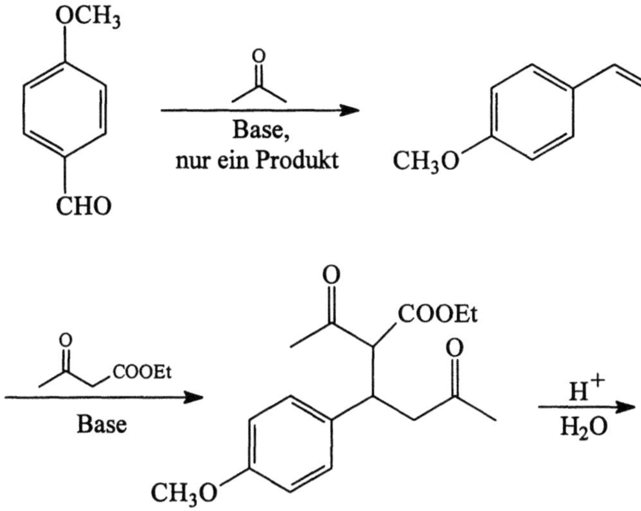

ZM 119

Wie würden Sie Zielmolekül **120** herstellen?

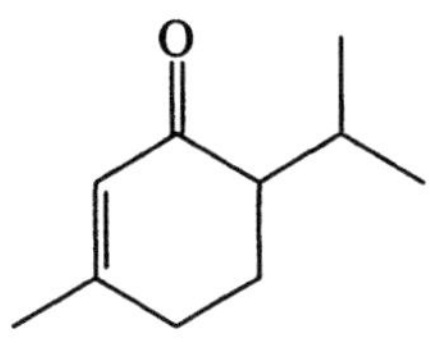

ZM 120

121. Analyse:

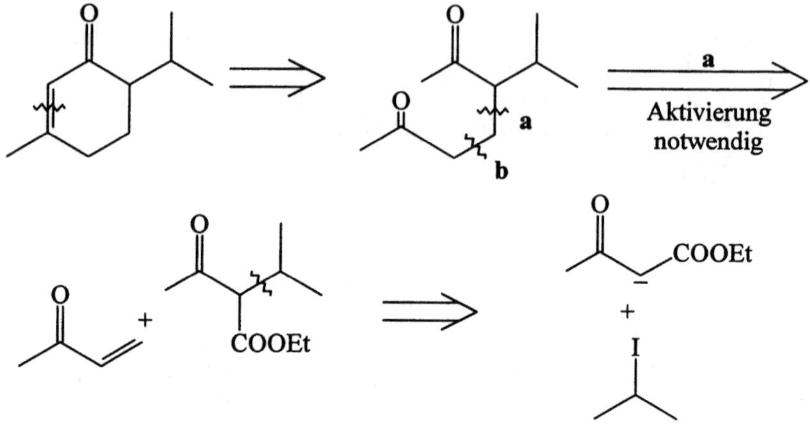

Für den Retrosyntheseschritt zur *Michael-Reaktion* ist die mit **a** gekennzeichnete Bindungsspaltung günstiger, da wir in diesem Fall die COOEt-Gruppe sowohl zur Steuerung der Alkylierung als auch für die *Michael-Reaktion* einsetzen können.

Synthese:

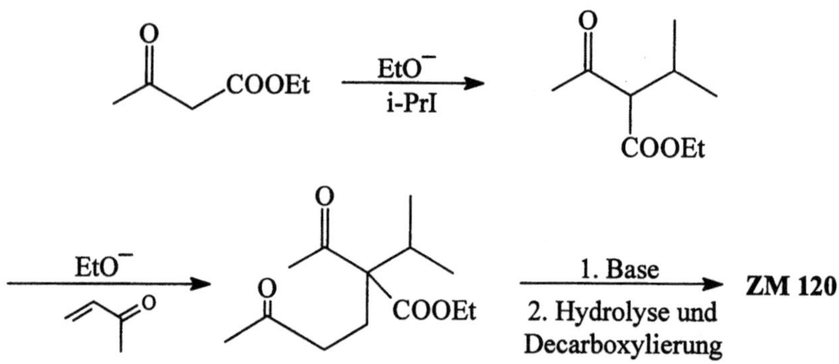

Die Kondensation hätte auch den anderen Weg einschlagen können, tut dies aber nicht, vermutlich, weil der Angriff an der anderen Carbonylgruppe stärker gehindert ist. Bei Zielmolekül **120** handelt es sich um *Piperiton* (einer der Hauptaromastoffe der Minze), das im wesentlichen auf diesem Weg synthetisiert wurde (*J. Chem. Soc.* **1935**, 1585; *Recl. Trav. Chim. Pays-Bas* **1964**, *83*, 464; *Chem. Abs.* **1964**, *61*, 16098).

(a) Die Mannich-Reaktion in der Retrosynthese

122. Es gibt einen Spezialfall bei den Carbonylreaktionen, der es im Rahmen dieses Lernprogramms Wert ist, im Detail diskutiert zu werden. Wenn Vinylketone (siehe Zielmolekül **122**) für die *Michael-Reaktion* benötigt werden, kann man sie offensichtlich durch einen ganz gewöhnlichen Retrosyntheseschritt herstellen:

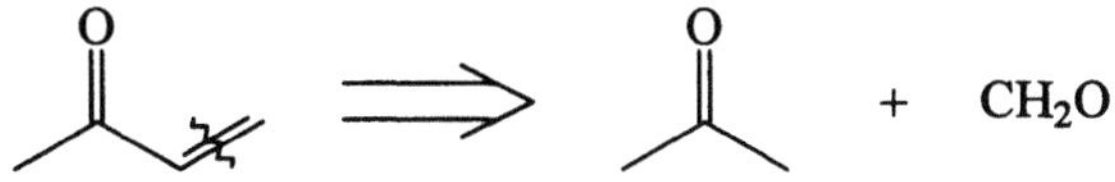

ZM 122

In diesem Fall erhält man Formaldehyd als eines der Edukte. Allerdings liefern basenkatalysierte Reaktionen mit diesem sehr reaktiven Aldehyd aufgrund von Polymerisations- und anderen Nebenreaktionen oft schlechte Ausbeuten. Darum setzt man hier die *Mannich-Reaktion* ein:

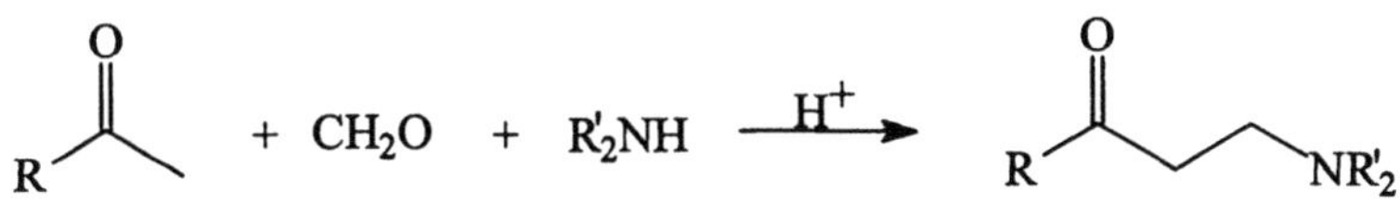

Formulieren Sie den Mechanismus für diese Reaktion!

123.

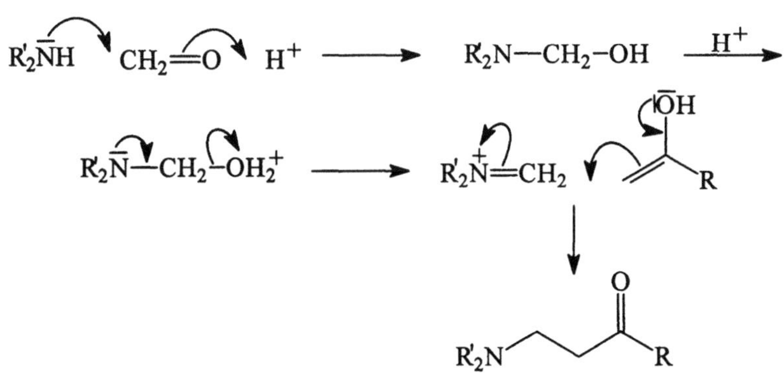

A

Alkylierung des tertiären Amins **A** (einer sogenannten "*Mannich-Base*") führt zur ionischen Verbindung **B**, welche durch Eliminierung mit Base in das gewünschte Vinylketon überführt werden kann. Dieser letzte Schritt wird normalerweise im basischen Medium der *Michael-Reaktion* durchgeführt, so daß das reaktive Vinylketon **ZM 122** nie isoliert zu werden braucht, sondern gleich weiter umgesetzt wird:

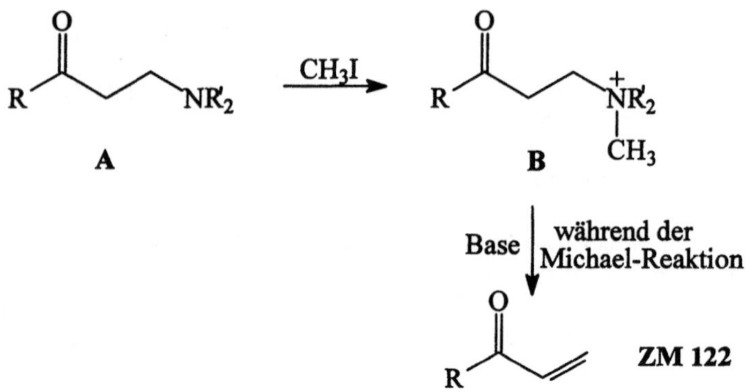

Wie würden Sie mit diesem Wissen Zielmolekül **123** herstellen?

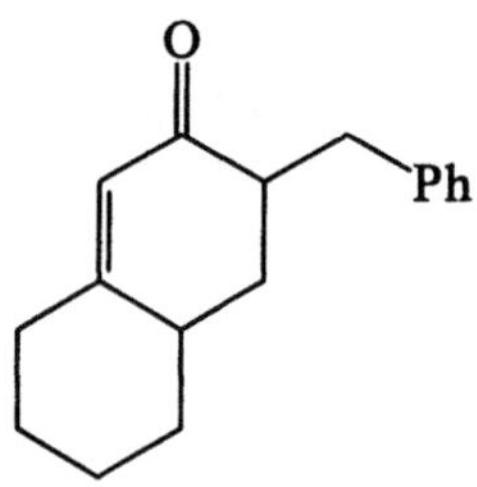

ZM 123

124. Analyse:

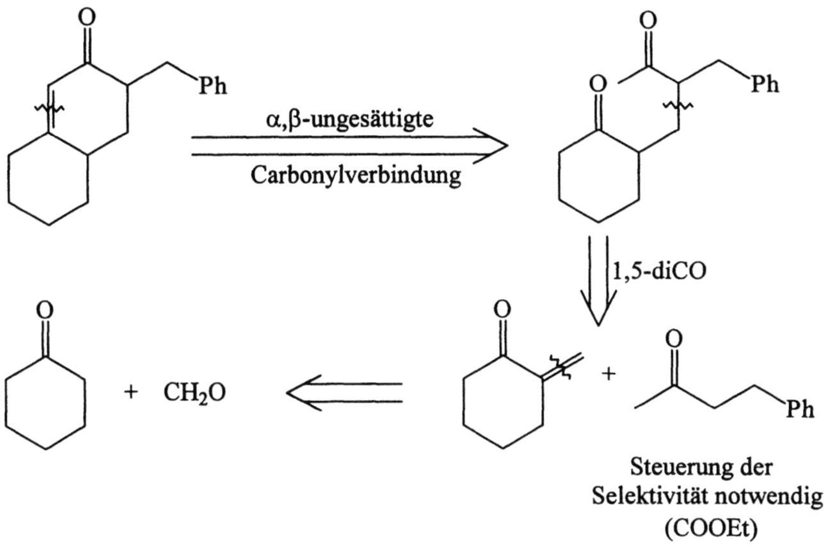

Synthese: *J. Am. Chem. Soc.* **1954**, *76*, 4127.

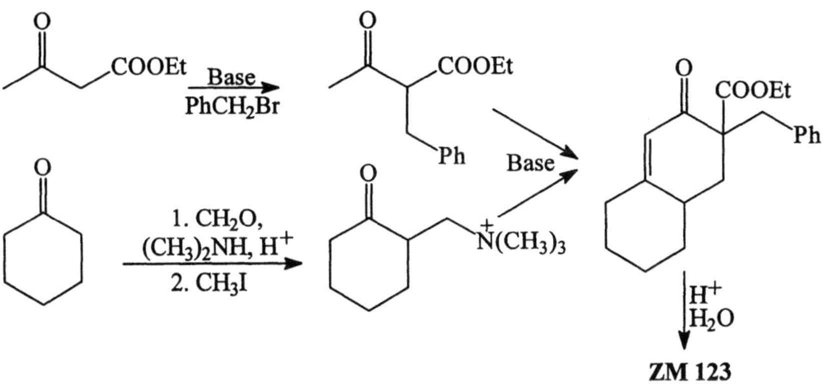

3. Anwendungsbeispiele

125. Anwendungsbeispiel 9:
Schlagen Sie eine Synthese für Zielmolekül **125** - einem gebräuchlichen, synthetischen Intermediat, das man *Hagemanns-Ester* nennt - vor!

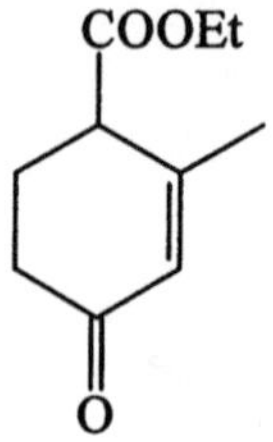

ZM 125

---

126. Analyse:

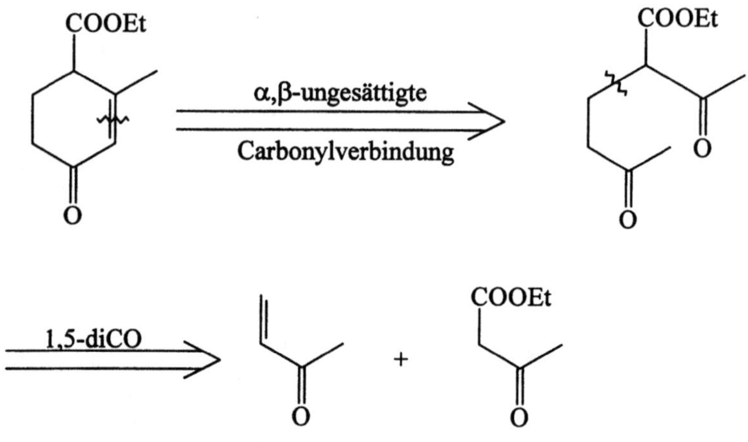

Synthese:
Obwohl wir eine schrittweise Zerlegung des Zielmoleküls durchführen könnten, ist es einfacher, eine aktivierende Gruppe in das Acetonmolekül einzuführen, so daß man als Edukte zwei Moleküle Acetessigsäureethylester und Formaldehyd erhält. Wie man erkennt, läßt sich der *Hagemann-Ester* in zwei Schritten ohne Alkylierung der *Mannich-Base* herstellen:

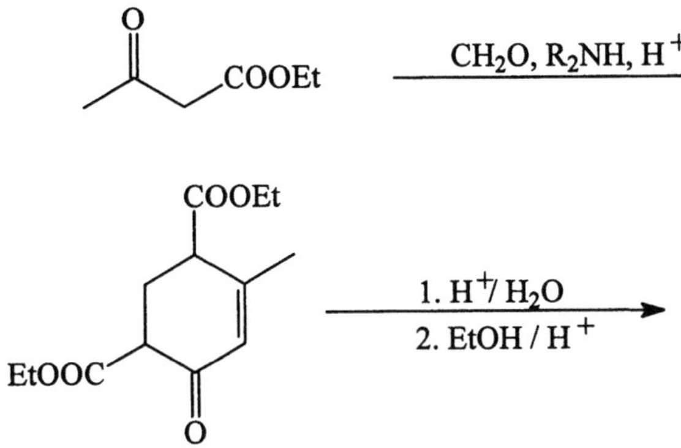

ZM 125

---

127. Anwendungsbeispiel 10:
Schlagen Sie eine Synthese für Zielmolekül **127** vor!

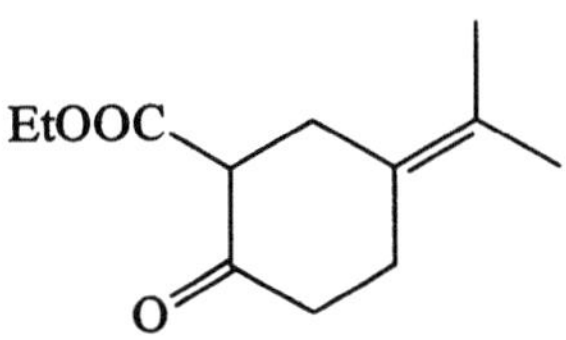

ZM 127

---

128. Analyse:
Indem wir die abgelegene und wenig hilfreiche Doppelbindung unberücksichtigt lassen, können wir Zielmolekül **127** wie eine 1,3-dioxygenierte Verbindung (Lernschritte 94 - 107) zerlegen:

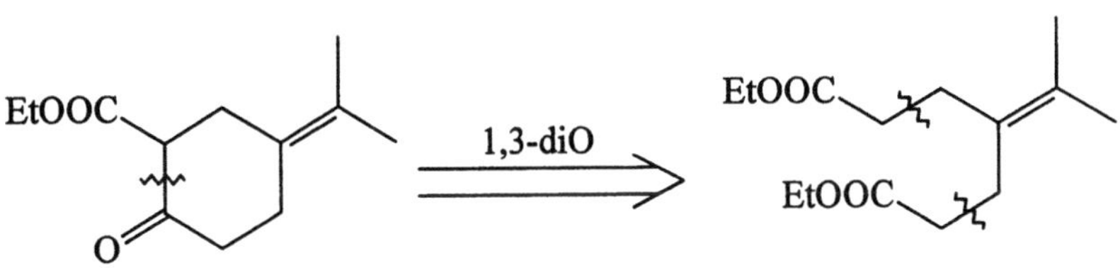

Beachten Sie an dieser Stelle die Symmetrie. Eine Zerlegung des Moleküls an beiden allylischen Positionen erhält die Symmetrie, erfordert aber eine Aktivierung (Lernschritte 57 - 58 und 101 - 102).

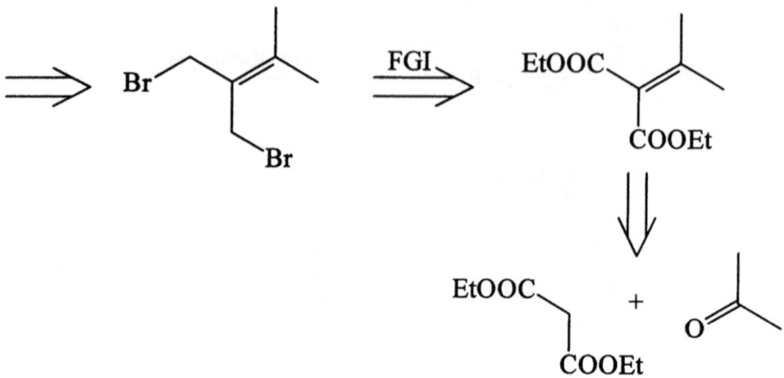

Synthese:
Die Synthese wurde tatsächlich in dieser Art durchgeführt (*Chem. Commun.* **1967**, 753; **1969**, 26):

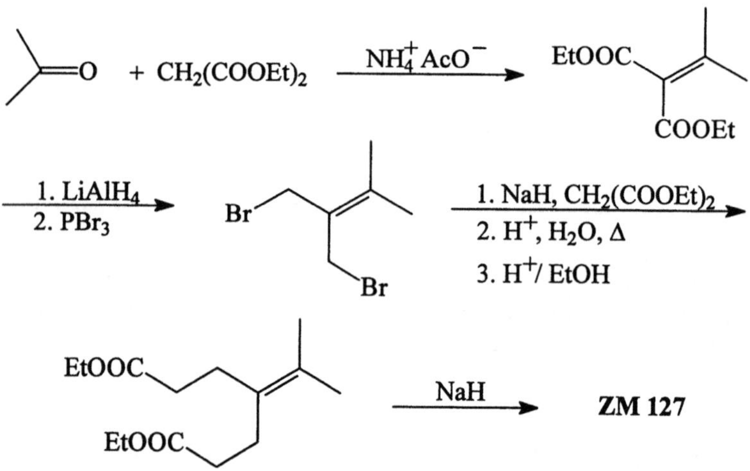

---

129. Anwendungsbeispiel 11:
Schlagen Sie eine Synthese für Zielmolekül **129** vor!

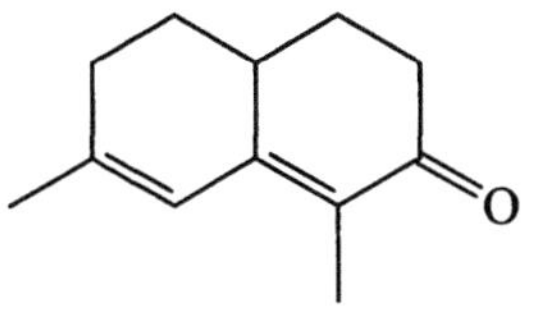

ZM 129

---

130. Analyse:
Behandeln Sie Zielmolekül **129** zunächst wie ein α,β-ungesättigtes Keton:

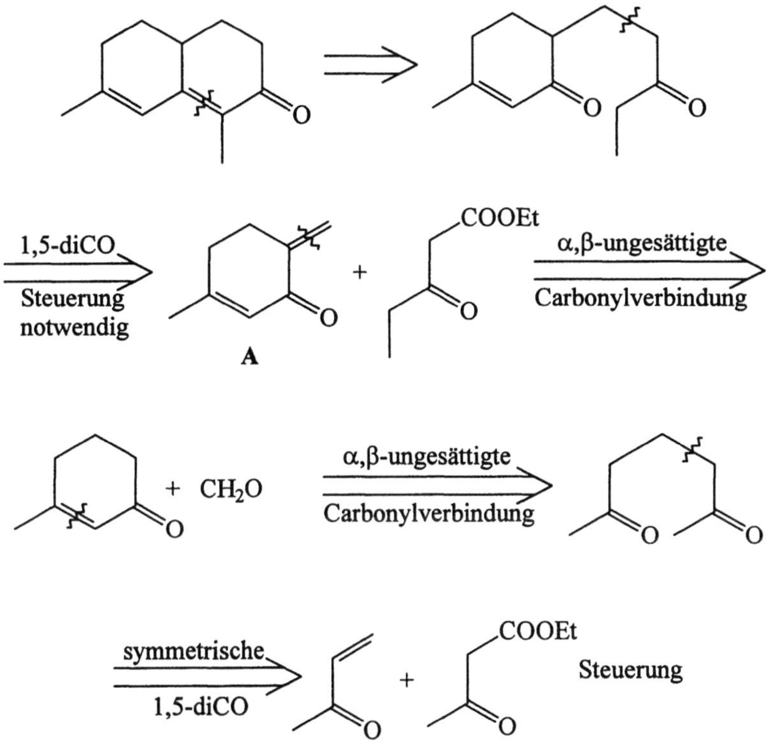

Synthese:
Bei allen Schritten handelt es sich um Standardreaktionen. Obwohl im Molekül **A** theoretisch jede der beiden Doppelbindungen für die *Michael-Reaktion* zur Verfügung steht, erweist sich die unsubstituierte Position (aus dem Ring heraus) als deutlich reaktiver als die disubstituierte Position im Ring, denn nur die gewünschte Reaktion findet statt (*Bull. Soc. Chim. Fr.* **1955**, 8).

D. "Unlogische" Retrosyntheseschritte

1. 1,2-dioxygenierte Kohlenstoffgerüste

(a) α-Hydroxycarbonyl-Verbindungen

131. Alle bisher für zwei funktionelle Gruppen behandelten Retrosyntheseschritte enthielten ein plausibles Synthon, ein Anion oder Kation, das durch funktionelle Gruppen an den richtigen Positionen stabilisiert war. Dieses ist aber nicht immer der Fall. Angenommen, wir wollten die α-Hydroxycarbonsäure (**ZM 131**) herstellen. Dann könnten wir sie wie einen Alkohol behandeln:

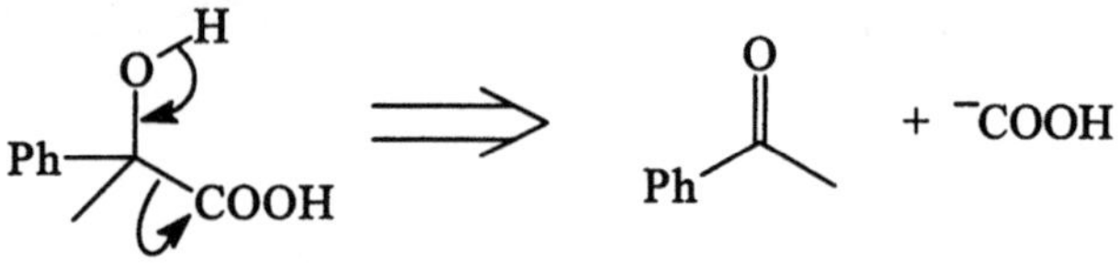

ZM 131 **A**

So erhalten wir das augenscheinlich absurde Synthon ⁻COOH. In der Tat gibt es ein gebräuchliches Reagenz für dieses Synthon - ein einfaches Anion mit einem Kohlenstoffatom, das man an Ketone addieren kann, und dessen Reaktionsprodukt mit **A** leicht in das Zielmolekül **131** überführt werden könnte. Um welches Reagenz handelt es sich?

---

132. Gemeint ist das Cyanid-Ion! Damit lautet die Synthese:

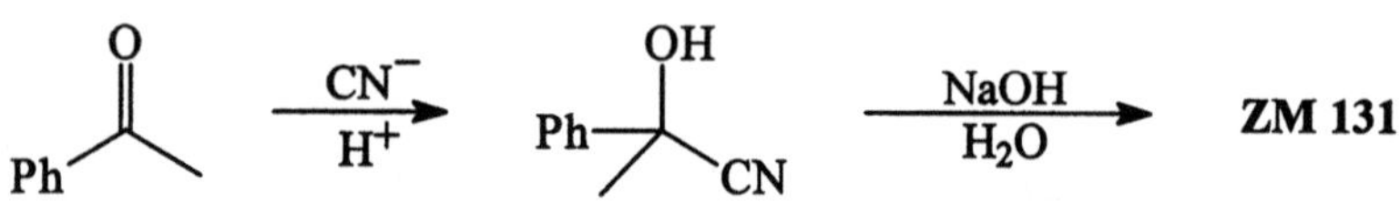

---

133. Die für diese Reaktion benötigten Aldehyde oder Ketone sind nicht immer gut zugänglich. Zielmolekül **133** ist in einer Carboxylgruppe mit einem radioaktiven ^{14}C-Atom markiert und wurde für ein biochemisches Markierungsexperiment benötigt.
Wie würden Sie diese Verbindung herstellen?

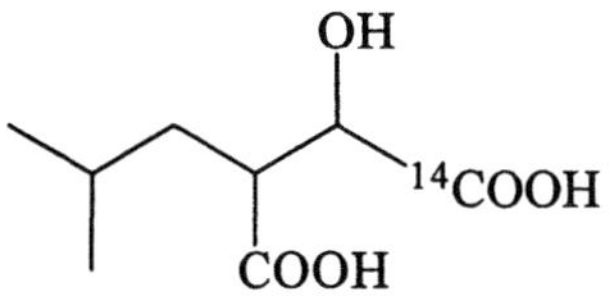

markiertes Kohlenstoffatom

ZM 133

---

134. Analyse:
Die α-Hydroxysäure kann am besten aus einem Aldehyd und $^{14}CN^-$ hergestellt werden. Danach können wir den gewöhnlichen Retrosyntheseschritt für 1,3-Dicarbonylverbindungen anwenden:

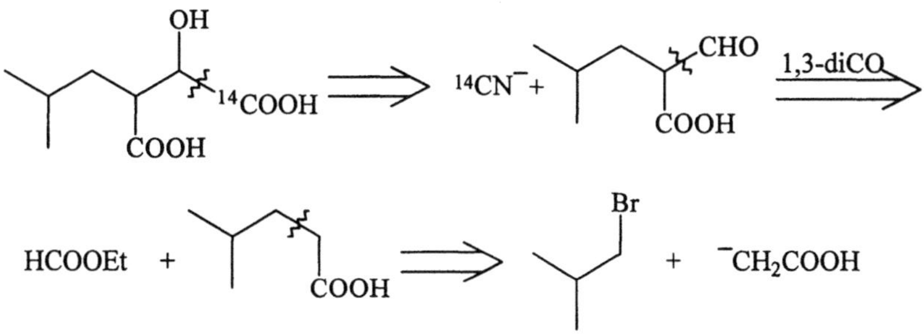

Synthese: (*J. Am. Chem. Soc.* **1976**, *98*, 6380; *Tetrahedron* **1972**, *28*, 1995)

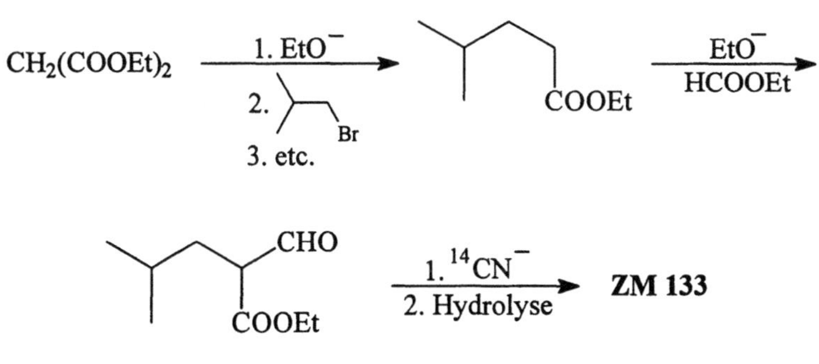

---

135. Im folgenden sehen Sie ein komplizierteres Beispiel, das ebenfalls auf einer α-Hydroxycarbonsäure basiert. Verwenden Sie bei der Planung der Synthese von Zielmolekül **135** die beiden Phenylgruppen als Anhaltspunkt für den ersten Retrosyntheseschritt :

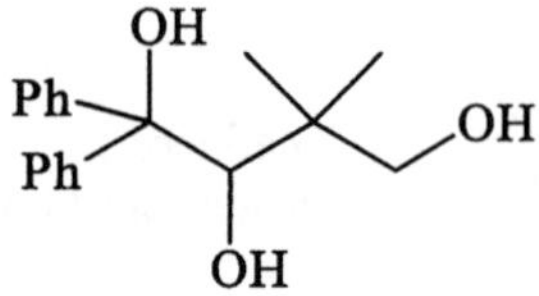

ZM 135

---

136. Analyse:
Den Hinweis aufnehmend entfernen wir zunächst beide Phenylreste und erhalten einen Ester:

siehe Lernschritt 109

Synthese:

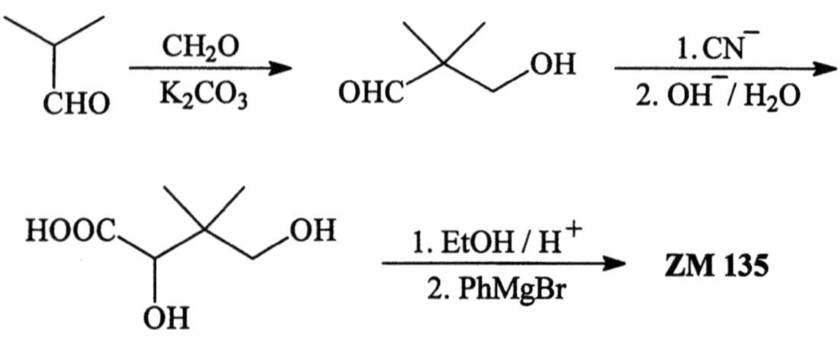

A

Wir können entweder die beiden Hydroxygruppen in Molekül **A** als cyclisches Acetal schützen oder 4 Mole PhMgBr einsetzen und damit die Hälfte des Grignardreagenzes verschwenden.

---

137. Eine aufschlußreichere Variante liefert eine allgemeine Synthese für Aminosäuren. Wenn die Reaktion zwischen einem Aldehyd und einem Cyanid in Gegenwart von Ammoniak durchgeführt wird, erhält man als Produkt ein α-Amino-Nitril:

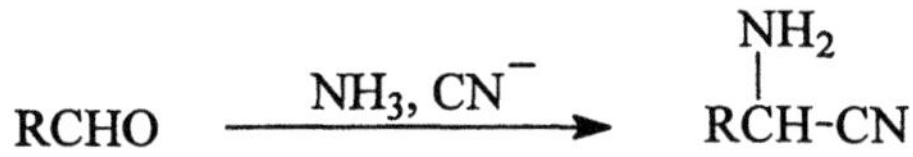

Erkennen Sie, welches Intermediat durch das Cyanid-Ion abgefangen wird?

---

138. Bei dem Intermediat muß es sich um ein Imin handeln:

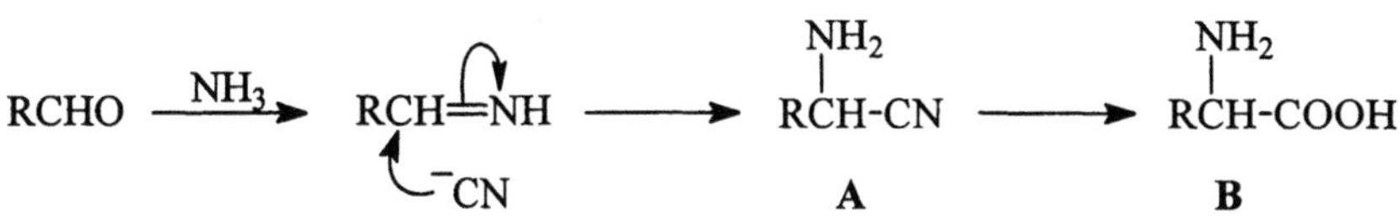

Unter entsprechenden Reaktionsbedingungen hydrolysiert das Cyanid **A** bereits während der Reaktion zur Aminosäure **B**.
Wie würden Sie die Aminosäure *Valin* (**ZM 138**) herstellen?

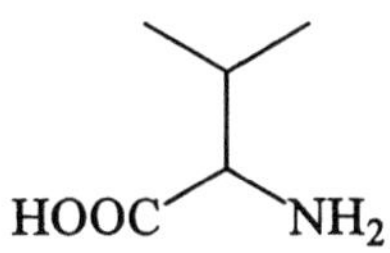

ZM 138

---

139. Analyse:

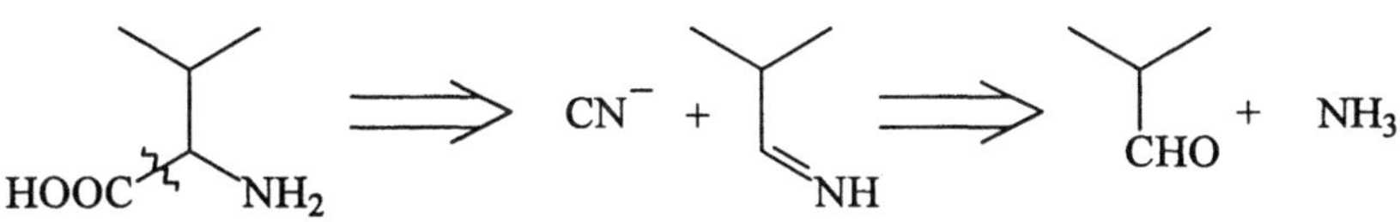

Synthese:

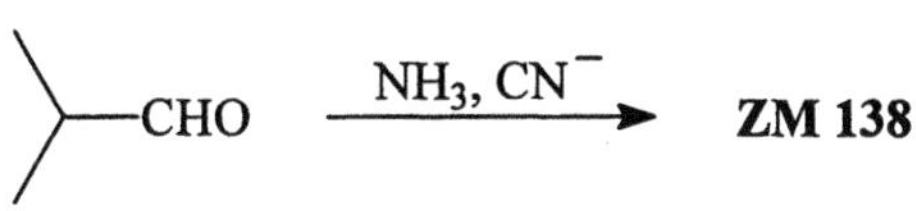

Mit dieser als *Strecker-Synthese* bezeichneten Reaktion lassen sich Aminosäuren herstellen.

---

140. Überraschenderweise ist das Cyanid-Ion auch an einer speziellen Reaktion beteiligt, die zu α-Hydroxyketonen führt. Können Sie formulieren, wie das

Reaktionsprodukt **A** von Benzaldehyd und Cyanid ein stabiles "Carbanion" bilden kann?

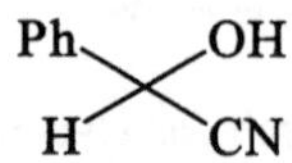

A

141.

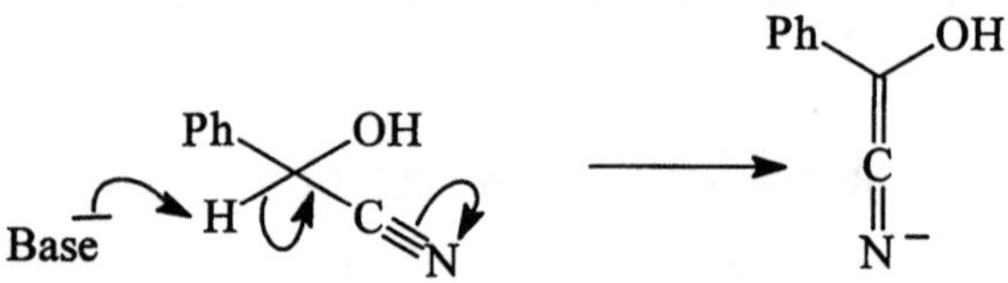

Dieses Anion reagiert nun mit einem anderen Molekül Benzaldehyd, woraus schließlich das α-Hydroxyketon **141A** resultiert. Formulieren Sie den Mechanismus für diese Reaktionsfolge!

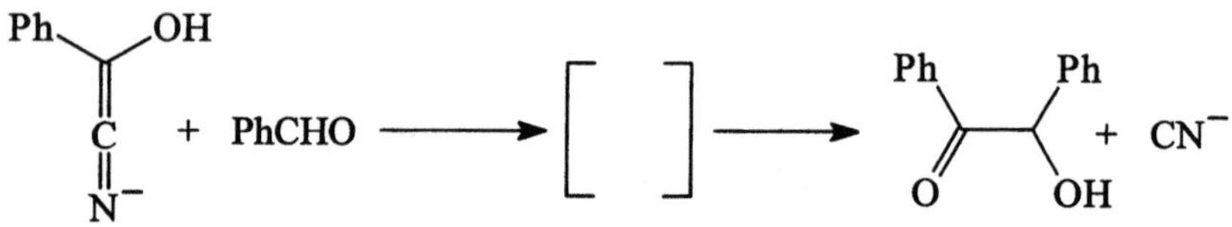

141A

142.

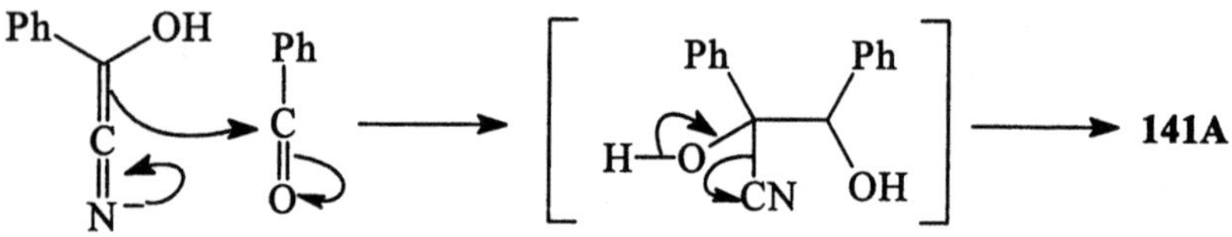

Das Produkt bezeichnet man als *Benzoin*, woraus der Name *Benzoin-Kondensation* entstanden ist. Außer dem Cyanid-Ion wird keine weitere Base benötigt:

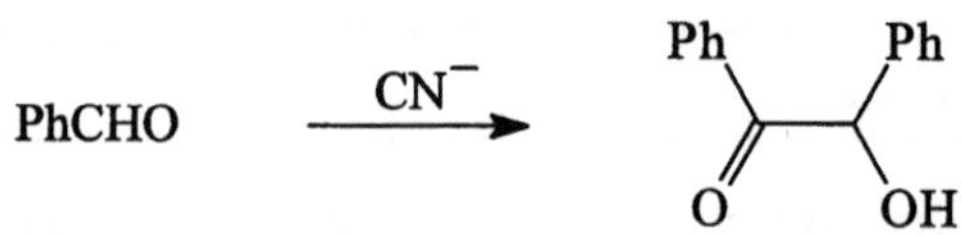

Benzoin

---

143. Wenn wir das komplexere Molekül **143** betrachten, ist nicht auf Anhieb zu erkennen, welcher Molekülteil das Benzoinfragment repräsentiert:

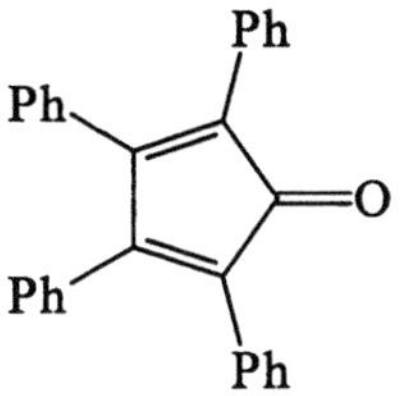

ZM 143

144. Analyse:

Wir beginnen damit, das symmetrische Molekül an den beiden α,β-ungesättigten Bindungen zu zerschneiden:

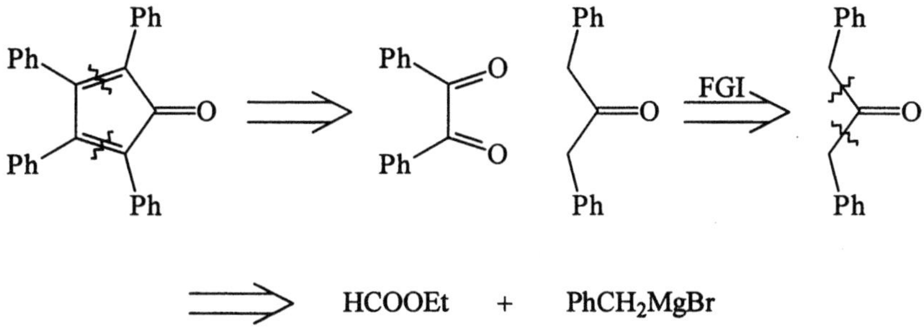

Synthese:

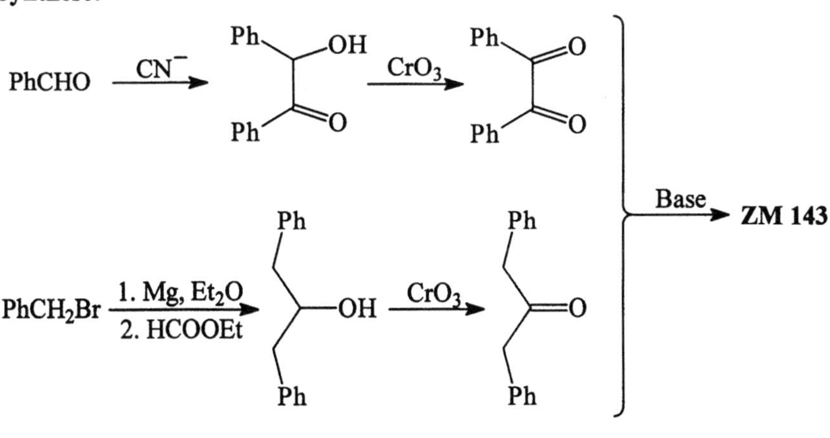

145. Auf das Problem der mangelnden Logik stoßen wir auch bei anderen α-Hydroxyketonen:

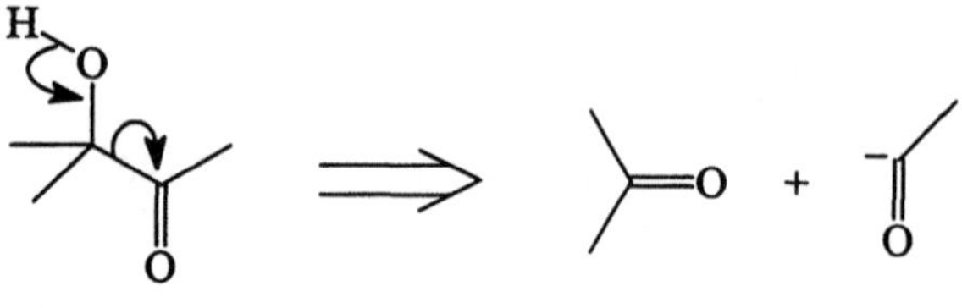

Wiederum brauchen wir ein Reagenz für das Synthon des Acyl-Anions **A**. Wir finden es in Form des Acetylid-Ions, denn substituierte Acetylene können zu Ketonen hydratisiert werden:

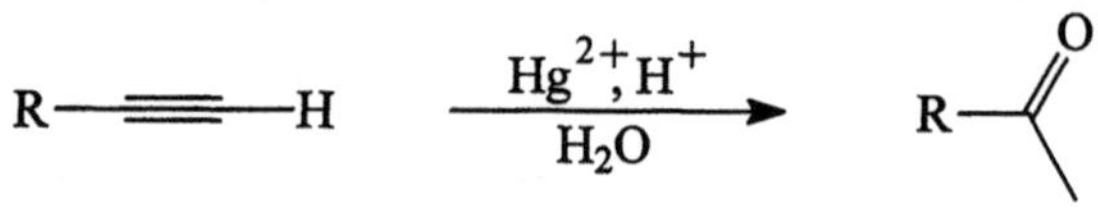

Wenn Sie mehr über diese Reaktionen wissen wollen, lesen Sie in einem Lehrbuch (z.B. Fox, Whitesell, S. 383 - 384) nach.
Wie könnte man unter Ausnutzung dieser Reaktion Zielmolekül **145** herstellen?

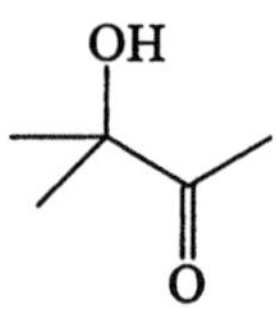

ZM 145

---

146. Synthese:

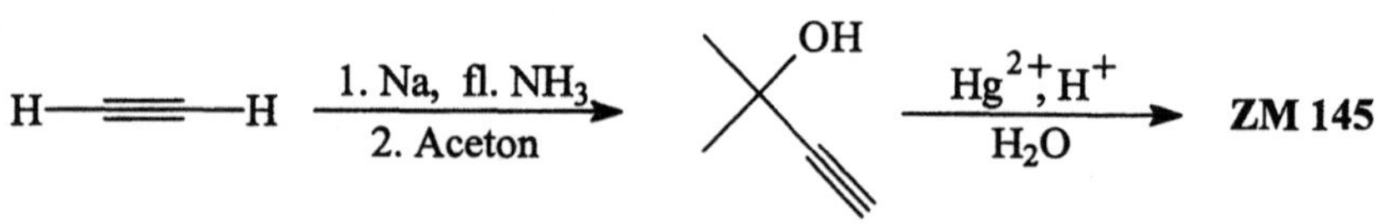

Diese Reaktion kann auch für disubstituierte Acetylene benutzt werden, liefert aber nur für symmetrische Verbindungen einheitliche Produkte (siehe Lernschritt 147).
Schlagen Sie eine Synthese für Zielmolekül **146** vor!

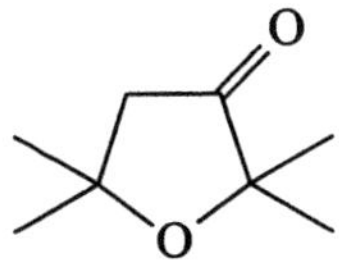

ZM 146

---

147. Analyse:
Der cyclische Ether wurde offensichtlich aus einem Diol hergestellt. Bei diesem Diol handelt es sich um ein 1,2-dioxygeniertes Kohlenstoffgerüst von der oben beschriebenen Art:

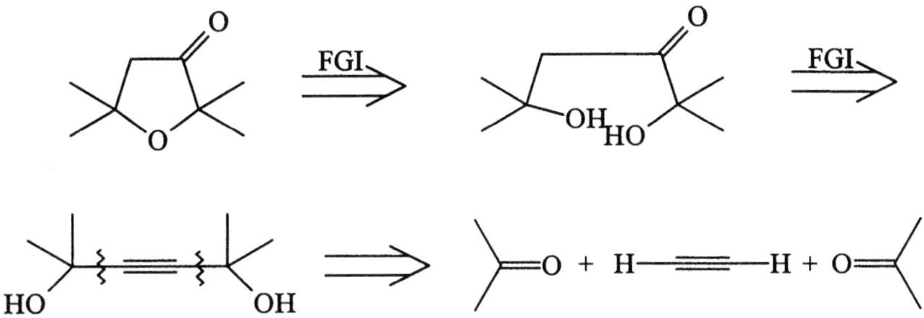

Synthese:
Wir benötigen für die Synthese ein symmetrisches Produkt, das durch Reaktion von Acetylen mit zwei Molekülen Aceton hergestellt werden kann:

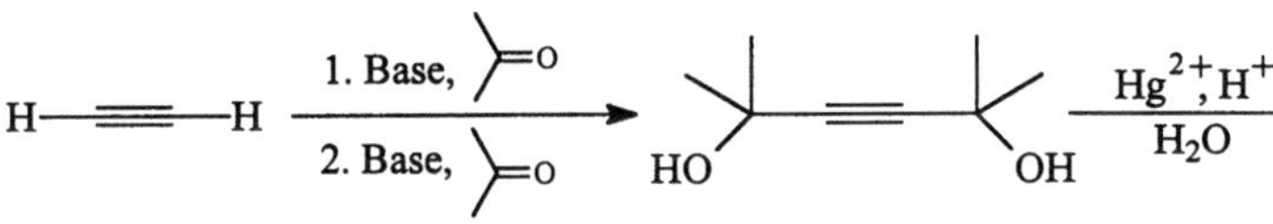

In Säuren entsteht aus diesem tertiären Alkohol spontan der entsprechende Ether.

---

148. α-Hydroxyketone spielen auch in Kondensationsreaktionen eine wichtige Rolle.
Wie würden Sie Zielmolekül **148** herstellen?

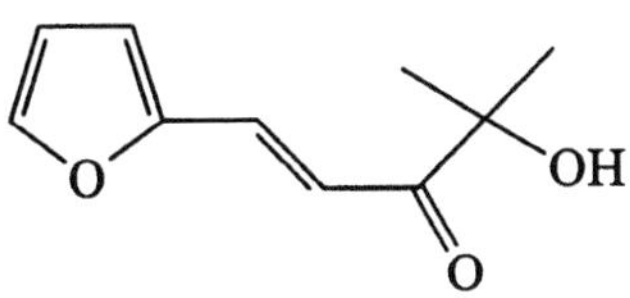

ZM 148

---

149. Analyse:
Beginnen Sie mit der Retrosynthese am α,β-ungesättigten Teil, denn die Alternative, bei der man mit der 1,2-dioxygenierten Molekülhälfte beginnt, ist für den Anfang nicht so gut geeignet. Nach der ersten Spaltung des Moleküls erhalten wir ein Methylketon, das aus einem Acetylen hergestellt werden kann:

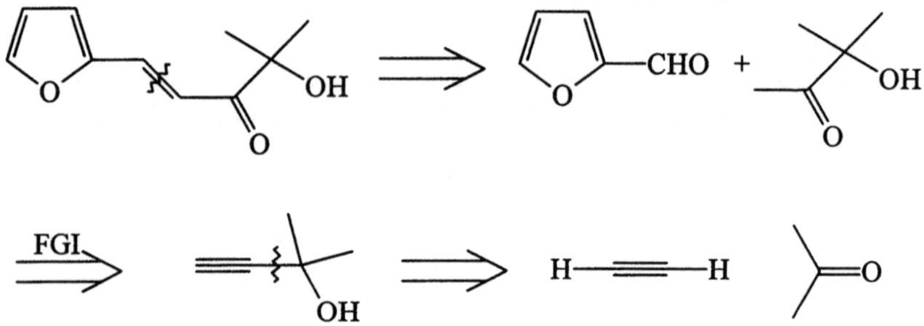

Synthese: *Chem. Ber.* **1922**, *55*, 2903.

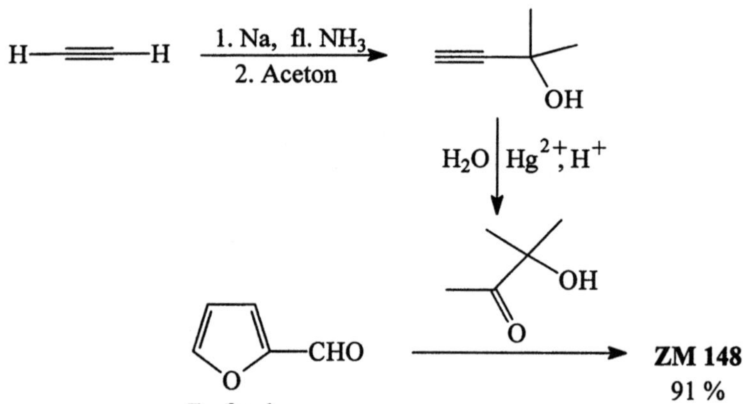

Furfural
ist gut zugänglich

(b) 1,2-Diole

150. Ein guter Weg der Synthese von 1,2-Diolen ist die Hydroxylierung von Olefinen mit Reagenzien wie OsO_4 oder $KMnO_4$. Das Olefin wiederum kann durch *Wittig-Reaktion* hergestellt werden. Die daraus folgende Retrosynthese für 1,2-Diole lautet:

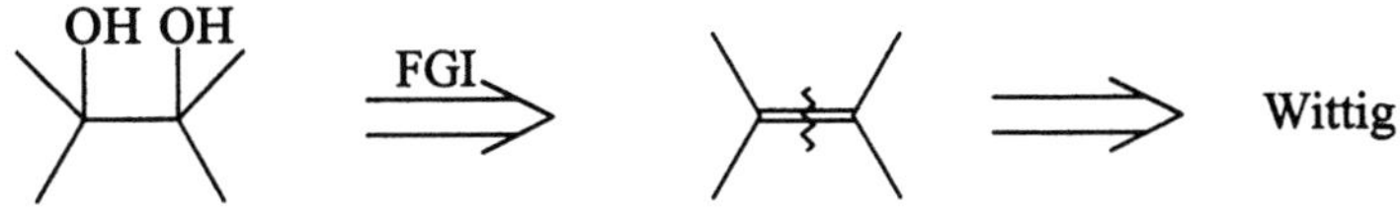

Wie würden Sie das folgende Diol (**ZM 150**) herstellen?

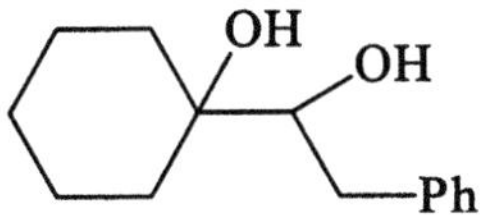

ZM 150

---

151. Analyse:
Der erste Retrosyntheseschritt führt uns zurück zum Olefin. Bei der *Wittig-Reaktion* sind beide Varianten möglich, aber in dem einen Fall erhält man Edukte, die leichter zugänglich sind als im anderen Fall:

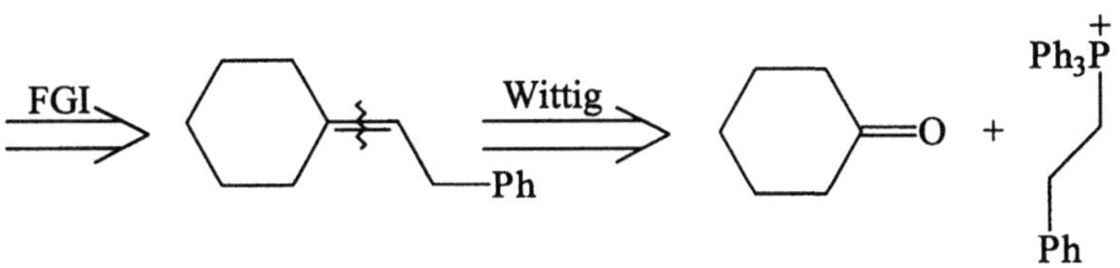

Synthese:

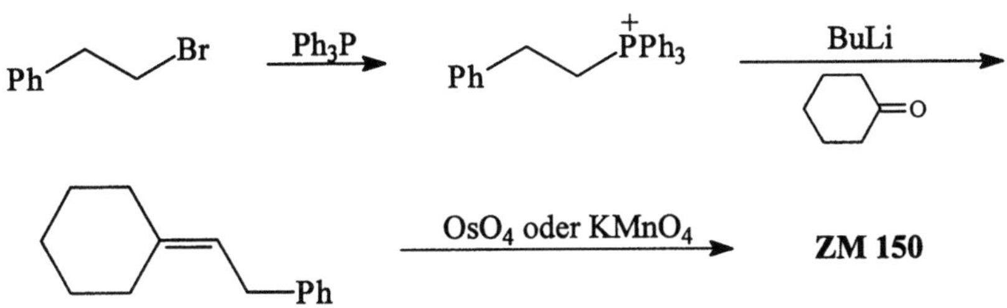

---

152. Betrachtet man die Hydroxylierung an einer Doppelbindung stereochemisch, so handelt es sich um eine *cis*-Addition (z.B. Streitwieser, S. 870 - 872).
Wie würden Sie Zielmolekül **152** herstellen?

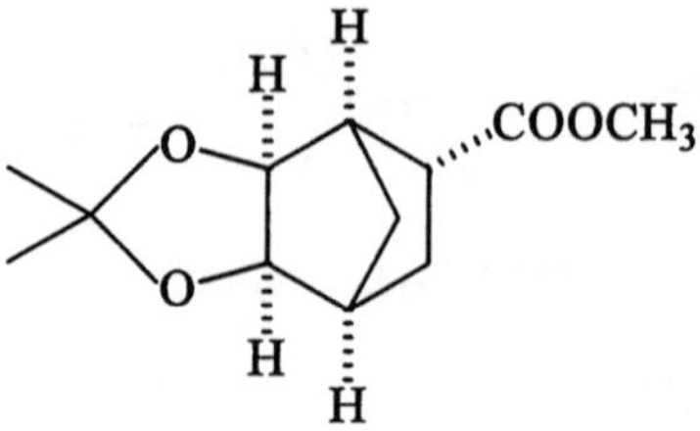

ZM 152

153. Analyse:
Wir beginnen zunächst mit der Spaltung des Acetals:

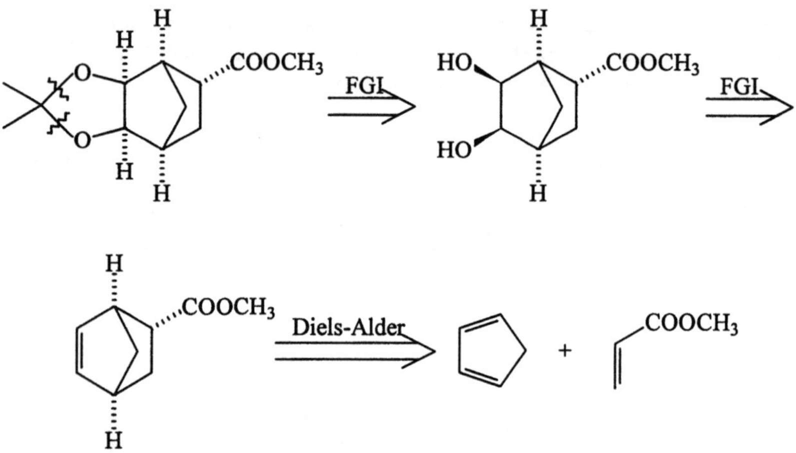

Synthese:
Die normale Stereoselektivität von *Diels-Alder-Reaktionen* und Hydroxylierungen führt uns automatisch zum gewünschten Produkt:

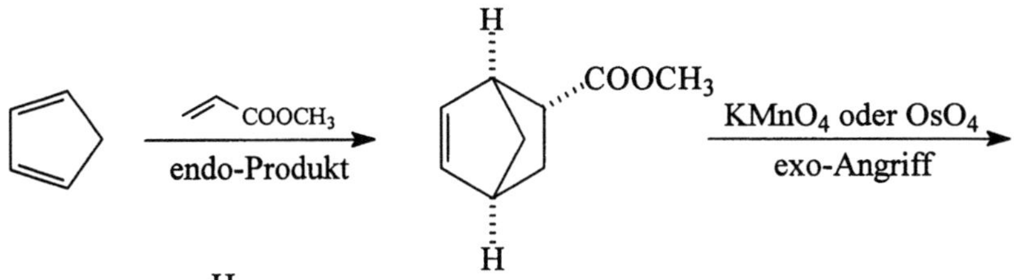

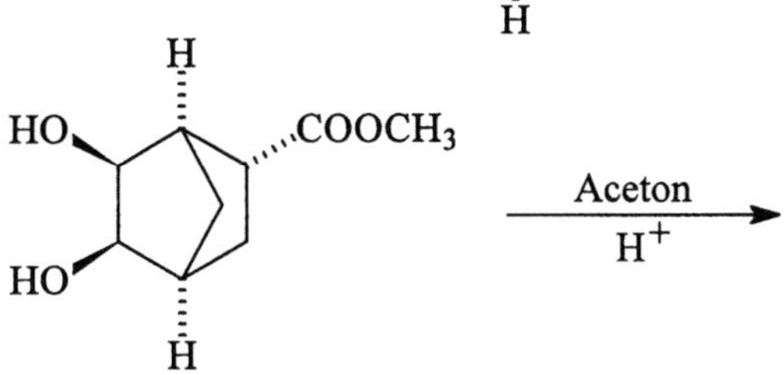

ZM 152

---

154. Symmetrische Diole können durch Radikalreaktionen hergestellt werden. Weiterhin haben Radikale bei der Umwandlung spezieller funktioneller Gruppen - beispielsweise bei der *Wohl-Ziegler-Bromierung* (Bromierung in Allylposition) und der Funktionalisierung schwer zugänglicher Kohlenstoffatome - große Bedeutung. Ein Beispiel für eine nützliche Radikalreaktion ist die *Pinakol-Reduktion*:

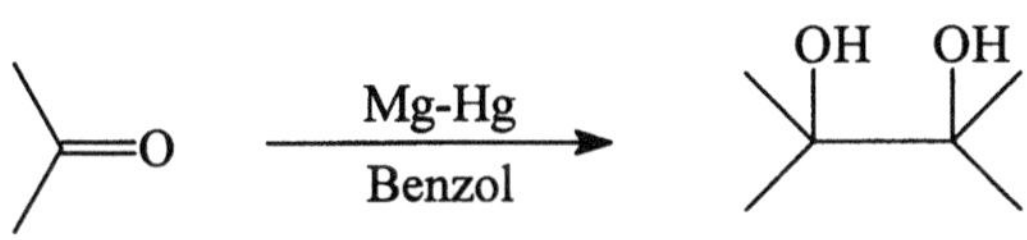

Der Retrosyntheseschritt ist offensichtlich und liefert uns eine zusätzliche Möglichkeit, symmetrische 1,2-Diole herzustellen. Die Reaktion wird allerdings dadurch komplizierter, daß das Produkt der *Pinakol-Umlagerung* unterliegt:

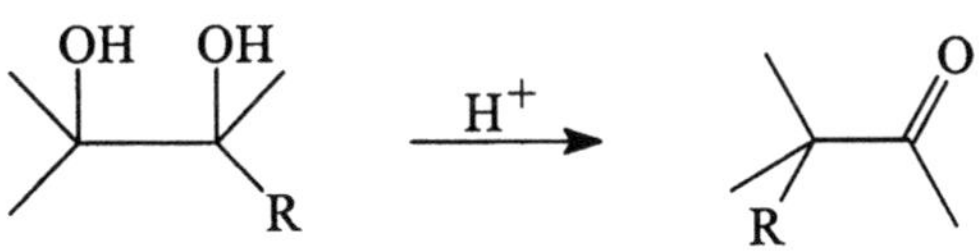

(Wenn Sie mit dem Mechanismus der *Pinakol-Umlagerung* nicht vertraut sind, können Sie bei Laue,Plagens, S. 256 - 257 nachlesen.)
Wie könnten Sie diese Reaktion bei der Synthese von Zielmolekül **154** nutzen?

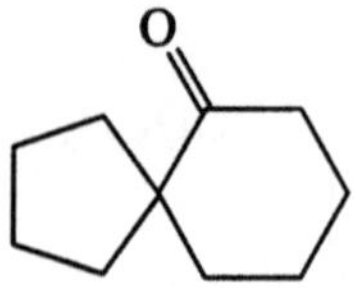

ZM 154

155. Analyse:
Es handelt sich um ein Keton mit einem tertiären Kohlenstoffatom in α-Stellung, so daß der Weg über die *Pinakol-Umlagerung* möglich erscheint:

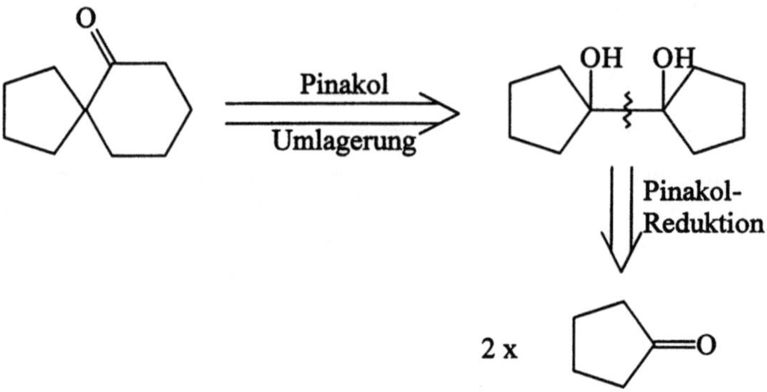

Synthese:
Da das *Pinakol* symmetrisch ist, gibt es nur ein Produkt:

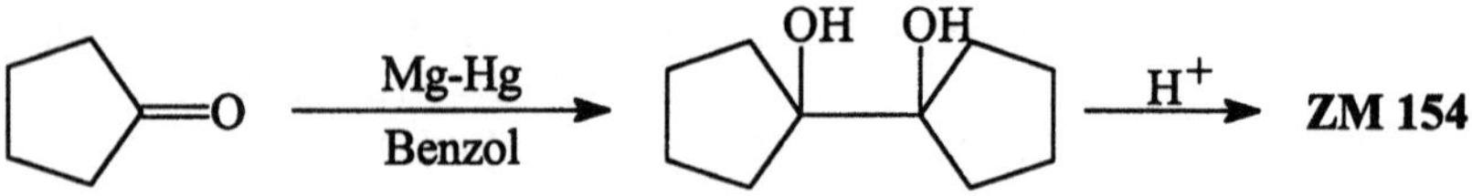

156. Eine nah verwandte, reduktive Verknüpfung von Carbonylgruppen ist eine intramolekulare Version mit Estern, die man als *Acyloin-Kondensation* (siehe Laue, Plagens, S. 3 - 5) bezeichnet, und die wiederum zu 1,2-dioxygenierten Kohlenstoffgerüsten führt:

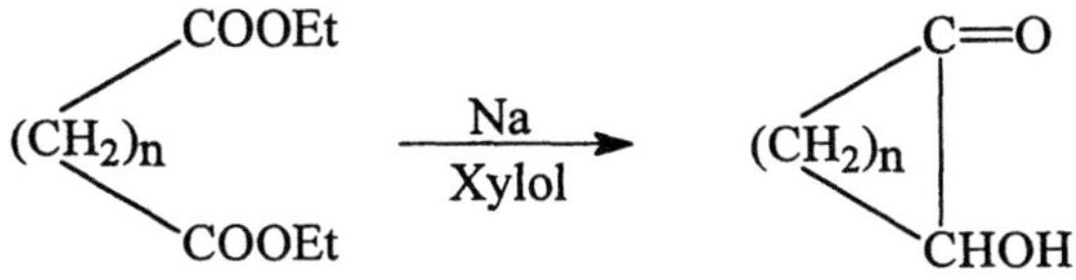

Wie würden Sie Zielmolekül **156** herstellen?

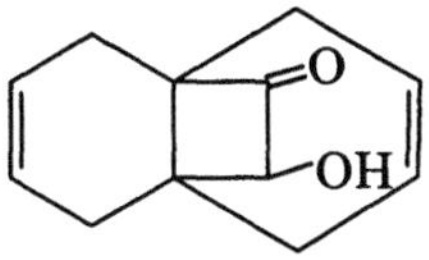

ZM 156

---

157. Analyse:
Zertrennen Sie zunächst den Molekülteil, der aus der *Acyloin-Kondensation* hervorgegangen ist. Sie erhalten dadurch eindeutig das Produkt einer *Diels-Alder-Reaktion*:

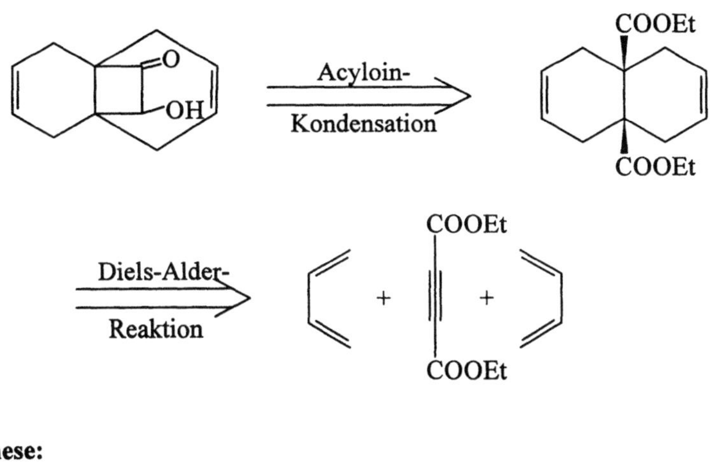

Synthese:
Die in der Literatur benutzten Reaktionsbedingungen lauten (*J. Org. Chem.* **1966,** *31*, 2017):

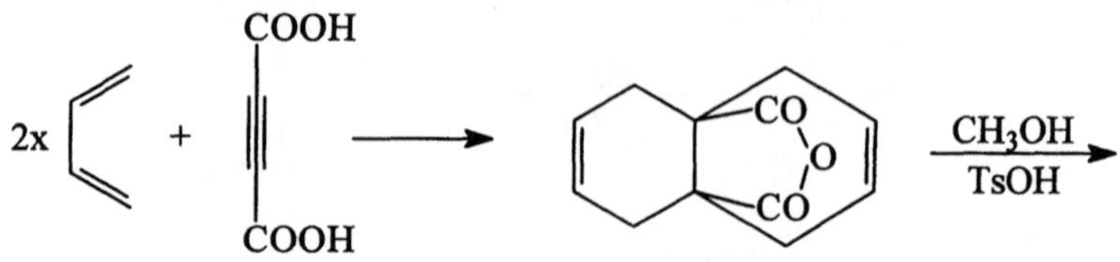

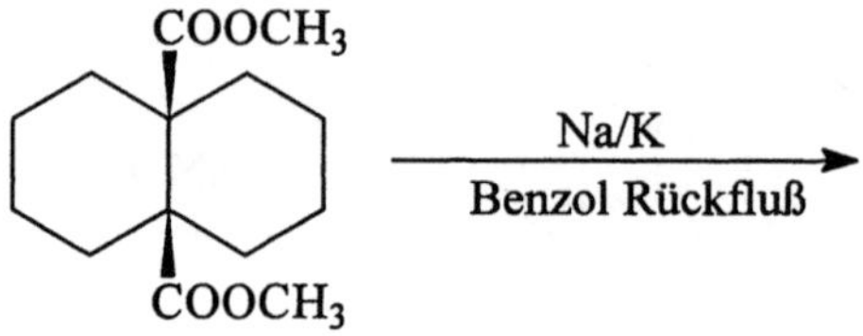

ZM 156

(c) "Unlogische" Elektrophile

158. Bisher haben wir "unlogische" Nucleophile und spezielle Methoden eingesetzt, um das Problem der Herstellung von 1,2-dioxygenierten Verbindungen zu umgehen. Eine andere naheliegende Methode ist der Gebrauch "unlogischer" Elektrophile, zu deren wichtigsten Vertretern die α-halogenierten Carbonylverbindungen gehören. Wir können diese leicht aus der Carbonylverbindung durch Halogenierung des entsprechenden Enols herstellen (z.B. Streitwieser, S. 437 - 438):

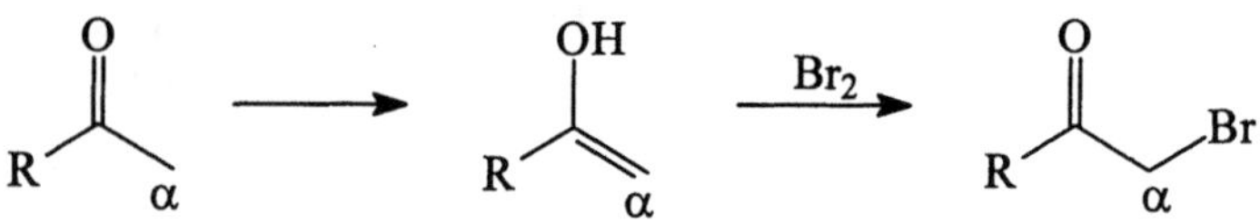

A

Das Enol besitzt am α-Kohlenstoffatom ein **nucleophiles** Zentrum, das α-Bromketon **A** hingegen ist am α-Kohlenstoffatom **elektrophil**. Wir haben durch die Halogenierung somit die natürliche Polarität des Moleküls invertiert.
Wie würden Sie Zielmolekül **158** herstellen?

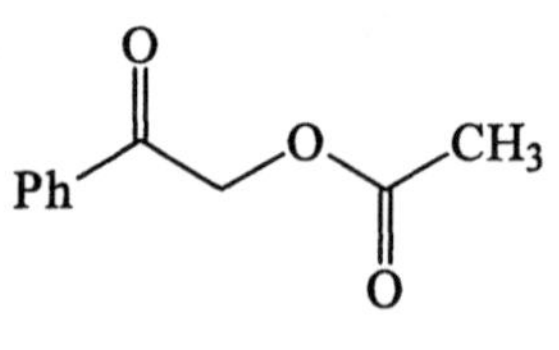

ZM 158

---

159. Analyse:
Wie gewöhnlich entfernen wir zuerst die Ester-Gruppe:

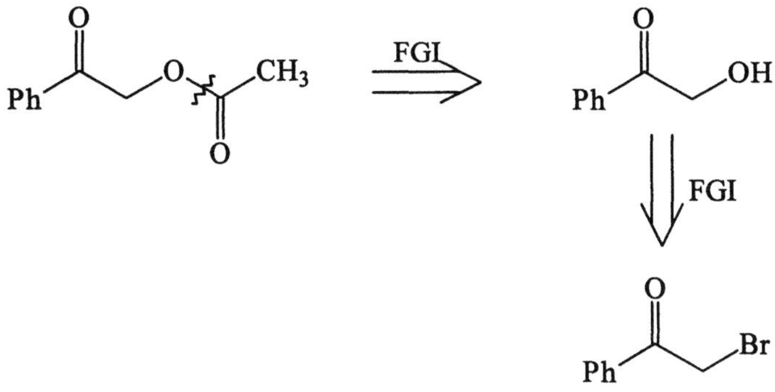

Synthese:
Da α-halogenierte Carbonylverbindungen sehr reaktive Elektrophile sind, können wir eine sehr kurze Synthese wählen:

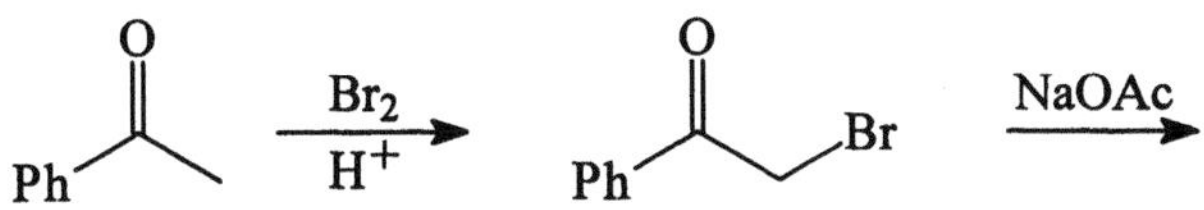

ZM 158

---

160. Das hormonell wirkende Unkrautvertilgungsmittel *MCPA* (**ZM 160**) wird in großen Mengen benötigt. Schlagen Sie eine ökonomische Synthese für seine Herstellung vor!

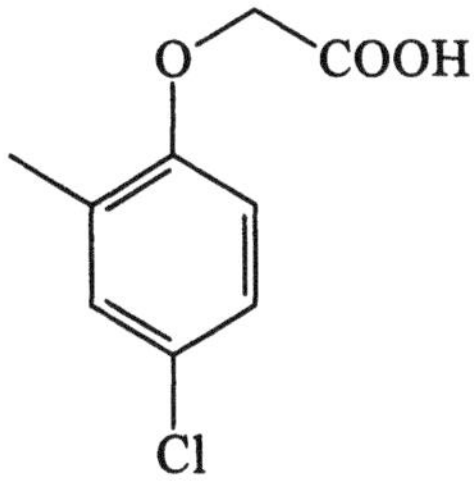

ZM 160

---

161. Analyse:
Wir beginnen damit, die Etherbindung auf der Alkylseite zu spalten:

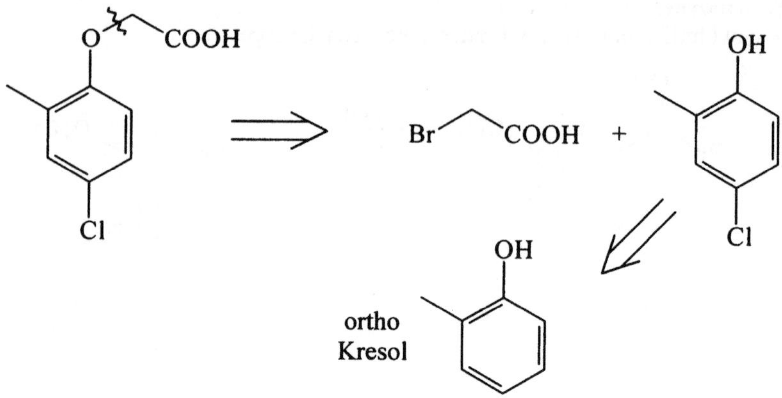

Synthese:
Chlor ist das billigste der Halogene, deshalb ist es am günstigsten, im letzten Schritt Chloressigsäure einzusetzen:

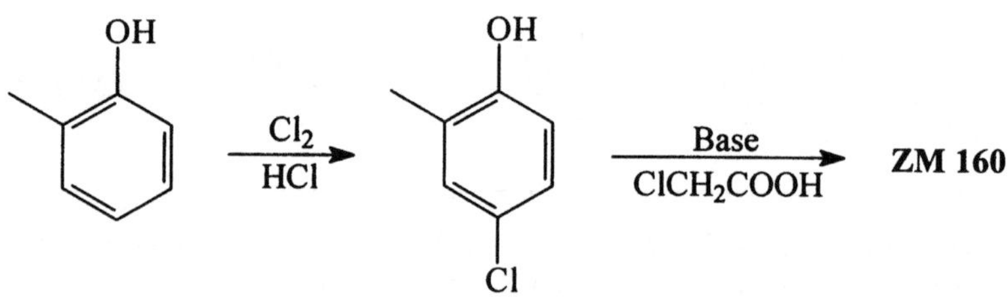

---

162. Andere wichtige "unlogische" Elektrophile sind Epoxide. Diese können leicht aus Olefinen und Persäuren hergestellt werden. Die gebräuchlichste Persäure ist *meta*-Chlorperbenzoesäure (MCPBA), ein kommerzielles Produkt. Eine detailliertere Erklärung zum Einsatz von Epoxiden folgt in den Lernschritten 276 - 277.

A

Welches Produkt würden Sie aus dem Epoxid **A** und Natriummethanolat in Methanol erhalten?

163.

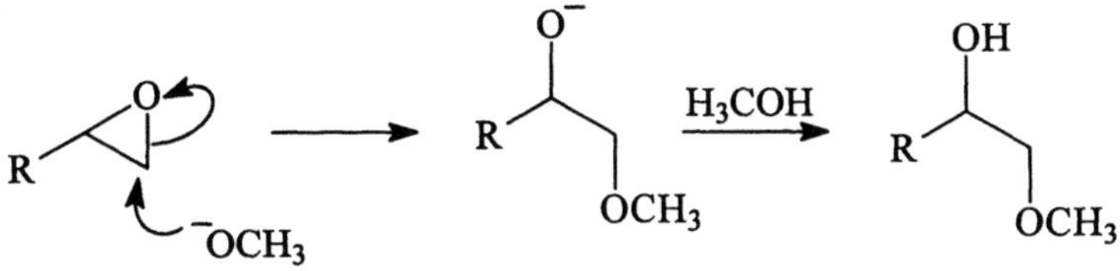

In saurer Lösung würde das andere Regioisomer gebildet, da im Übergangszustand (**163A**) die partiell positive Ladung am Kohlenstoffatom durch den Substituenten R stabilisiert wird:

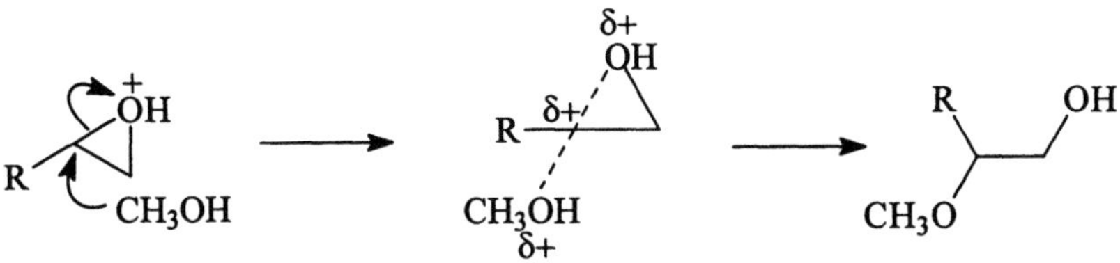

A

Wie würden Sie, ausgehend von einfachen Edukten, das Zielmolekül **163** herstellen?

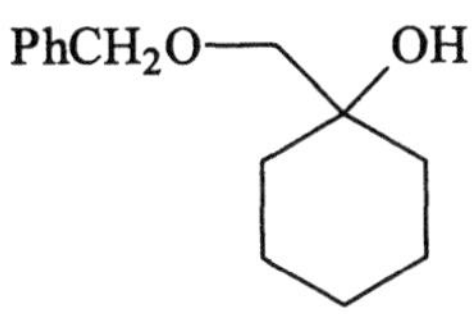

ZM 163

---

164. Analyse:
Zielmolekül **163** zeigt das Substitutionsmuster der basenkatalysierten Ringöffnung eines Epoxids:

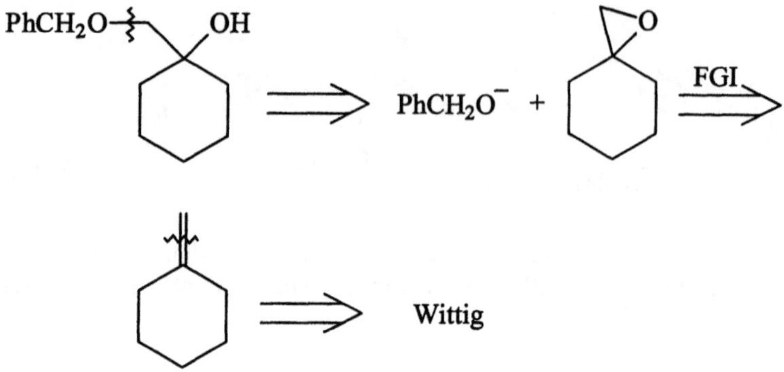

Synthese:

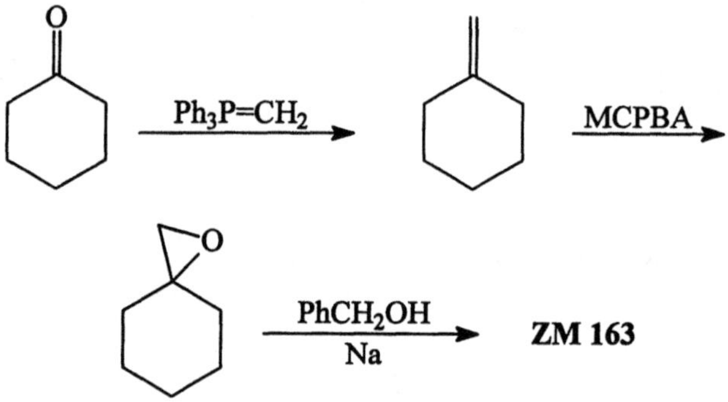

ZM 163

165. Amine reagieren mit Epoxiden ebenfalls an dem niedriger substituierten Kohlenstoffatom.
Als eine etwas schwierigere Übungsaufgabe schlagen Sie eine Synthese für den folgenden Alkohol (**ZM 165**) vor. Seine Derivate werden als Bestandteile von Desinfektionsmitteln eingesetzt:

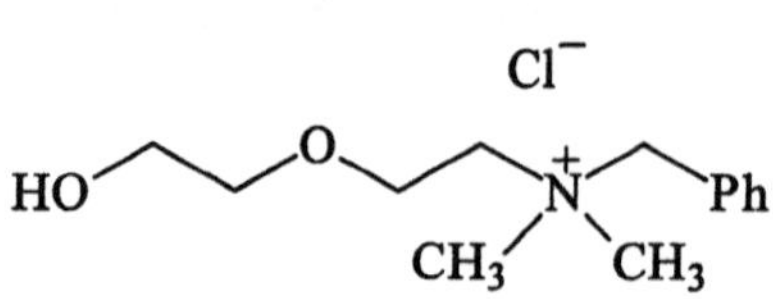

ZM 165

166. Analyse:
In diesem Molekül gibt es mehrere 1,2-Beziehungen, die man für den ersten Retrosyntheseschritt nutzen kann. Am einfachsten ist es, mit der Etherbindung in dem Molekülteil mit der freien Hydroxygruppe zu beginnen:

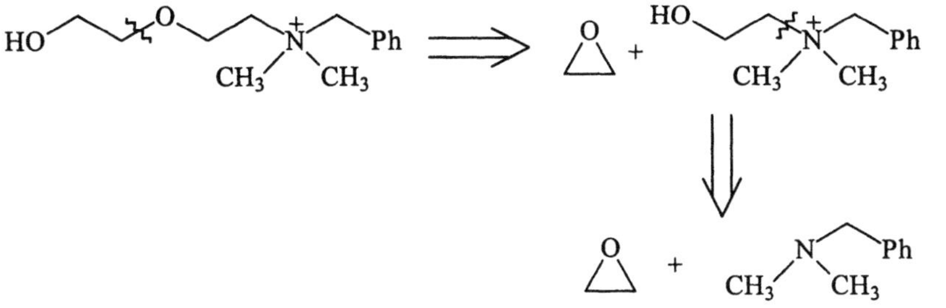

Synthese:
Es dürfte vorteilhaft sein, die Benzylgruppe im letzten Syntheseschritt einzuführen, da so Dimethylamin als Edukt eingesetzt werden kann:

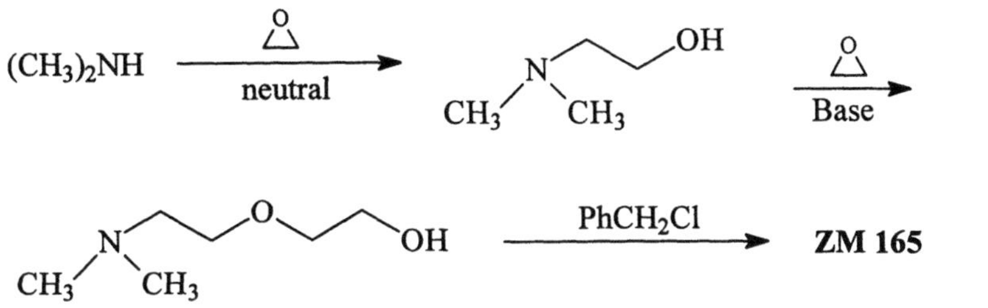

Im basischen Milieu wird die Alkoholgruppe zum Alkoholat deprotoniert und ist dadurch nucleophiler als der Stickstoff. In neutraler Lösung hingegen besitzt der Stickstoff die größere Nucleophilie.

(d) Anwendungsbeispiele

167. Anwendungsbeispiel 12:
Schlagen Sie eine Synthese für das substituierte Lacton **167** vor!

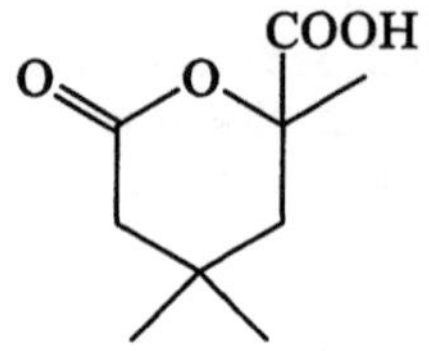

ZM 167

---

168. Analyse:
Die Öffnung des Lactonrings führt zu einem mehrfach oxygenierten Kohlenstoffgerüst mit einer 1,2-, einer 1,5- und einer 1,6-Beziehung. Es ist sinnvoll, mit der Spaltung des 1,2-dioxygenierten Molekülteils zu beginnen:

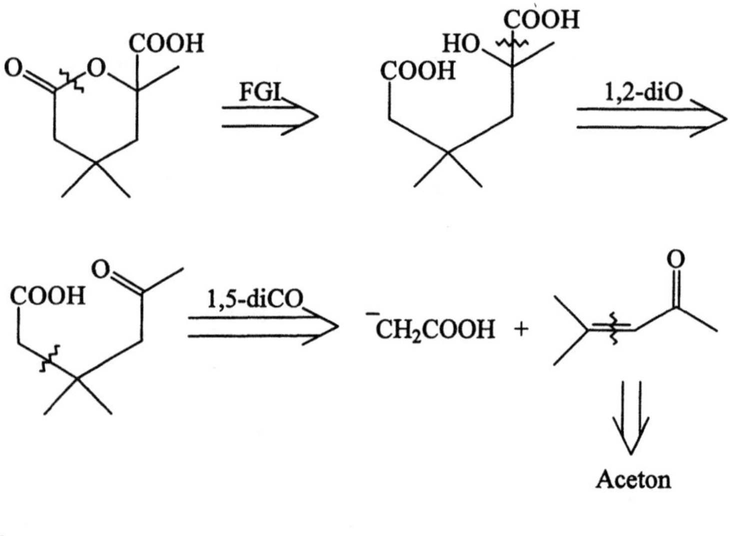

Synthese:
Bei den ersten Schritten handelt es sich um einfache Reaktionen, die Ihnen gut bekannt sein sollten. Die abschließende Cyclisierung ist etwas komplizierter, sie wird durch die beiden Methylgruppen begünstigt:

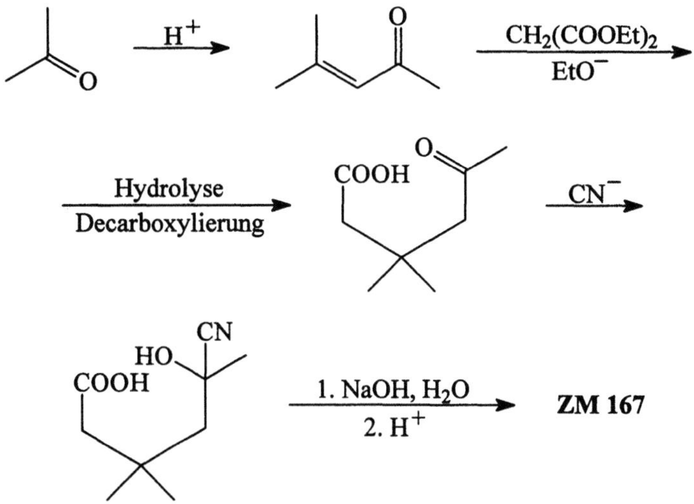

ZM 167

---

169. Anwendungsbeispiel 13:
Dieses ungewöhnlich aussehende Molekül (**ZM 169**) ist nahe mit *Multistriatin* verwandt, einem Pheromon des *Ulmenborkenkäfers*, dem Insekt, das für die Verbreitung der *holländischen Ulmenkrankheit* verantwortlich ist.
Wie würden Sie eine Probe dieser Verbindung für Tests an den Käfern herstellen?

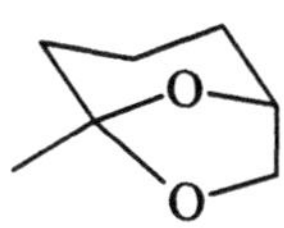

ZM 169

---

170. Analyse:
Die funktionelle Gruppe ist ein Acetal. Wenn wir dieses gespalten haben, sind die weiteren Retrosyntheseschritte mit dem bisher Gelernten sehr einfach aufzustellen:

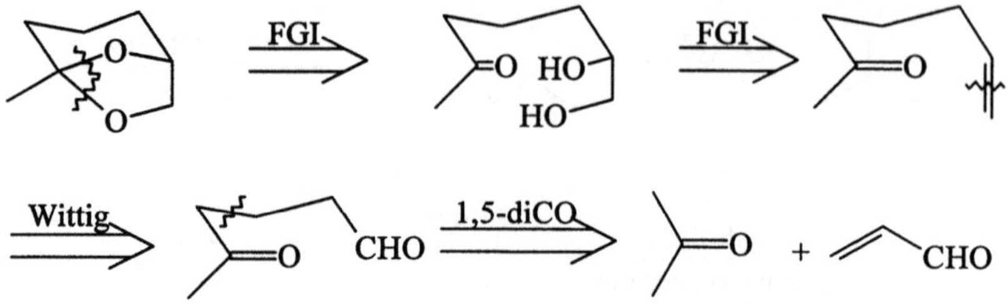

Steuerung der Selektivität
notwendig

Synthese:
Wir müssen in der Lage sein, in der *Wittig-Reaktion* den Aldehyd umzusetzen, ohne daß das Keton reagiert. Daher ist die Einführung einer Schutzgruppe für das Keton unumgänglich. Wir addieren den späteren Aldehyd in Form einer Ester-Gruppe (es gibt aber eine Reihe weiterer möglicher Lösungen):

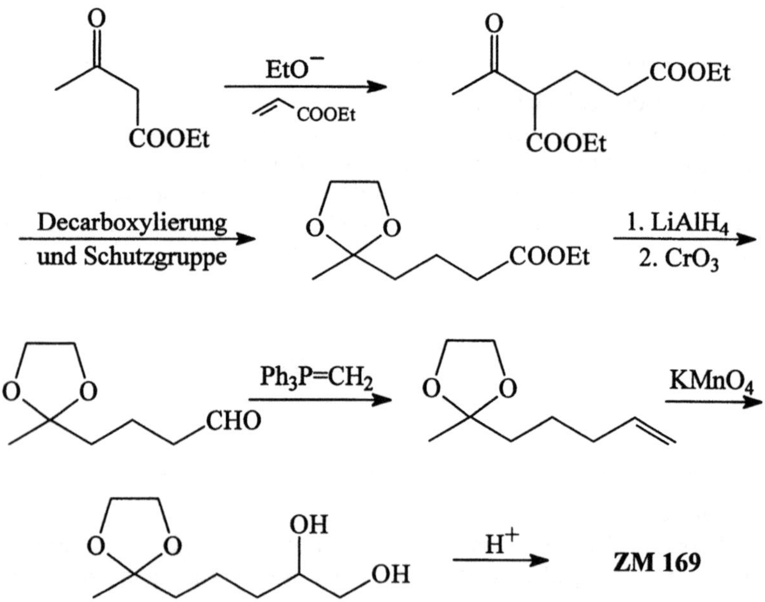

Die Cyclisierung erfolgt in Form einer *trans*-Acetalisierung.

2. 1,4-dioxygenierte Kohlenstoffgerüste

(a) 1,4-Dicarbonylierte Verbindungen

171. Für 1,4-Dicarbonylverbindungen scheint es naheliegend, die Bindung zwischen den Kohlenstoffatomen 2 und 3 zu spalten. Dieses führt zwar zu einem "*logischen*" nucleophilen Synthon (einem Enolat-Anion) **A**, aber auch zu einem "*unlogischen*", weil instabilen, elektrophilen Synthon **B**:

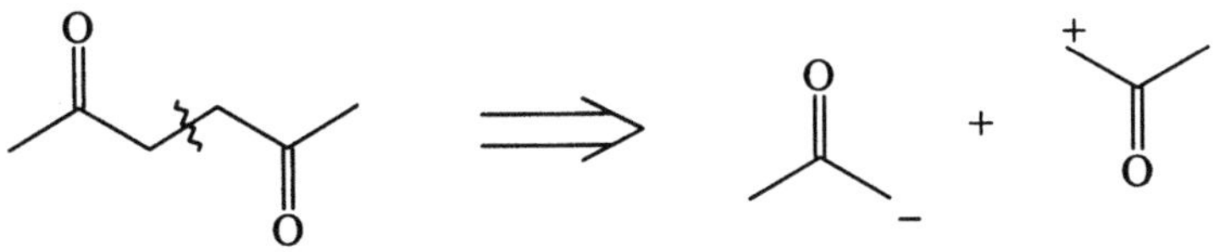

A **B**

Wir brauchen für **B** ein Derivat eines Ketons, in dem die normale Polarität invertiert ist. Aus den Lernschritten 158-161 werden Sie wissen, daß Carbonylverbindungen mit einem α-Halogenatom ideal für diesen Zweck sind.
Wie würden Sie unter Ausnutzung dieses Wissens Zielmolekül **171** herstellen?

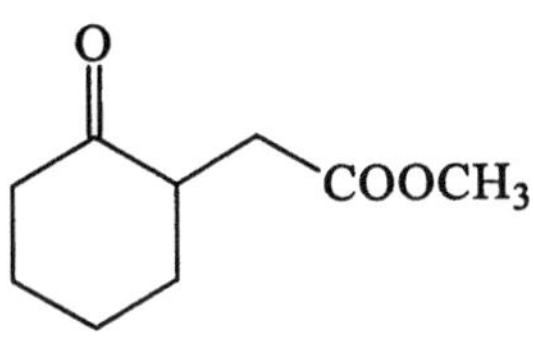

ZM 171

---

172. Analyse:
Beide Kombinationen aus Elektrophil und Nucleophil sind in diesem Fall möglich. Wir wollen willkürlich das Keton und den α-Halogenester als Edukte wählen:

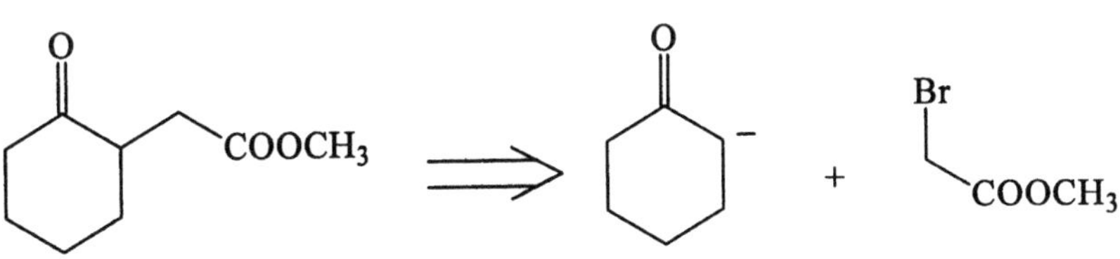

Synthese:

Unser Problem ist aber noch nicht gelöst, denn wenn wir das Keton mit dem α-Halogenester in Gegenwart von Base umsetzen, läuft eine andere als die gewünschte Reaktion ab. Können Sie den Mechanismus für diese Reaktion formulieren?

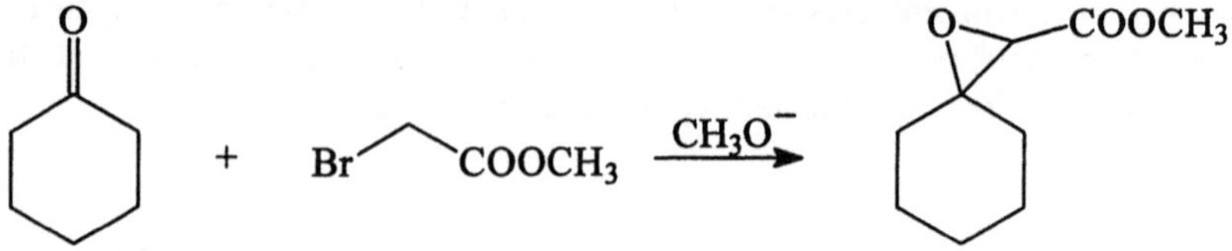

---

173. Die größte Acidität weist das Proton in Nachbarstellung zu Ester und Halogenid auf:

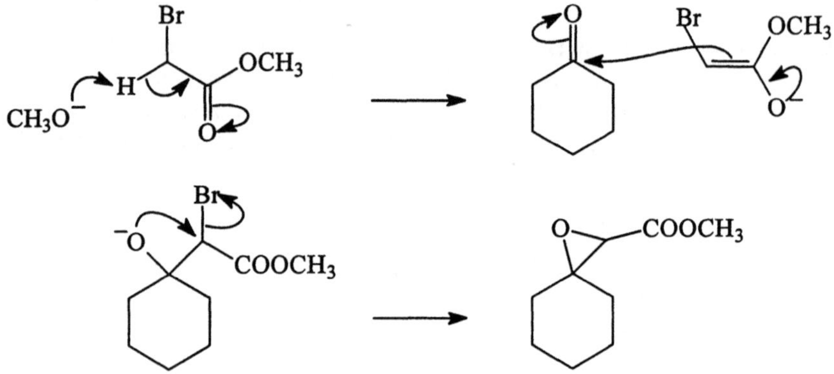

Diese als *Darzens-Glycidester-Kondensation* bezeichnete Reaktion ist in anderem Zusammenhang nützlich (Lernschritte 280-281), aber in diesem Fall ein Ärgernis. Wir müssen daher einen Trick anwenden, damit das Keton wie oben beabsichtigt als Nucleophil fungiert. Sinnvoll ist es, das Keton dazu in ein Enamin zu überführen. Schreiben Sie den Mechanismus für diese Reaktion auf!

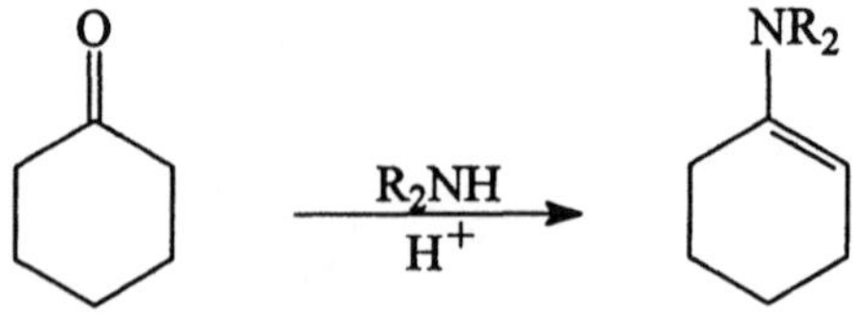

174.

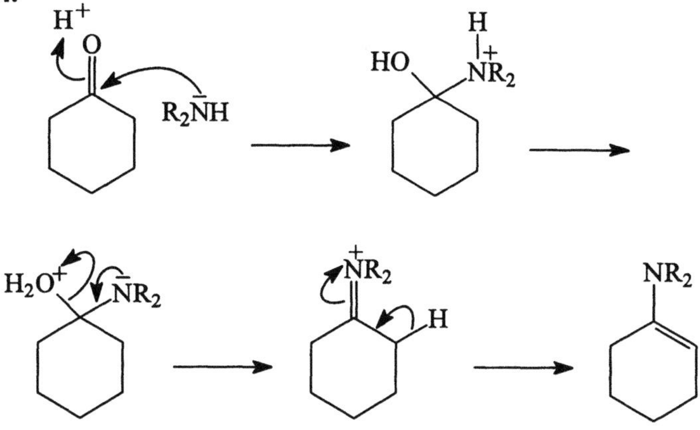

175. Die vollständige Synthese für Zielmolekül **171** lautet folglich:

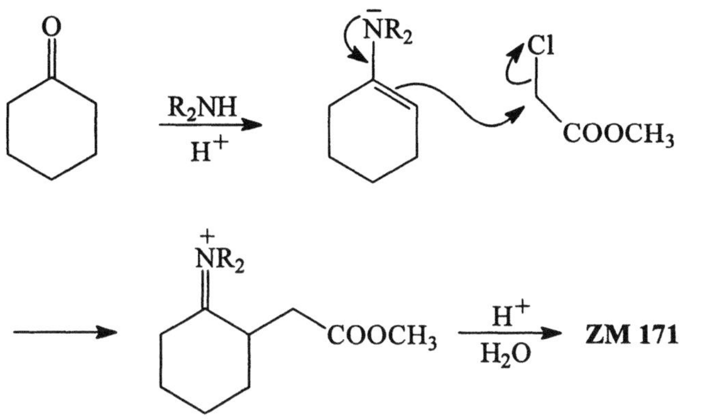

Die α-Position des Enamins ist deutlich nucleophiler als die des Ausgangsketons.
Wie würden Sie Zielmolekül **175** herstellen?

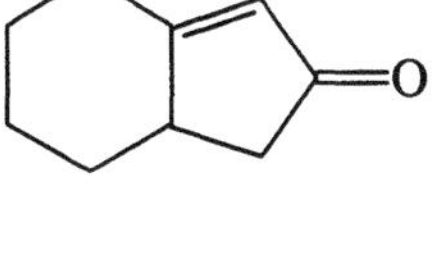

ZM 175

176. Analyse:
Beginnen wir mit der Spaltung der C-C-Doppelbindung des α,β-ungesättigten Ketons. Als Produkt erhalten wir ein 1,4-Diketon. Dadurch können wir unsere neue Methode unter Verwendung des Enamins einsetzen:

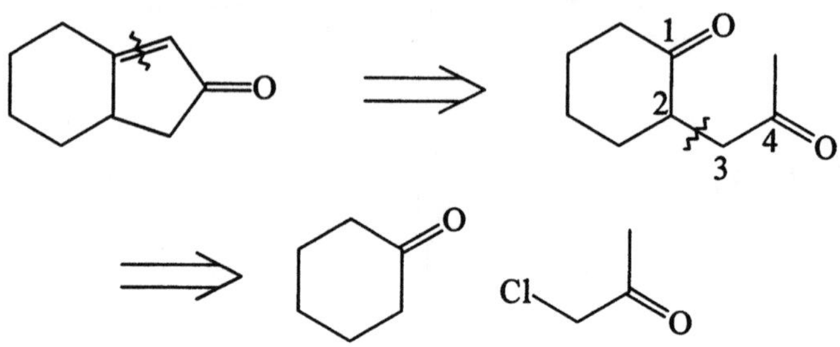

Synthese:
Die Synthese wurde tatsächlich in dieser Art durchgeführt (*J. Am. Chem. Soc.* **1958**, *80*, 6609):

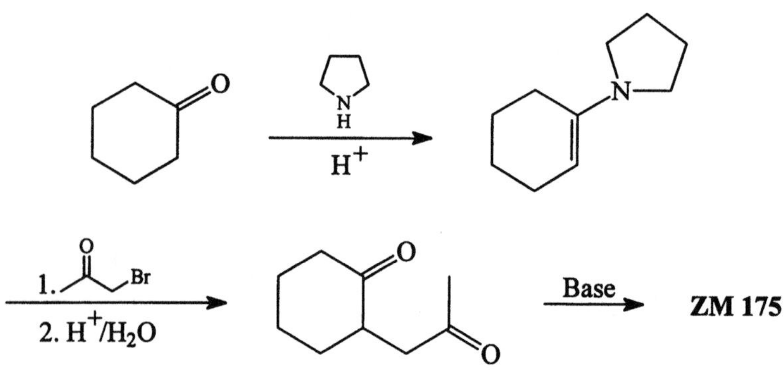

---

177. Es ist nicht immer notwendig, die Reaktion über die Zwischenstufe der Enamine laufen zu lassen - manchmal sind auch die Enolat-Anionen stabil genug.
Wie würden Sie Zielmolekül **177** herstellen?

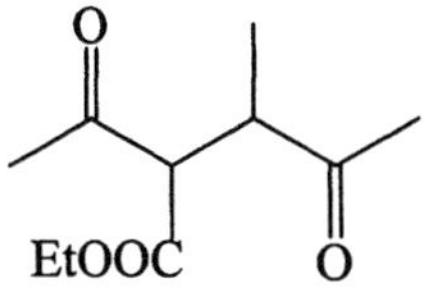

ZM 177

---

178. Analyse:
Die aktivierende Gruppe gibt uns einen Anhaltspunkt, wo wir bei der Retrosynthese ansetzen müssen:

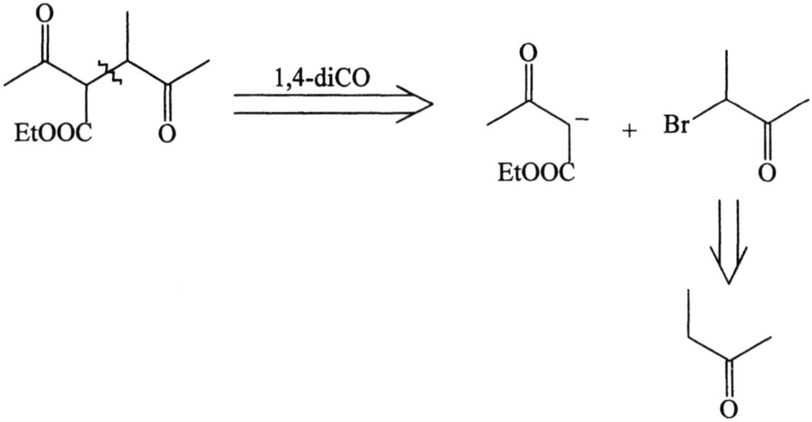

Synthese:
Bromierung von Butanon in Säure liefert bevorzugt das gewünschte Isomer. Wiederum ist die reaktive α-halogenierte Carbonylverbindung ein gutes Elektrophil. Der Umweg über das Enamin ist in diesem Fall nicht notwendig:

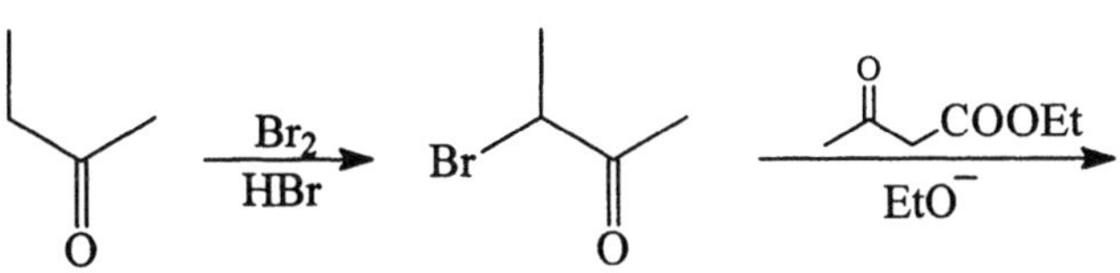

ZM 177

(b) γ-Hydroxycarbonyl-Verbindungen

179. Wie Sie in dem letzten Lernschritt gesehen haben, sind Carbonylverbindungen mit einem α-Halogenatom Reagenzien für das Synthon O=C—C^{+}.

Auf einer niedrigeren Oxidationsstufe können Epoxide als Reagenzien für das Synthon HO—C—C$^+$ eingesetzt werden (siehe auch Lernschritte 162 - 166). Dieses wird an ihren Reaktionen mit Grignard- und Organolithium-Verbindungen deutlich.

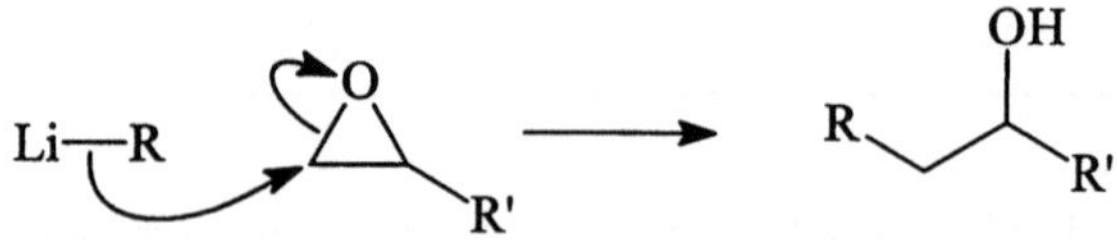

Wie würden Sie Zielmolekül **179** synthetisieren?

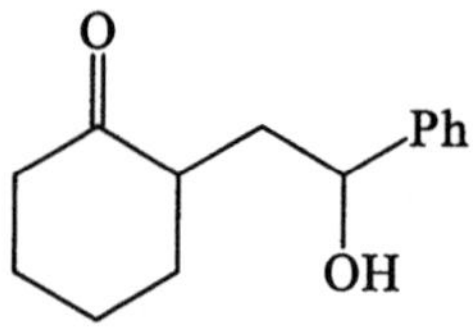

ZM179

---

180. Analyse:

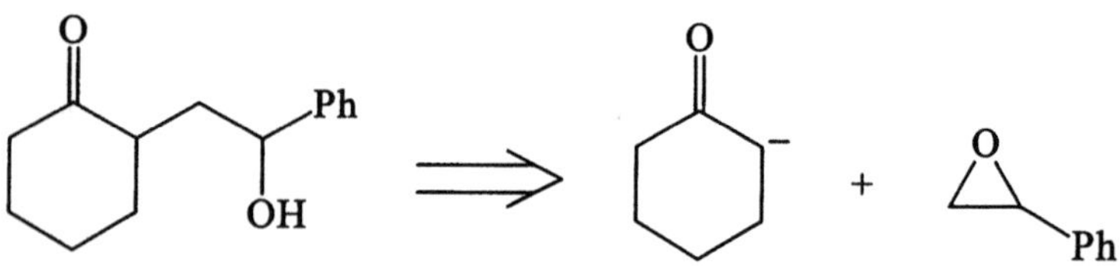

Synthese:

Wiederum kann das Enamin benutzt werden, um das Enolat-Synthon zu liefern:

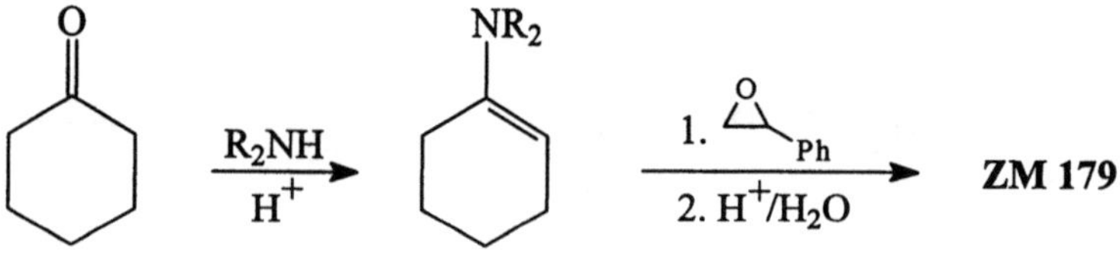

---

181. Eine Synthesesequenz in diesem Kapitel über γ-Hydroxy-Carbonylverbindungen hat besondere Bedeutung. Wir werden sie im folgenden kennenlernen.

Wie würden Sie Zielmolekül **181** herstellen?

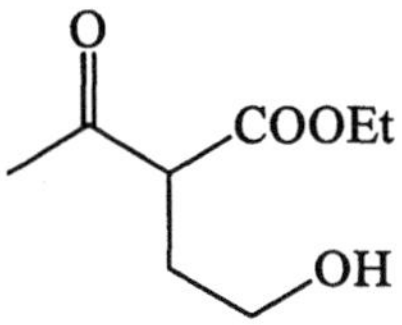

ZM 181

---

182. Analyse:
Die übliche Retrosynthese führt zu einem stabilen Anion:

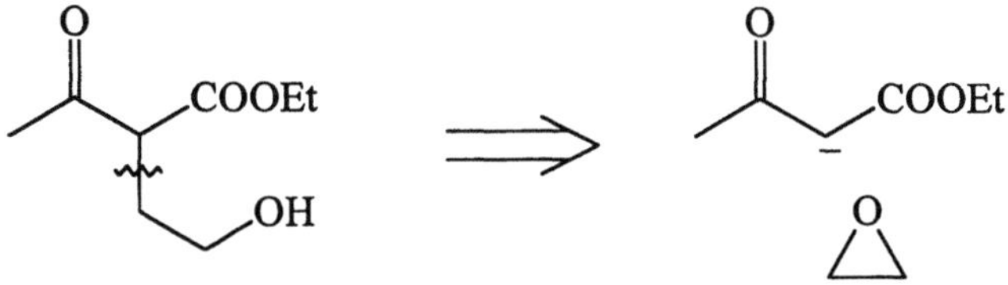

Synthese:
Tatsächlich liefert diese Kombination von Reagenzien aber nicht Zielmolekül **181**. Es wird stattdessen das Lacton **A** gebildet. Dieses ist hilfreich in allen Reaktionen, in denen man Zielmolekül **181** einsetzen könnte:

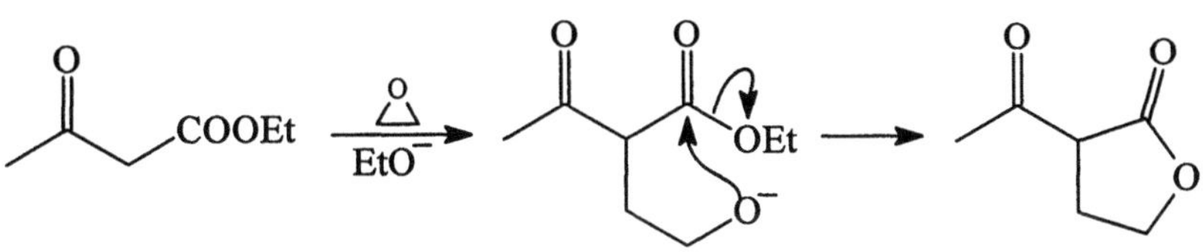

A

---

183. Wie würden Sie das γ-halogenierte Keton **ZM 183** herstellen?

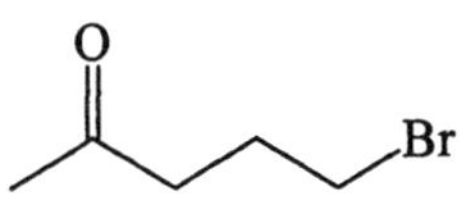

ZM 183

---

184. Analyse: Eine gebräuchliche Umwandlung der funktionellen Gruppe führt zu einem Alkohol, der sich in der üblichen Form aufspalten läßt:

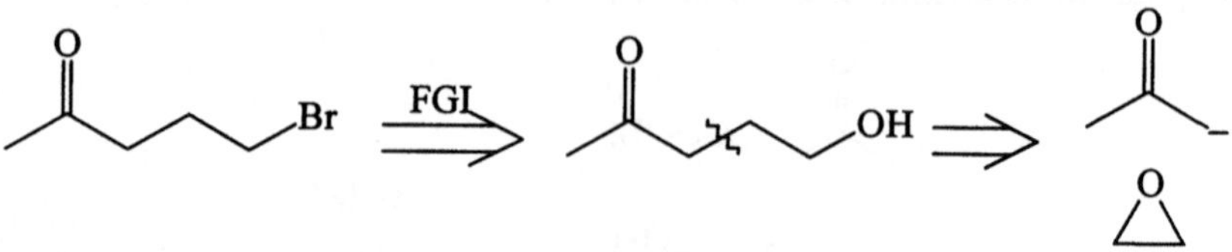

Synthese:
Wir setzen eine Estergruppe zur Aktivierung ein:

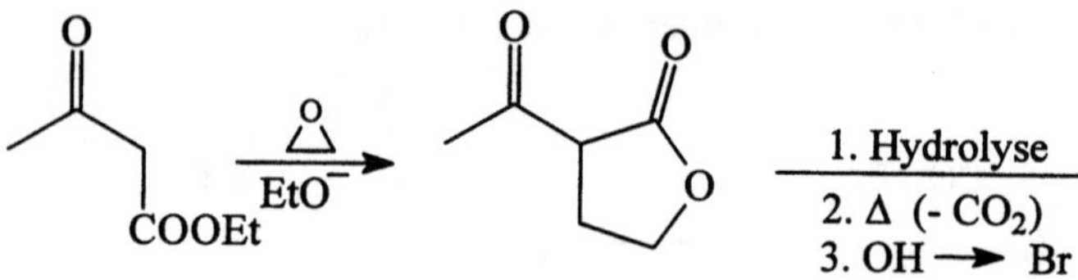

Wie sich herausstellt, laufen die letzten drei Reaktionsschritte bei Behandlung des Lactons mit konzentriertem Bromwasserstoff spontan nacheinander ab.

---

185. Wie würden Sie das γ-halogenierte Keton **185** herstellen?

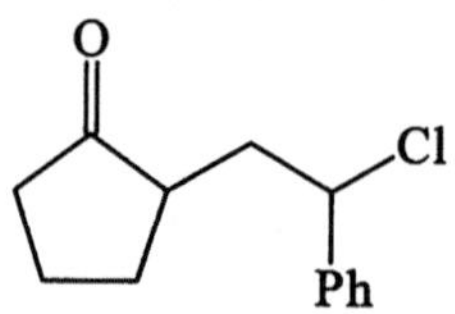

ZM 185

---

186. Analyse:

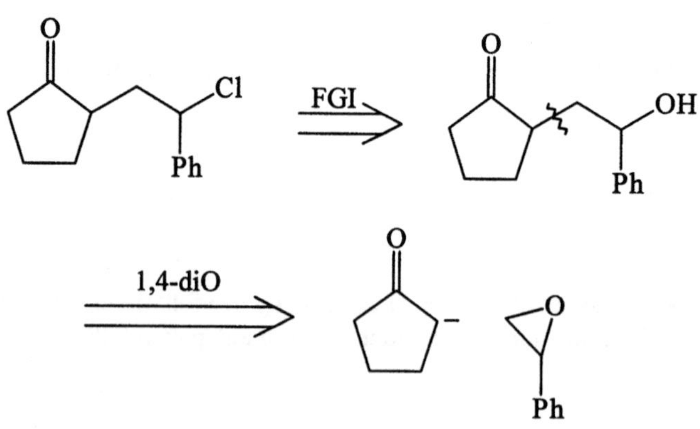

Synthese:
Wir benötigen zur Steuerung der Reaktion eine aktivierende Gruppe, und es zeigt sich, daß wir mit **ZM 104** bereits das geeignete Edukt kennengelernt haben!

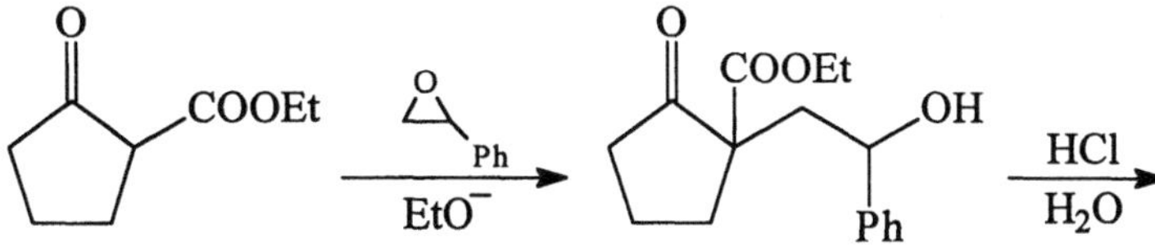

ZM 185

(c) Andere "unlogische" Synthone

187. Natürlich könnten auch andere Kombinationen von logischen und unlogischen Synthonen zur Synthese von Verbindungen mit 1,4-dioxygeniertem Kohlenstoffgerüst genutzt werden.
Wie könnten Sie das Cyanid-Ion (in Form des $^{-}$COOH-Synthons) zur Herstellung von γ-Ketocarbonsäuren wie **ZM 187** nutzen?

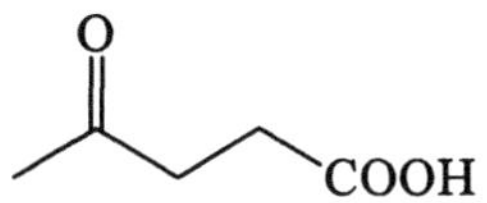

ZM 187

188. Wir müssen lediglich das richtige Elektrophil finden:

Wie könnten Sie dieselbe Carbonsäure aus Propargylbromid ($BrCH_2C{\equiv}CH$) als "unlogischem" Fragment herstellen?

189. Durch Hydratisierung können Acetylene in Ketone überführt werden (Lernschritt 145). Damit liefert Propargylbromid ein $MeCOCH_2^+$-Synthon:

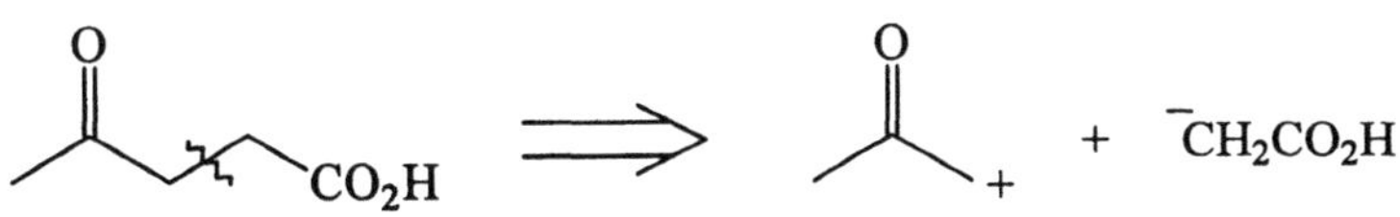

Synthese:
Zur präparativen Durchführung ist eine Aktivierung notwendig:

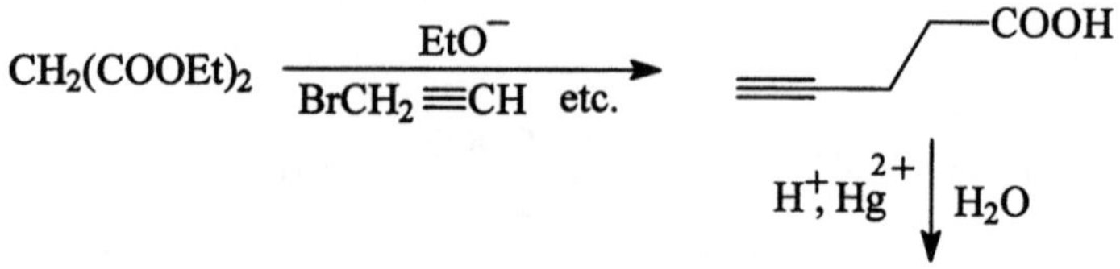

ZM 187

Im Rahmen der Anwendungsaufgaben werden Sie noch weiteren Kombinationen von "logischen" und "unlogischen" Synthonen begegnen.

(d) Anwendungsaufgaben

190. Anwendungsaufgabe 14:
Cyclopentenone kommen in der Natur vor und sind wichtige Intermediate in *Prostaglandin*-Synthesen.
Wie würden Sie das folgende Cyclopentenonderivat **ZM 190** herstellen?

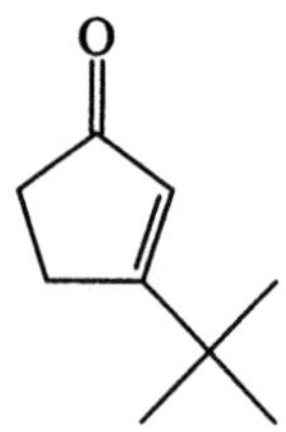

ZM 190

---

191. Analyse:
Beginnen wir die Retrosynthese mit der Spaltung der C-C-Doppelbindung der α,β-ungesättigten Carbonylverbindung:

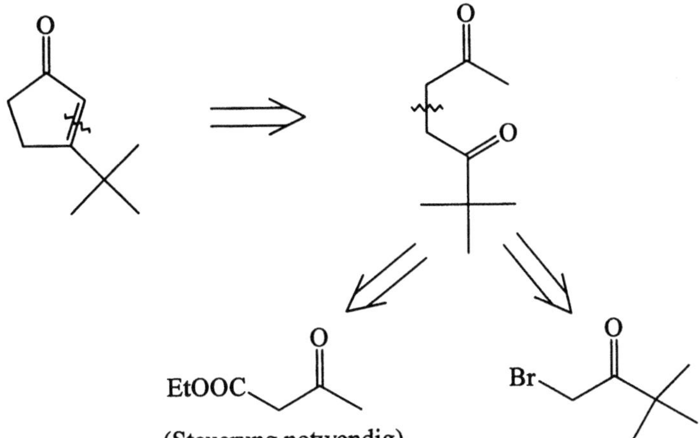

(Steuerung notwendig)

Synthese:
Bei Keton **A** handelt es sich um *Pinakolon*, dem Produkt der *Pinakol-Umlagerung* (Lernschritte 154 - 155).

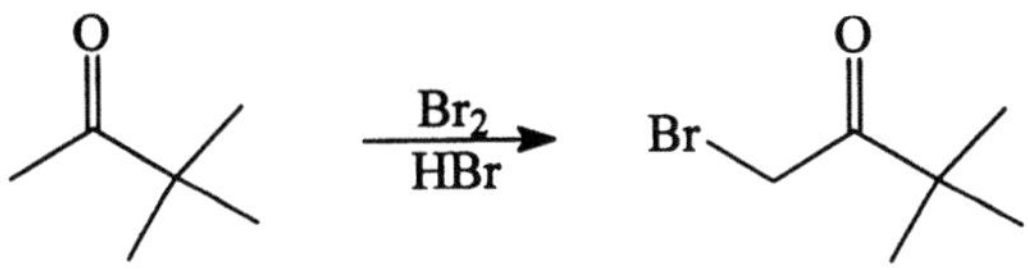

A **B**

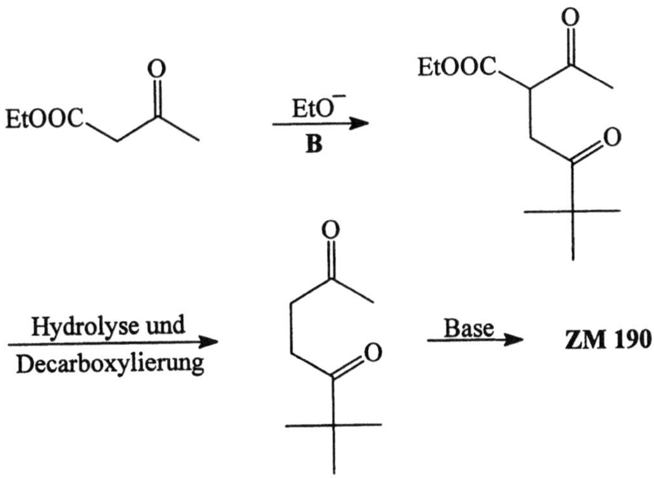

192. Anwendungsaufgabe 15:
Dieses Triol (**ZM 192**) kann als Verbindung mit 1,4- oder 1,5-dioxygeniertem Kohlenstoffgerüst betrachtet werden. Tatsächlich führt aber nur eine der Betrachtungsweisen zum Ziel. Schlagen Sie eine Synthese vor!

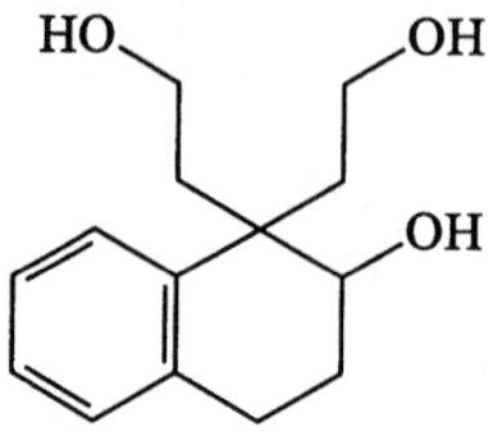

ZM192

193. Analyse:
Wir müssen das Triol auf die korrespondierende Tricarbonylverbindung zurückführen, indem wir CH_2OH durch CHO oder COOEt ersetzen. Dann erkennt man, daß die Betrachtungsweise als 1,5-Dicarbonylverbindung uns nicht weiterbringt, da wir zwischen den Kohlenstoffatomen 3 und 4 des Edukts keine Doppelbindung formulieren können, da es sich bei C-3 um ein quartäres Kohlenstoffatom handelt. Somit müssen wir **ZM 192** wie eine 1,4-dioxygenierte Verbindung behandeln:

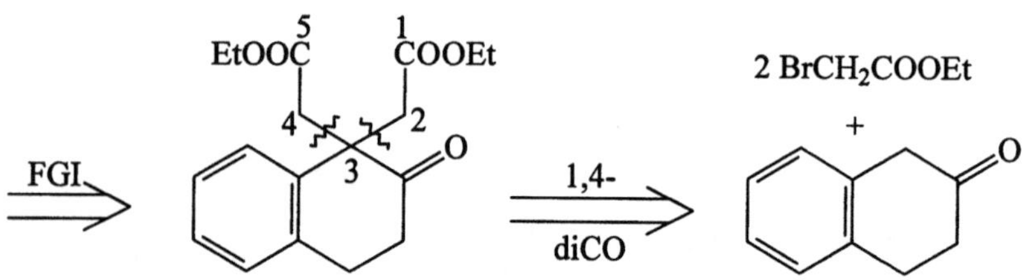

Synthese:
Das Keton wird aufgrund der Konjugation mit dem Benzolring auf der gewünschten Seite enolisieren. Es zeigt sich, daß beide Alkylierungen in einem Reaktionsschritt erfolgen:

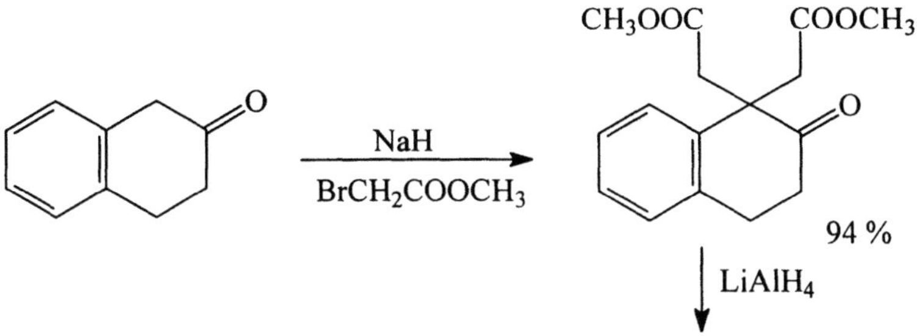

ZM 192

Der erste Schritt ist Bestandteil einer Morphiumsynthese. Das Ausgangsketon wurde durch Reduktion eines substituierten Naphthalins hergestellt (*J. Am. Chem. Soc.* **1950**, *72*, 3704). Als Alternative wäre eine Synthese möglich, bei der ein Epoxid als Elektrophil eingesetzt wird.

---

3. 1,6-Dicarbonylverbindungen

194. Nachdem, was Sie bisher gelernt haben, werden Sie den Retrosyntheseschritt für 1,6-Dicarbonylverbindungen sicherlich auch zu den "unlogischen" zählen. Aber dieses Problem können wir umgehen, indem wir einen Retrosyntheseschritt benutzen, der eine Verbindung zwischen den beiden Carbonylgruppen herstellt:

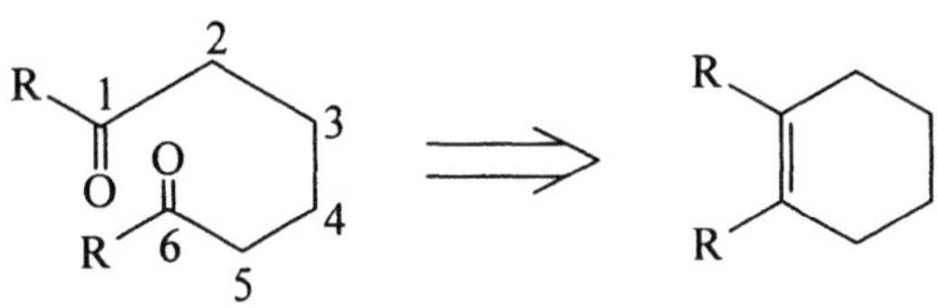

Doppelbindungen lassen sich mit Ozon oder entsprechenden Reagenzien in zwei Carbonylgruppen auftrennen.
Versuchen Sie dieses für Zielmolekül **194**, und bemühen Sie sich, zu einfachen Edukten zu gelangen!

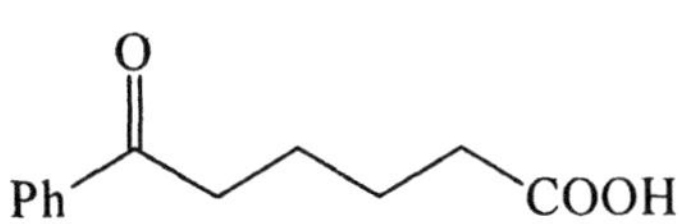

ZM 194

---

195. Analyse:

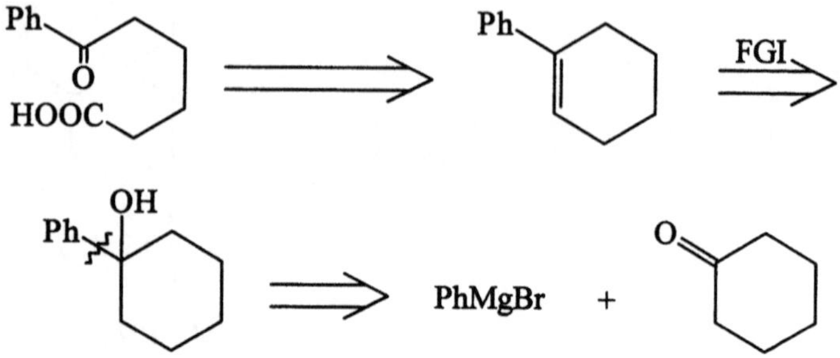

Synthese:

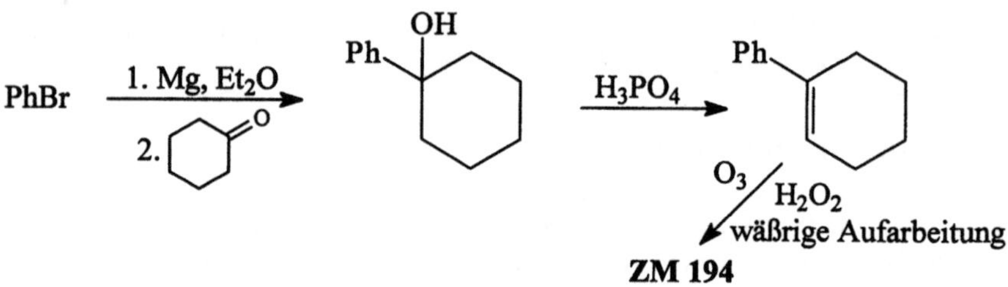

---

196. Da Cyclohexene auch durch die *Diels-Alder-Reaktion* (Lernschritte 5 - 8) hergestellt werden können, haben wir mit dieser Methode Zugang zu einer großen Spannbreite von 1,6-Dicarbonylverbindungen.
Schlagen Sie eine entsprechende Synthese für Zielmolekül **196** vor!

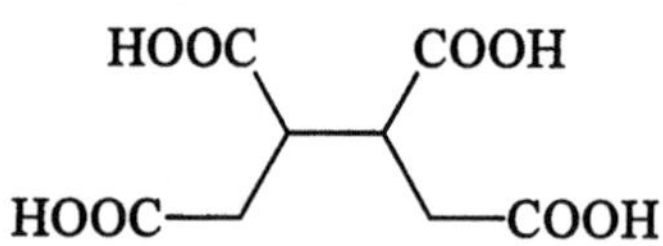

ZM 196

---

197. Analyse:
Zunächst wählen wir den Retrosyntheseschritt für 1,6-Dicarbonylverbindungen:

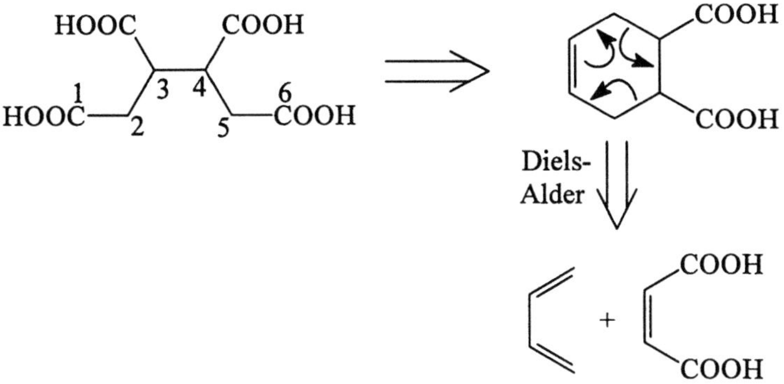

Synthese:
Maleinsäureanhydrid ist das für diesen Zweck am besten geeignete Dienophil:

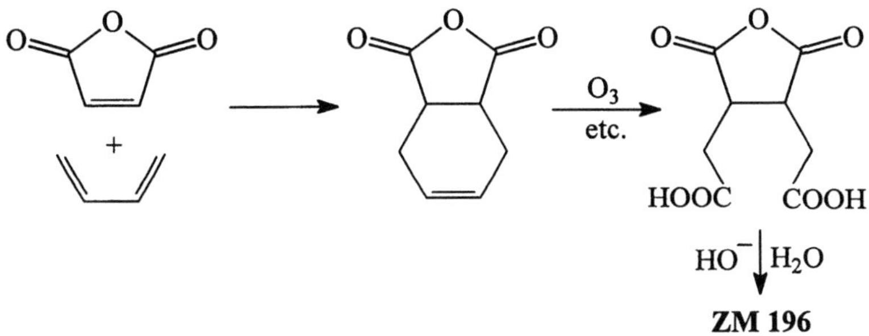

198. Eine andere Möglichkeit, Cyclohexene herzustellen, ist die partielle Reduktion von Benzolringen (*Birch-Reduktion*, siehe Laue, Plagens, S. 45 - 48), wie sie im folgenden Beispiel zu sehen ist:

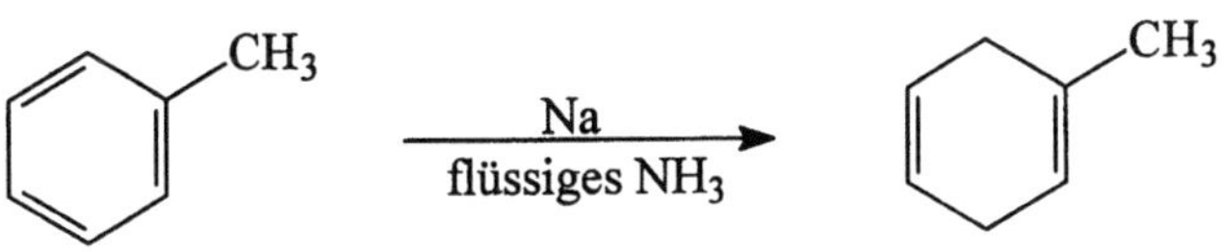

199. Wie würden Sie unter Einbeziehung dieser Reaktion Zielmolekül **199** herstellen?

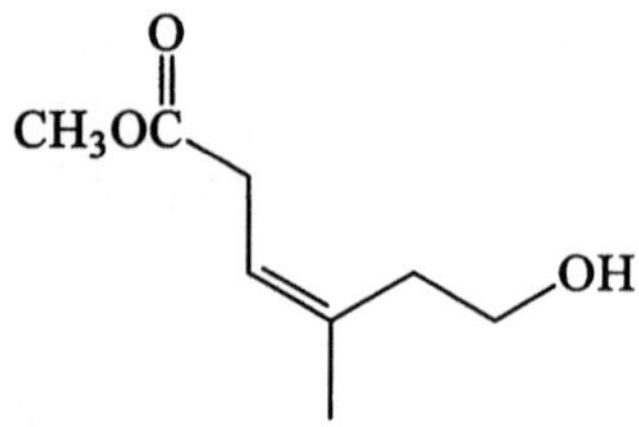

ZM 199

200. Analyse:
Überführen Sie zunächst die 1,6-dioxygenierte Verbindung in eine 1,6-Dicarbonylverbindung, bei der sich die beiden Carbonylgruppen unterscheiden:

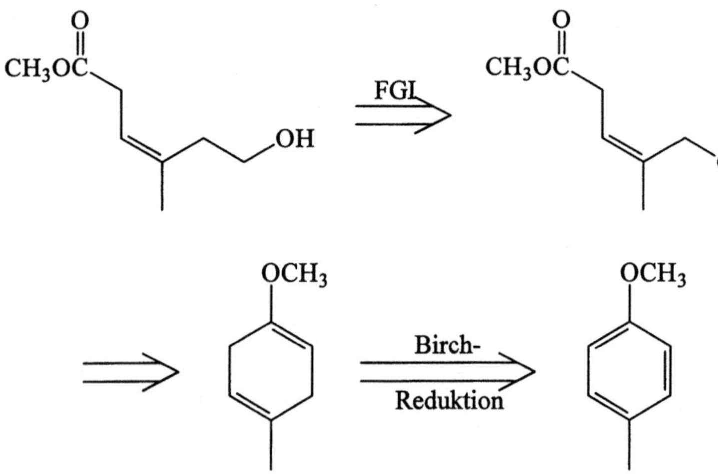

Synthese:
(*J. Am. Chem. Soc.* **1968**, *90*, 5618)

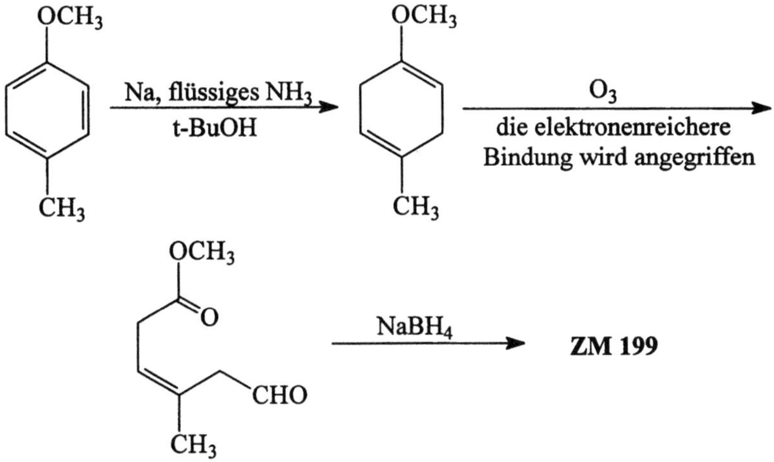

ZM 199

Beachten Sie die Stereochemie der verbleibenden Doppelbindung. Diese muß *cis*-substituiert sein, da sie aus einer cyclischen Verbindung entstanden ist.

---

201. Retrosyntheseschritte mit anderen Kombinationen funktioneller Gruppen können auch auf 1,6-Dicarbonylverbindungen zurückgeführt werden. Versuchen Sie dieses mit Zielmolekül **201**!

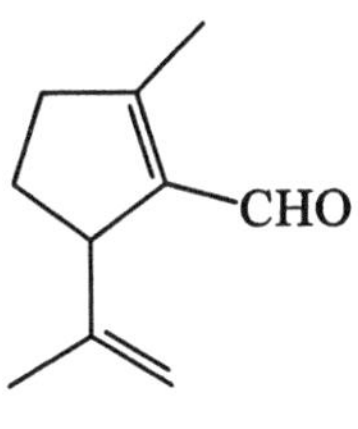

ZM 201

---

202. Analyse:

Starten Sie die Retrosynthese an dem α,β-ungesättigten Aldehyd:

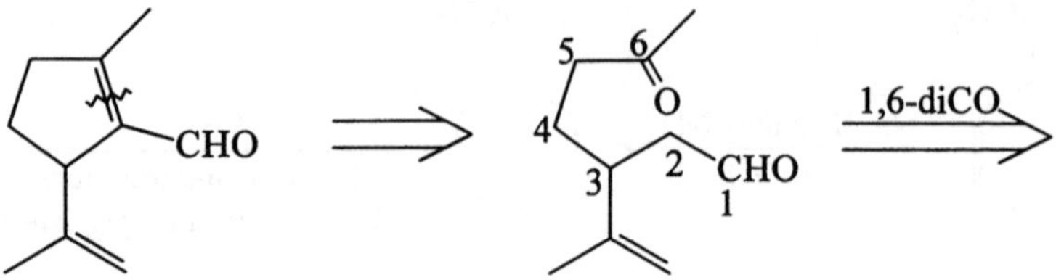

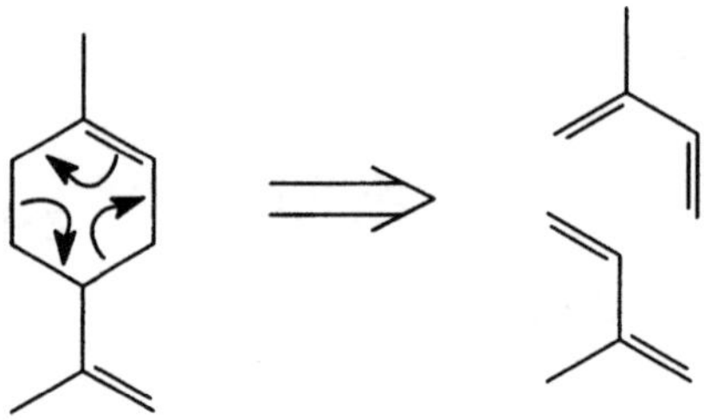

Synthese:
Bei der *Diels-Alder-Reaktion* wird in diesem Fall Isopren dimerisiert, wobei man das natürlich vorkommenden Terpen **A** (Limonen) erhält. Im nächsten Schritt müssen wir die eine Doppelbindung spalten, während die andere erhalten bleiben muß. Dies gelingt mit einer Epoxidierung, bei der die Doppelbindung im Ring bevorzugt angegriffen wird:

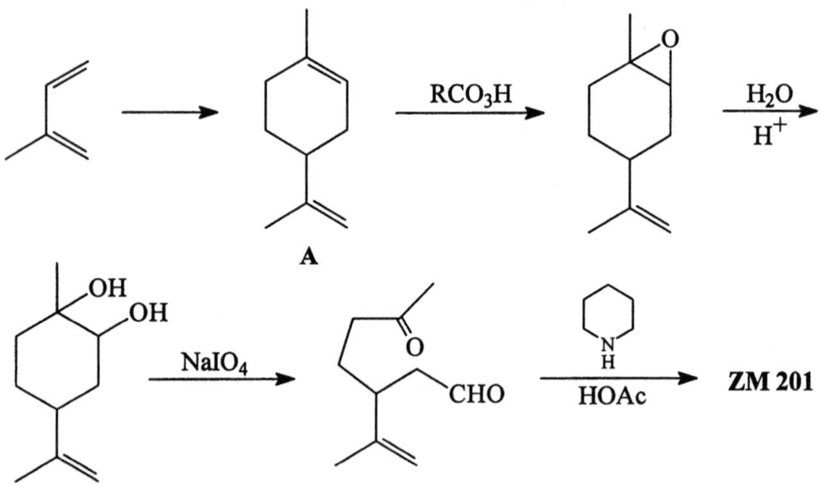

Die Reaktionsbedingungen für den abschließenden Kondensationsschritt müssen so mild wie möglich gewählt werden, da wir nur das stabilste der drei möglichen Enole (das des Aldehyds) erhalten wollen. Auch wenn Sie weder für die Spaltung der Doppelbindung noch für die Kondensation die genauen Reaktionsbedingungen voraussagen konnten, so haben Sie aber sicherlich erkannt, daß eine Steuerung der Selektivität aufgrund der Unterschiedlichkeit der beiden funktionellen Gruppen in allen Fällen möglich ist. (*J. Am. Chem. Soc.* **1960,** *82*, 636; *J. Org. Chem.* **1964,** *29*, 3740; *Tetrahedron Lett.* **1965,** 4097).

4. Anwendungsaufgaben - Synthese von Lactonen

Den folgenden Abschnitt können Sie jetzt oder aber auch erst später zur Wiederholung bearbeiten.

203. Wir haben nun alle einfachen Retrosyntheseschritte betrachtet, bei denen zwei funktionelle Gruppen an der entscheidenden Bindungsspaltung beteiligt sind. Damit sollten Sie in der Lage sein, praktikabele Synthesen für kleine Moleküle zu entwerfen. Anhand der folgenden Anwendungsaufgaben sollten Sie versuchen, Synthesen für Lactone zu planen. In allen Fällen werden lediglich eine oder zwei Antworten vorgeschlagen, aber andere Syntheserouten können genauso gut geeignet sein. Diskutieren Sie Ihre Antworten mit anderen, wenn sie entscheidend von denen im Buch abweichen.

204. Anwendungsaufgabe 16:
Entwerfen Sie eine Synthese für Zielmolekül **204**, einem Intermediat in *Khoranas Coenzym A* - Synthese (*J. Am. Chem. Soc.* **1961,** *83*, 663)!

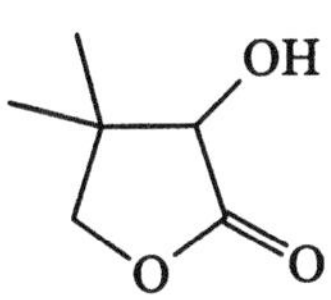

ZM 204

205. Analyse:
Öffnen Sie zunächst den Lactonring, um das eigentliche Zielmolekül freizulegen:

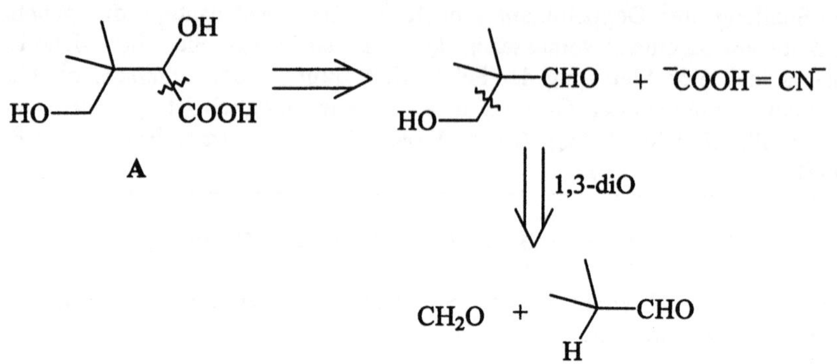

Beachten Sie, daß man CN^- als Reagenz für ^-COOH einsetzen kann!

Synthese:
Wir müssen eine milde Base einsetzen, um die *Cannizzaro-Reaktion* zu vermeiden. Die α-Hydroxysäure **A** kann nicht isoliert werden, da sie spontan cyclisiert.

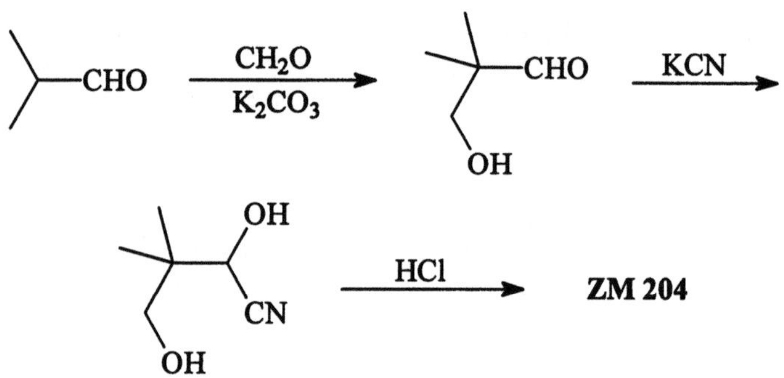

---

206. Anwendungsaufgabe 17:
Entwerfen Sie eine Synthese für Zielmolekül **206**, einem Intermediat in der von *Crandall* und *Lewton* nach biogenetischem Vorbild entwickelten Synthese von *Cedren* (*J. Am. Chem. Soc.* **1969**, *91*, 2127)!

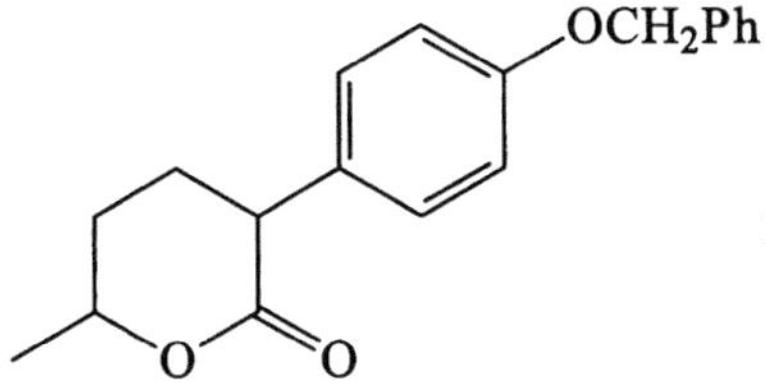

ZM 206

---

207. Analyse:
Da es sich um ein 1,5-dioxygeniertes Kohlenstoffgerüst handelt, ist eine weitere Umwandlung einer funktionellen Gruppe (Alkohol in Aldehyd) notwendig, um eine 1,5-Dicarbonylverbindung zu erhalten, die uns die weiteren Retrosyntheseschritte erlaubt:

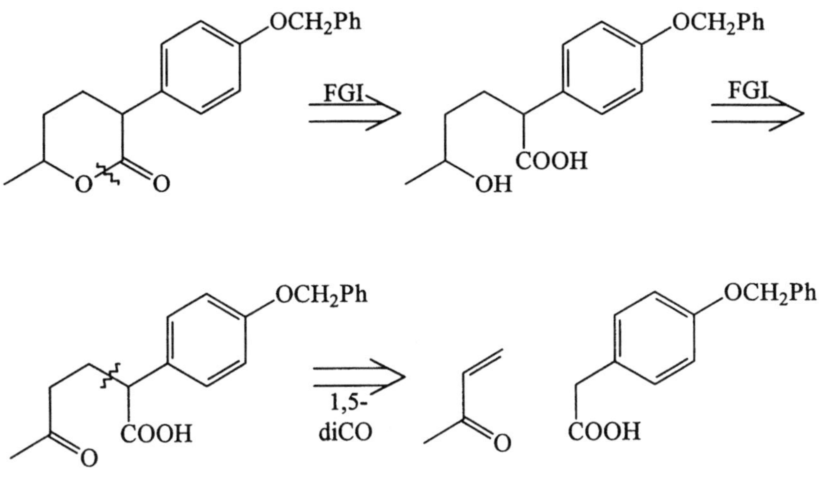

Synthese:
Zur Steuerung der *Michael-Reaktion* ist der Einsatz einer aktivierenden Gruppe notwendig:

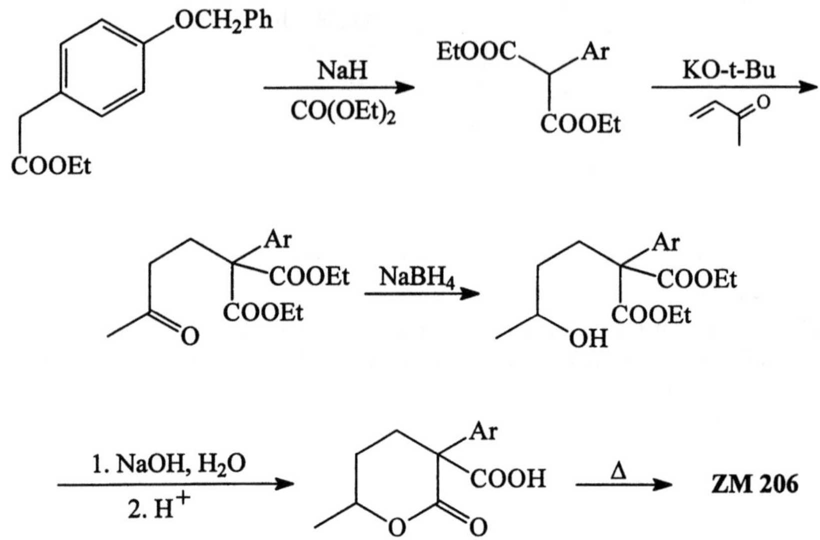

ZM 206

---

208. Anwendungsaufgabe 18:
Entwerfen Sie eine Synthese für Zielmolekül **208**, einem Intermediat in *Woodwards Tetracyclin*-Synthese (*Pure Appl. Chem.* **1963**, *6*, 561; *J. Am. Chem. Soc.* **1968**, *90*, 439)!

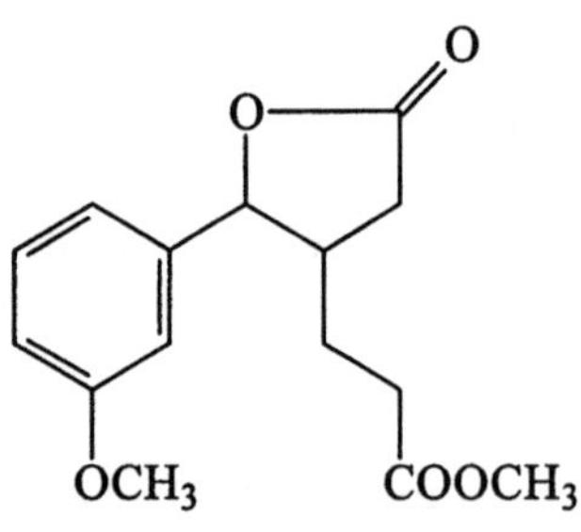

ZM 208

---

209. Analyse:
Dieselbe Umwandlung einer funktionellen Gruppe wie in Anwendungsaufgabe 5 (Lernschritt 81) liefert das Schlüsselintermediat **A**:

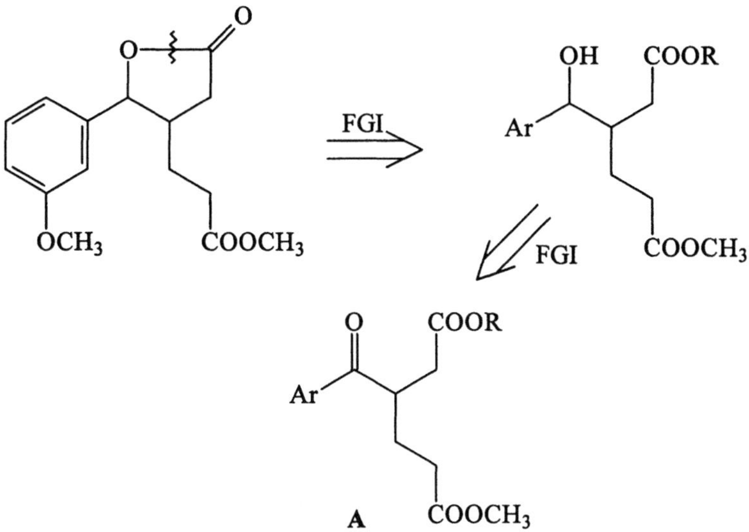

Verbindung **A** kann als 1,4-, 1,5- oder 1,6-Dicarbonylverbindung betrachtet werden. Dadurch werden eine Reihe von Retrosyntheseschritte möglich, die in der folgenden Grafik zusammengefaßt sind:

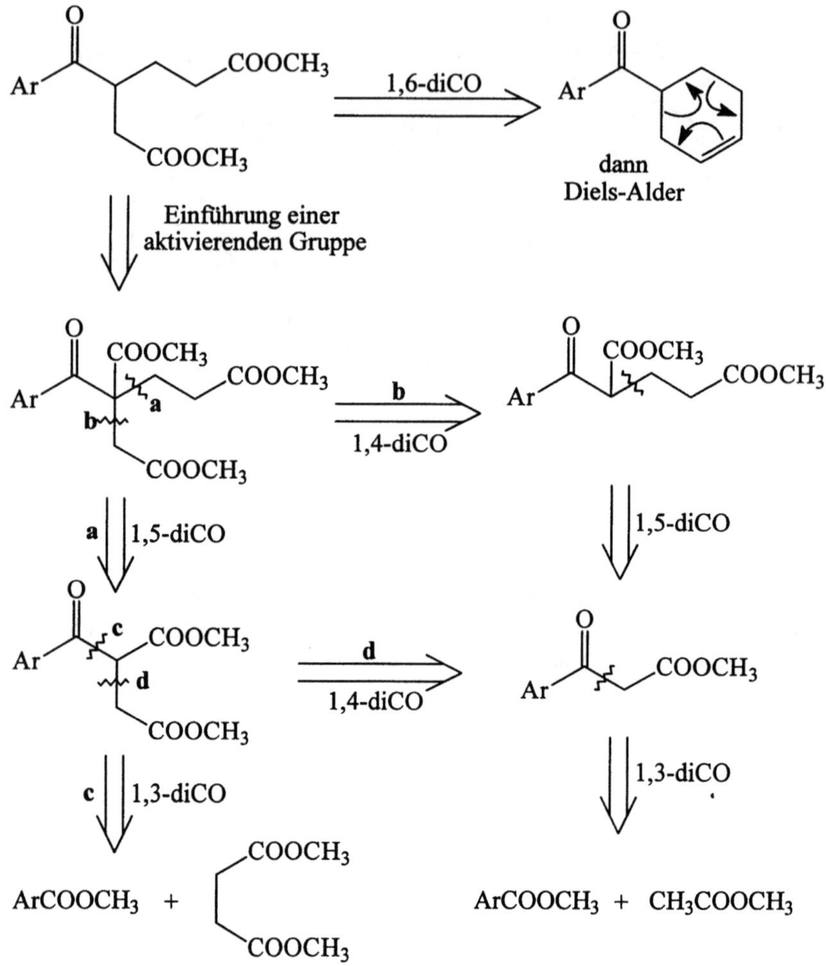

Woodward hat mit Ausnahme derer, die auf der 1,6-Dicarbonylbeziehung beruhen, alle diese Routen ausprobiert. Alle waren erfolgreich, aber er wählte schließlich die zu den Schritten **a** und **c** gehörenden Synthesewege aus. Die Synthese wurde von ihm ausführlich in der Literaturstelle von 1963 (siehe Lernschritt 208) diskutiert.

Synthese:
Im folgenden wird exemplarisch einer der möglichen Synthesewege vorgestellt. Die Hydroxycarbonsäure als Intermediat im abschließenden Schritt konnte nicht isoliert werden.

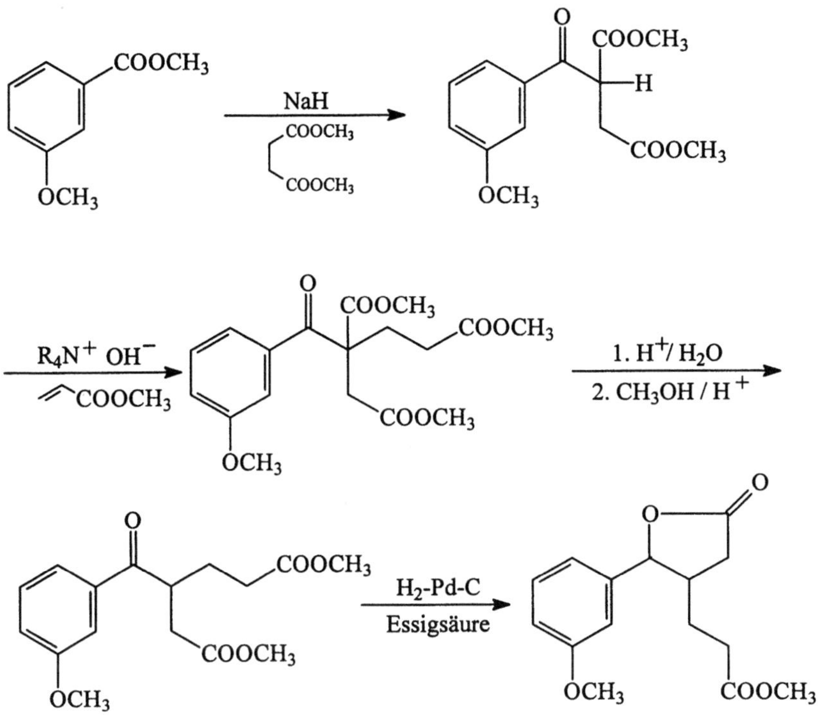

ZM 208

E. Allgemeine Anwendungsaufgaben

210. Nachdem Sie nun den zweiten systematischen Abschnitt beendet haben und mit Retrosyntheseschritten vertraut sind, an denen sowohl eine als auch zwei funktionelle Gruppen beteiligt sein können, ist es wichtig, einige Anwendungsaufgaben zu bearbeiten. Bei diesen Aufgaben wird nicht vorgegeben, welchen Retrosyntheseschritt Sie wählen müssen. Die Probleme sind entsprechend ihrer Schwierigkeit abgestuft. Sie sollten solange Aufgaben bearbeiten, bis Sie überzeugt sind, daß Sie die Materie beherrschen. Wenn Sie sich sicher fühlen, können Sie das Lernprogramm fortsetzen und die restlichen Übungen zu einem späteren Zeitpunkt nachholen.

Anwendungsaufgabe 19:
Entwerfen Sie eine Synthese für Zielmolekül **210**!

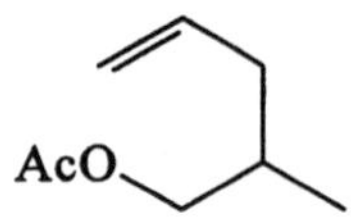

ZM 210

---

211. Analyse:
Die Estergruppe resultiert offensichtlich aus der Umwandlung einer funktionellen Gruppe (FGI). Ein Retrosyntheseschritt für den Alkohol **A** bringt uns nicht deutlich weiter, so daß wir diese Funktionalität nochmals umwandeln müssen. Die Doppelbindung können wir als Orientierung für den Ort der Bindungsspaltung benutzen, da sie bei unserem Problem als Allylgruppe in ein Molekül eingeführt werden kann:

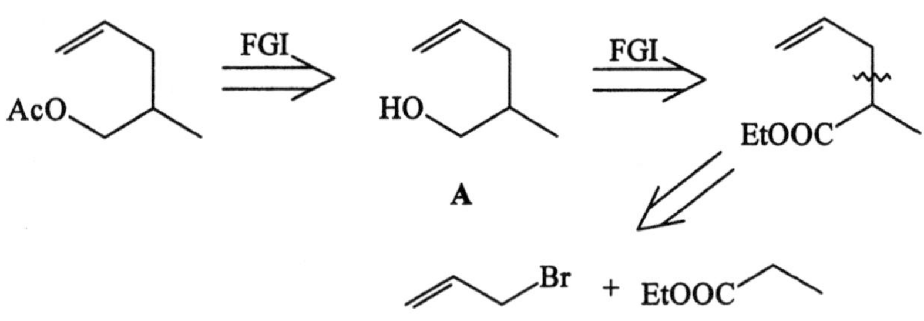

Synthese:
Zur Steuerung der Selektivität ist eine aktivierende Gruppe notwendig:

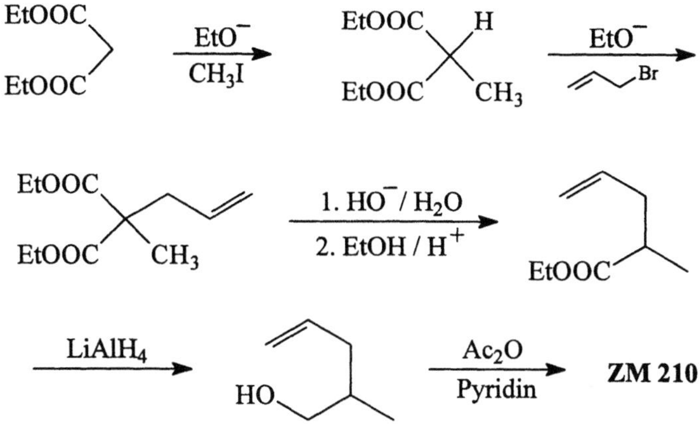

---

212. Anwendungsaufgabe 20:
Schlagen Sie eine Synthese für Zielmolekül **212** vor! Es handelt sich um ein Intermediat in *Storks* Synthese des komplexen *Aspidosperma*-Alkaloids (*J. Am. Chem. Soc.* **1963**, *85*, 2872).

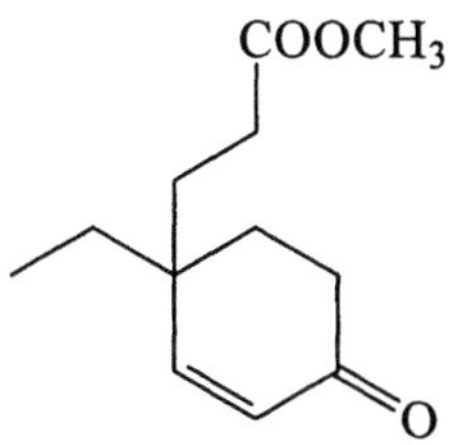

ZM 212

---

213. Analyse:
Beginnen Sie mit der einzig erkennbaren hilfreichen Beziehung zweier Gruppen, also dem α,β-ungesättigten Keton:

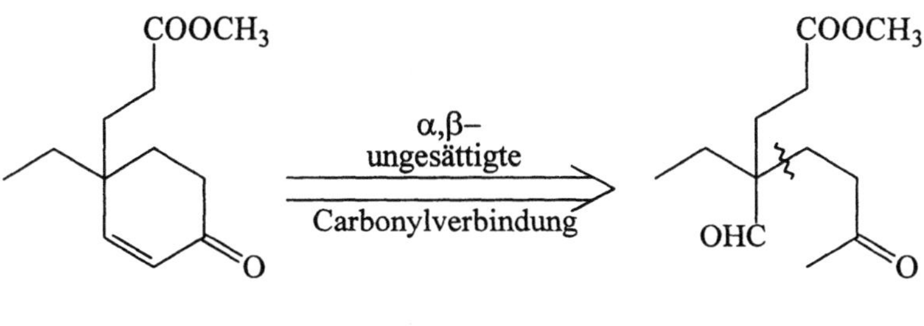

Von den uns nun vorliegenden zwei 1,5-diCO-Beziehungen wird zuerst die reaktivere gespalten:

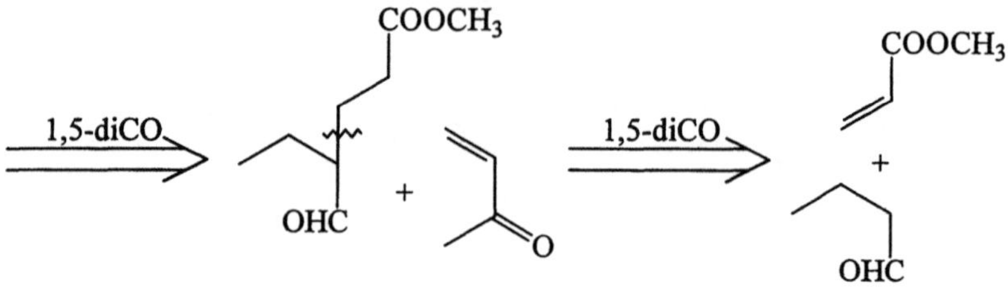

Synthese:
Wir werden die übliche aktivierende Gruppe zur Steuerung beider *Michael-Reaktionen* einsetzen müssen. Dabei muß es sich um ein Enamin handeln, da aus Platzgründen keine Estergruppe eingesetzt werden kann. Damit lautet die Synthese:

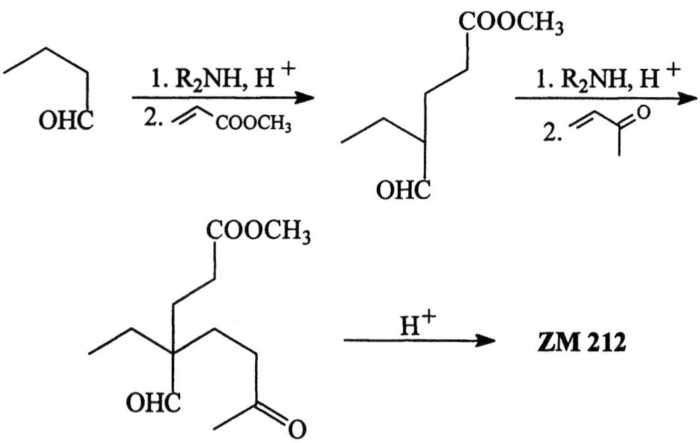

---

214. Anwendungsaufgabe 21:
Schlagen Sie eine Synthese für Zielmolekül **214** vor!

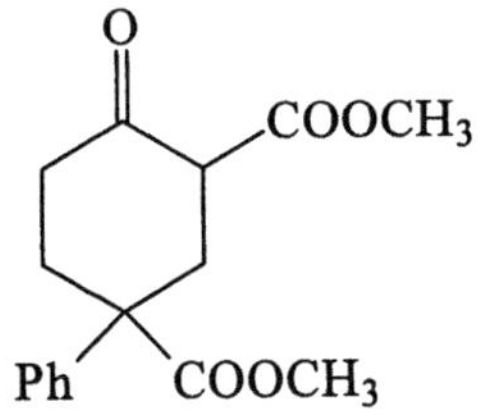

ZM 214

---

215. Analyse:
Sie müssen bei diesem Beispiel zwei 1,5- und eine 1,3-Dicarbonylbeziehung in bezug auf ihre Eignung für die Retrosynthese hin betrachten. Dabei erkennt man, daß die Zerlegung entsprechend Weg **a** das Problem nur unwesentlich vereinfacht. Die als Route **b** gekennzeichnete Spaltung der 1,3-Dicarbonylbeziehung führt zu einem symmetrischen Intermediat:

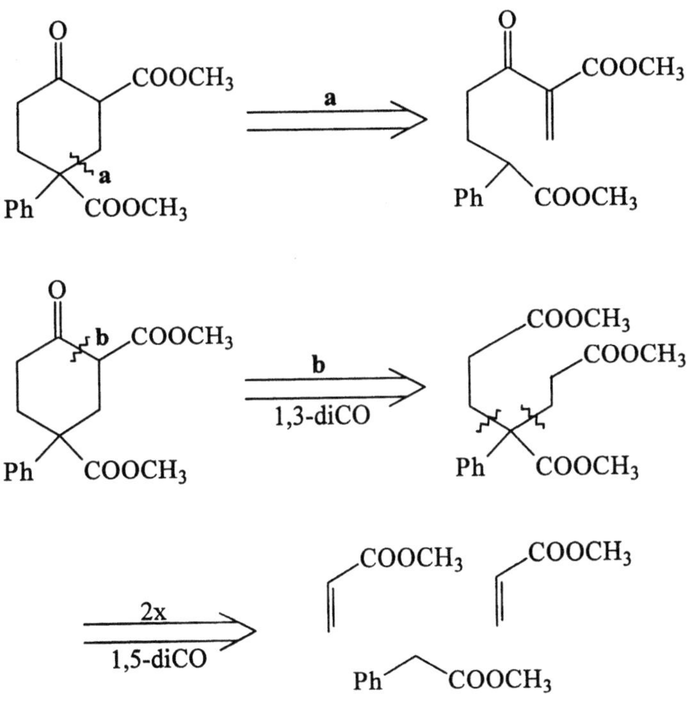

Synthese:

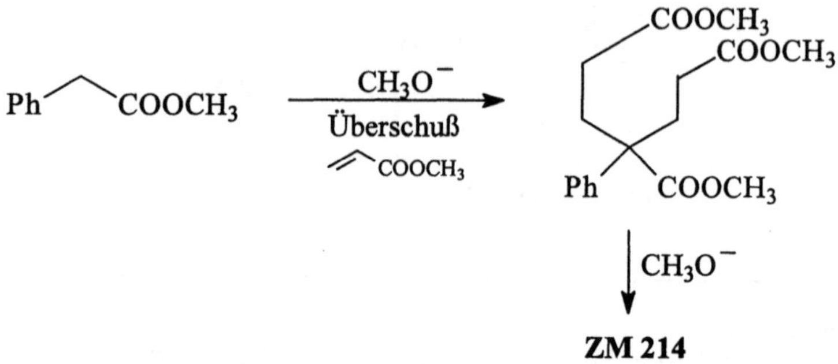

216. Anwendungsaufgabe 22:
Planen Sie eine Synthese für Zielmolekül **216**!

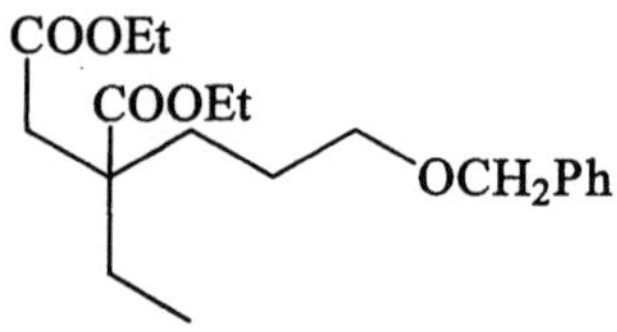

ZM 216

217. Analyse:
Dieses Molekül ist Bestandteil einer Alkaloid-Synthese nach *Kutney* (*J. Am. Chem. Soc.* **1966**, *88*, 3656). Es liegt sowohl eine 1,4- als auch eine 1,5-diO-Beziehung vor. Wählen wir zunächst die 1,4-Beziehung, da sich die Sauerstoffatome hier bereits auf der richtigen Oxidationsstufe befinden:

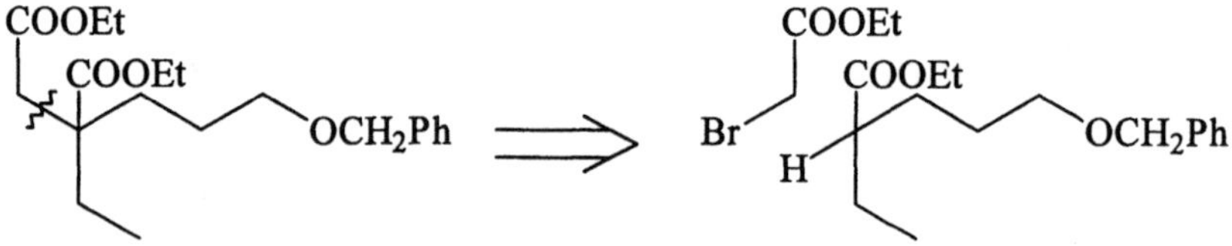

Wir werden eine starke Base einsetzen müssen, da kein Platz für eine aktivierende Gruppe vorhanden ist.

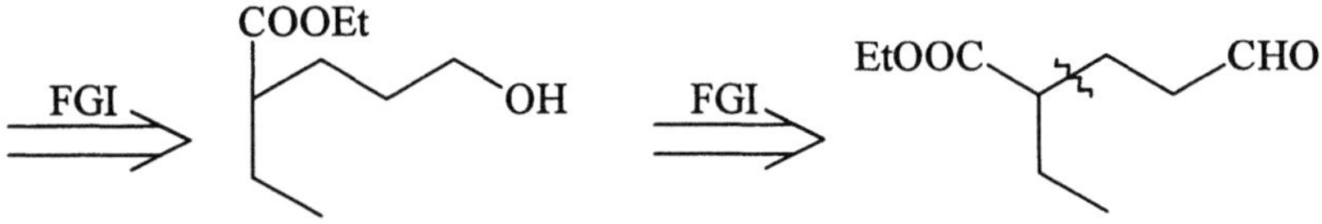

Durch Umwandlung der Hydroxy-Gruppe in einen Aldehyd erhält man das richtige Oxidationsniveau für einen 1,5-diCO-Retrosyntheseschritt:

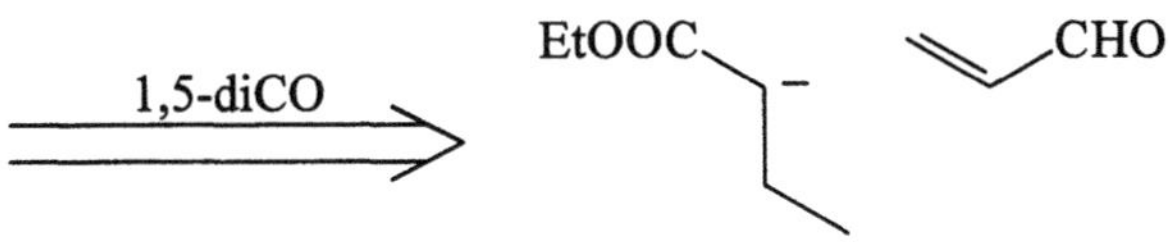

Für die Durchführung der Synthese entsprechend dieses letzten Schritts wird ein aktivierender Rest benötigt.

Synthese:
Im folgenden wird die Synthese von *Kutney* vorgestellt. Andere Syntheserouten sind ebenso möglich.

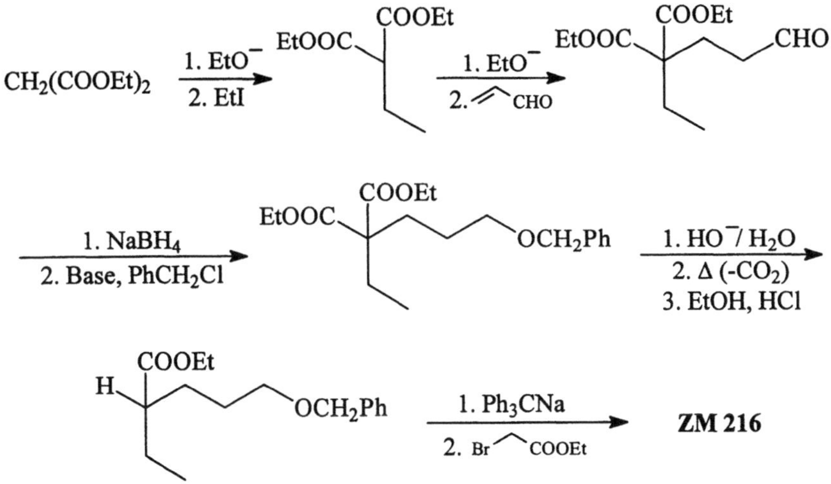

---

218. Anwendungsaufgabe 23:
Entwerfen Sie eine Synthese für Zielmolekül **218**!

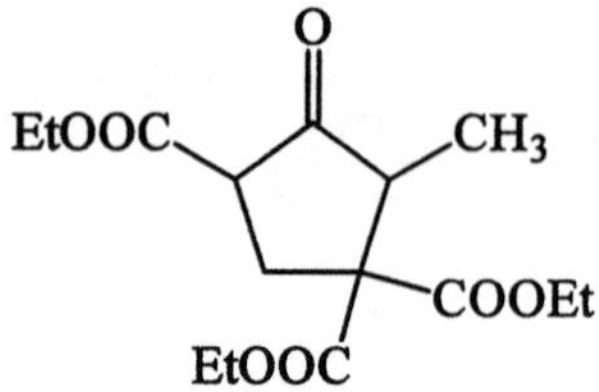

ZM 218

---

219. Analyse:
Dieses Molekül besitzt so ziemlich jede der in diesem Buch beschriebenen Beziehungen von funktionellen Gruppen! Daher sind eine Reihe verschiedener Vorgehensweisen möglich. Im folgenden wird lediglich eine plausible Synthese vorgestellt:

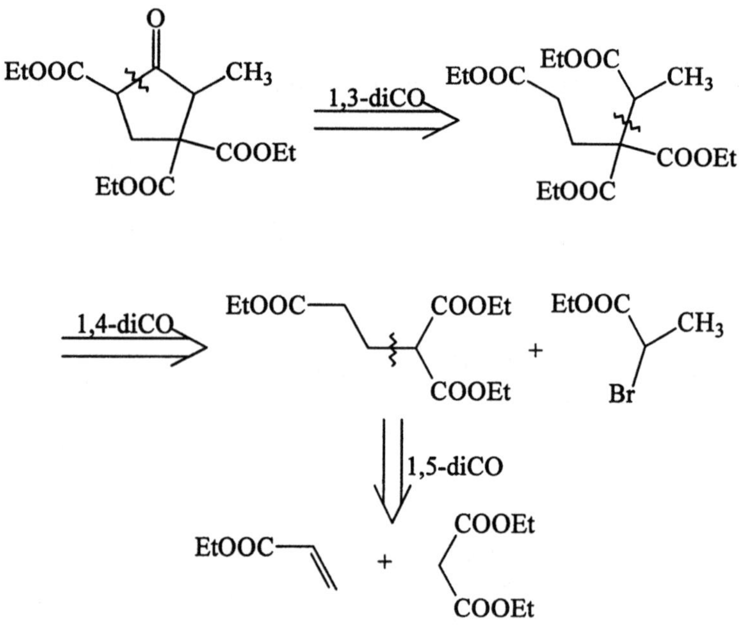

Synthese:
In Wirklichkeit haben russische Forscher die Synthese in einer anderen Reihenfolge durchgeführt. Die dahintersteckende Logik ist aber dieselbe:

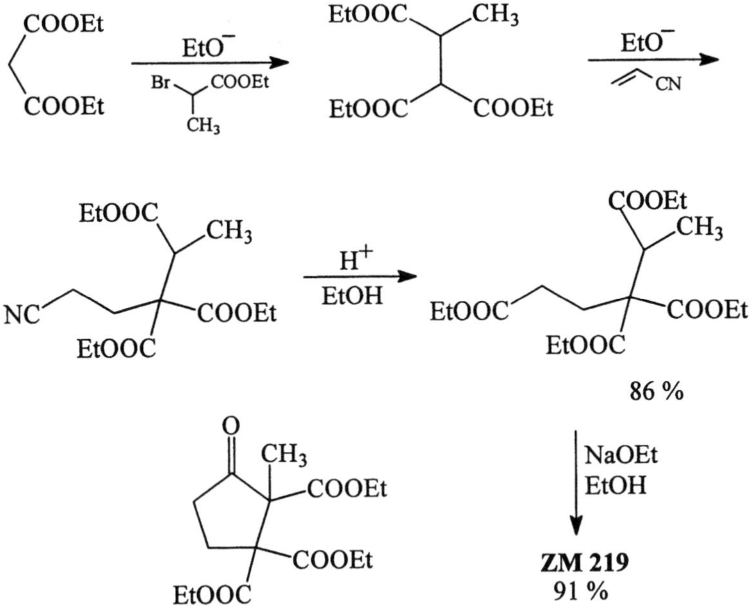

A

Der alternative Kondensationsschritt, bei dem **A** entstehen würde, kann nicht erfolgen, weil **A** im Gegensatz zu **ZM 219** kein stabilisierendes Enolat-Ion bilden kann (*Chem. Abs.* **1957**, *51*, 16313).

F. Pericyclische Reaktionen

220. Die *Diels-Alder-Reaktion* ist die wichtigste pericyclische Reaktion in der Synthesechemie, wenn nicht sogar eine der wichtigsten synthetischen Methoden überhaupt. Wir haben dieses bereits in den vorangegangenen Kapiteln des öfteren sehen können. Im folgenden wollen wir besprechen, an welchen Hinweisen man einen Diels-Alder-Retrosyntheseschritt erkennt.

---

221. Ein sicherer Hinweis auf eine *Diels-Alder-Reaktion* ist ein Cyclohexen, das eine elektronenanziehende Gruppe an der der Doppelbindung gegenüberliegenden Ringposition trägt:

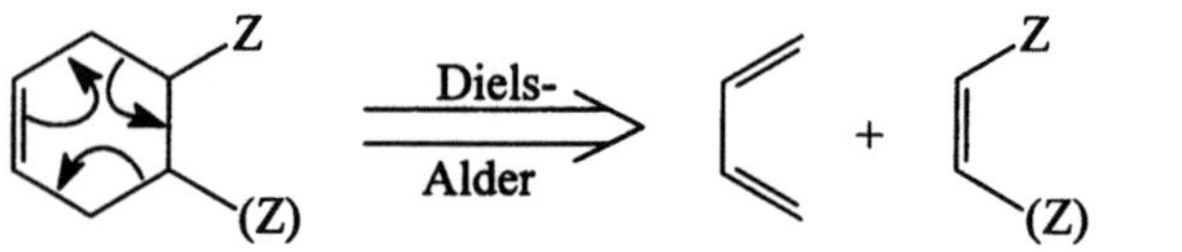

Z = COR, COOEt, CN, NO_2, etc.

Wie würden Sie Zielmolekül **221** herstellen?

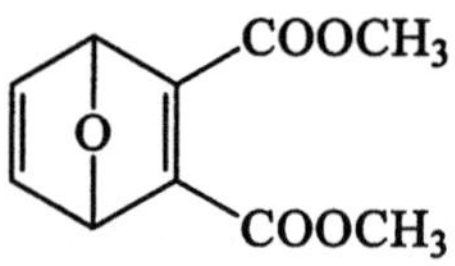

ZM 221

---

222. Kehren Sie einfach die *Diels-Alder-Reaktion* um!

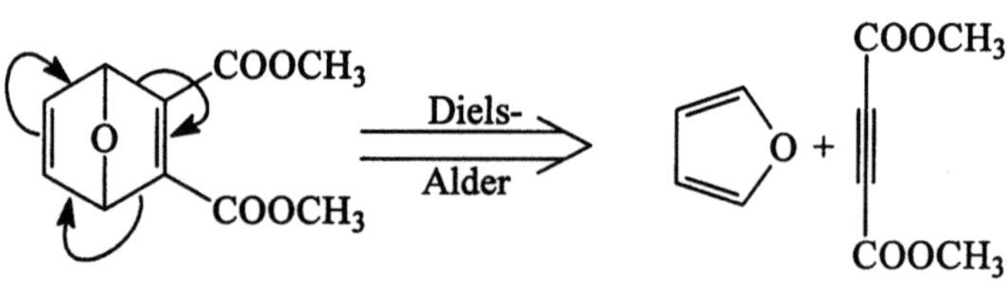

Beide Edukte sind kommerziell leicht erhältlich.

Schlagen Sie eine Synthese für Zielmolekül **222** vor!

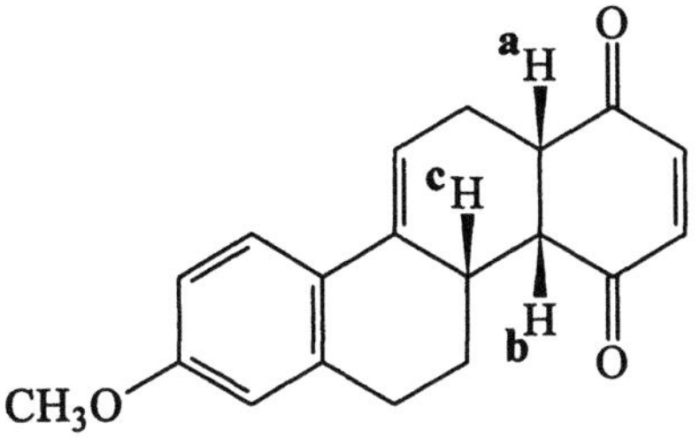

ZM 222

---

223. Wiederum müssen Sie einfach die *Diels-Alder-Reaktion* umkehren. Schwierig ist es in diesem Fall nur, den richtigen Sechsring zu finden!

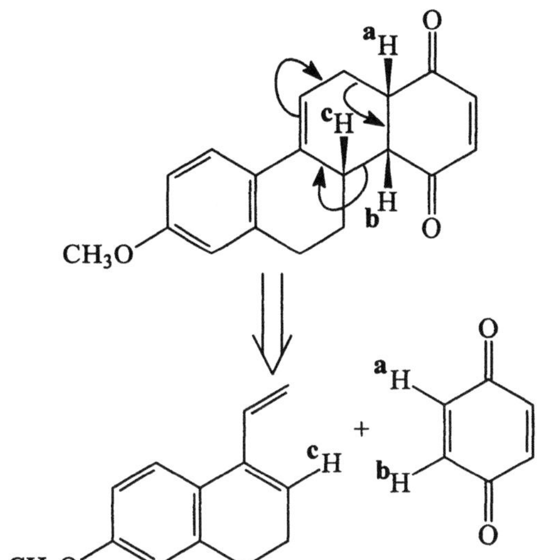

A

Beachten Sie, daß durch die Edukte die richtige Stereochemie vorgegeben ist. Die Wasserstoffatome **a** und **b** stehen *cis* zueinander, weil sie im Edukt, dem Chinon, *cis* stehen, und die *Diels-Alder-Reaktion* in dieser Hinsicht stereospezifisch abläuft. Wasserstoffatom **c** steht ebenfalls *cis* zu **a** und **b**, weil die *Diels-Alder-Reaktion* aufgrund ihrer Stereoselektivität das *endo*-Produkt liefert. Diese Aspekte der *Diels-Alder-Reaktion* sind beschrieben in Laue,

Plagens, S. 92 - 100 und I. Fleming, *Grenzorbitale und Reaktionen organischer Verbindungen*, VCH, Weinheim, **1992**.
Wie würden Sie das Dien **A** herstellen?

---

224. Analyse:
Wir müssen die Doppelbindung durch eine Hydroxygruppe ersetzen. Die geeignetste Position hierfür ist der Verzweigungspunkt:

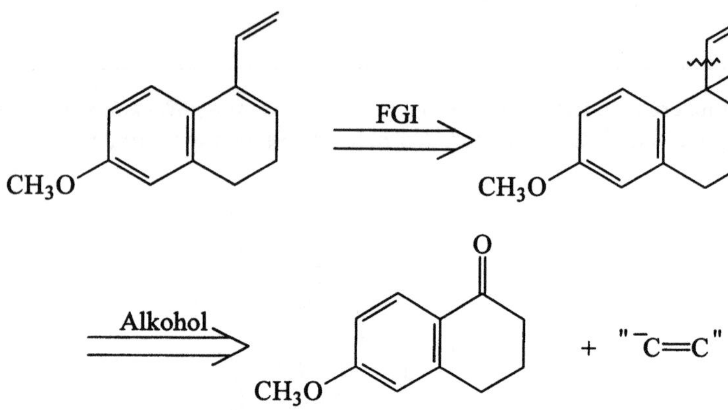

Synthese:
Das Synthon für das Vinyl-Anion kann sowohl ein Vinyl-Grignard-Reagenz als auch ein Acetylid-Anion sein. Im letzteren Fall lautet die Synthese:

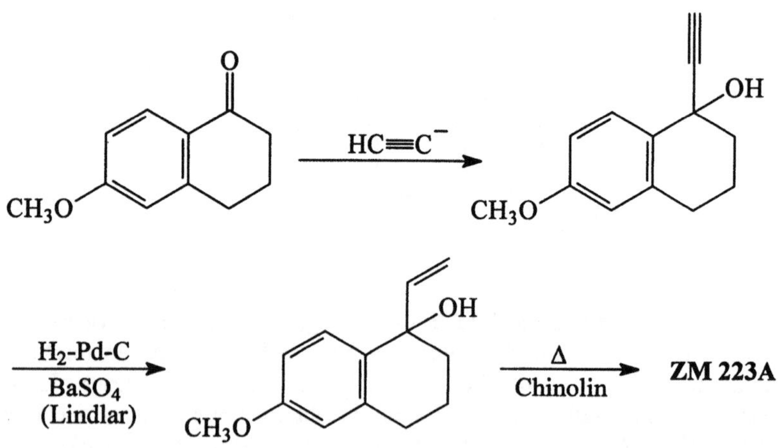

Für Zielmolekül **224A** gibt es zahlreiche Synthesen, da es ein berühmtes Intermediat in frühen Steroid-Synthesen ist (z.B. *J. Am. Chem. Soc.* **1947**, *69*, 576, 2936).

---

225. Da die *Diels-Alder-Reaktion* eine so wertvolle präparative Methode ist, lohnt es sich, in einem Zielmolekül intensiv nach Diels-Alder-Produkten oder nach Umwandlungen, die zu solchen Diels-Alder-Produkten führen könnten, zu suchen.
Betrachten wir Zielmolekül **225**: Der erste Diels-Alder-Retrosynthese-schritt ist offensichtlich. Können Sie auf Ihrem Weg zu einfachen Edukten auch noch den zweiten finden?

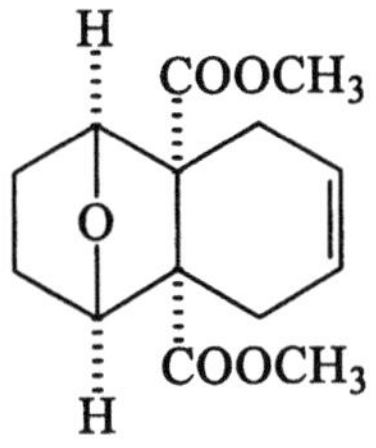

ZM 225

---

226. Analyse:
Beginnen wir mit dem offensichtlichen Diels-Alder-Retrosyntheseschritt!

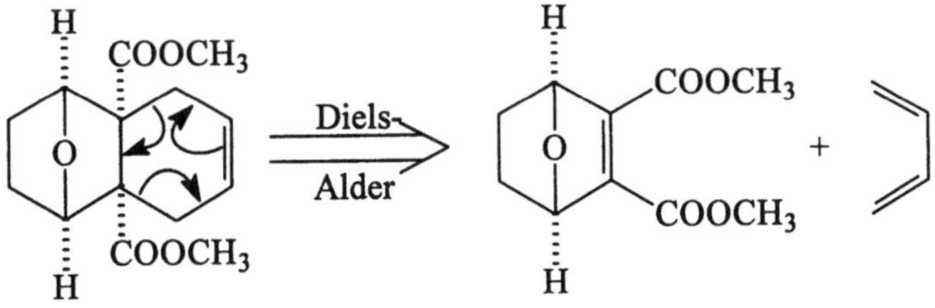

A

Für den zweiten Diels-Alder-Retrosyntheseschritt muß lediglich in Molekül **A** an der richtigen Stelle eine Doppelbindung einführt werden:

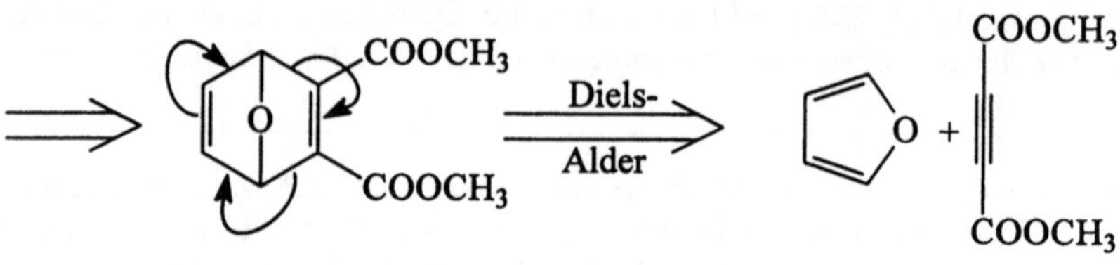

B

Bei Molekül **B** handelt es sich um Zielmolekül **221**.

Synthese:

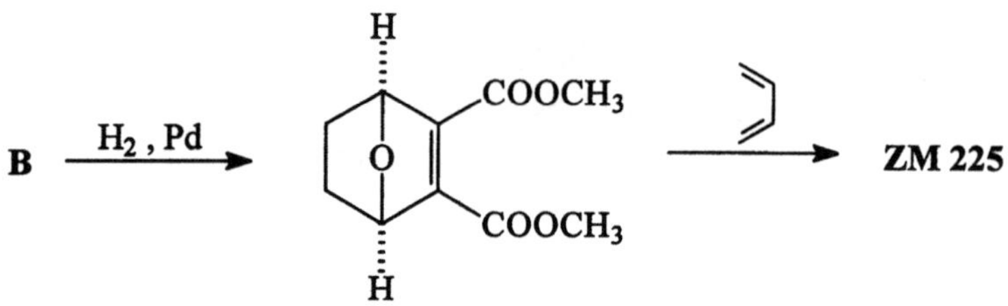

Es wird nur die leichter zugängliche, nicht konjugierte Doppelbindung reduziert.

---

227. Eine andere Art der Umwandlung von funktionellen Gruppen (FGI) sollte Sie zu einem Diels-Alder-Retrosyntheseschritt für Zielmolekül **227** führen. Berücksichtigen Sie die Stereochemie!

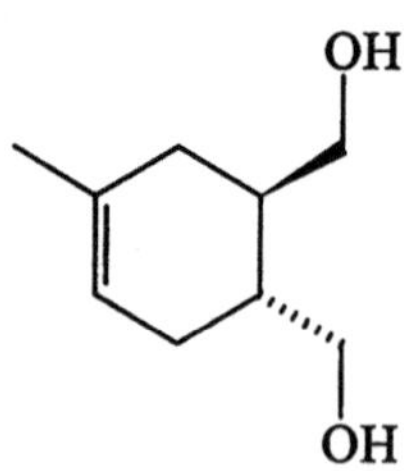

ZM 227

228. Analyse:
Wir müssen zunächst das Molekül so umwandeln, daß es mit den Estergruppen die für die *Diels-Alder-Reaktion* erforderlichen elektronenanziehenden Substituenten aufweist:

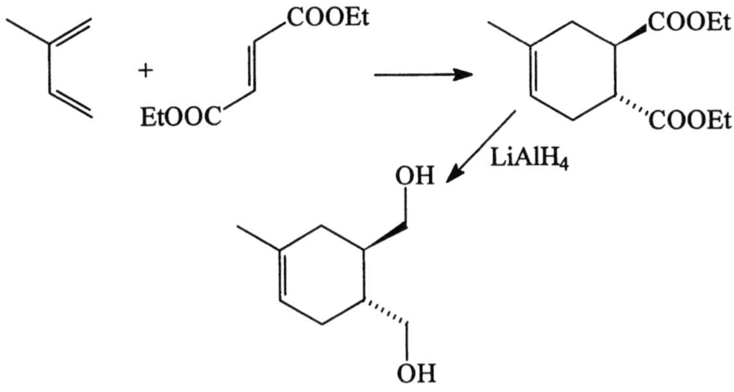

Synthese:
Damit das Produkt die richtige Stereochemie aufweist, muß in die *Diels-Alder-Reaktion* als Dienophil-Komponente ein Fumarsäureester eingesetzt werden:

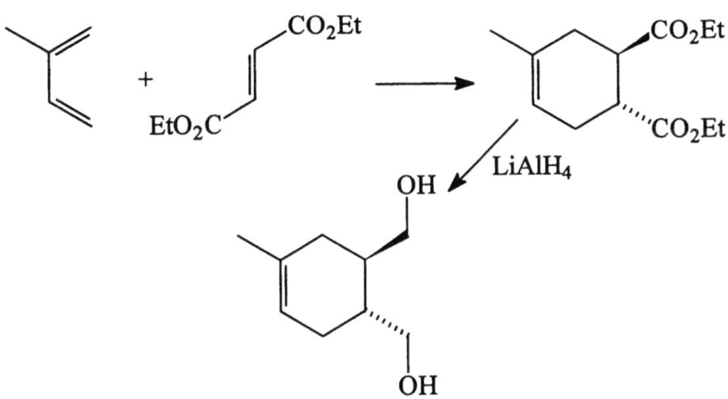

---

229. Für das nächste Beispiel scheint die Retrosynthese etwas weniger offensichtlich zu sein. Das Problem besteht darin, ein asymmetrisch substituiertes Terphenyl (Zielmolekül **229**) herzustellen.
Welcher der drei Ringe wurde durch *Diels-Alder-Reaktion* aufgebaut?

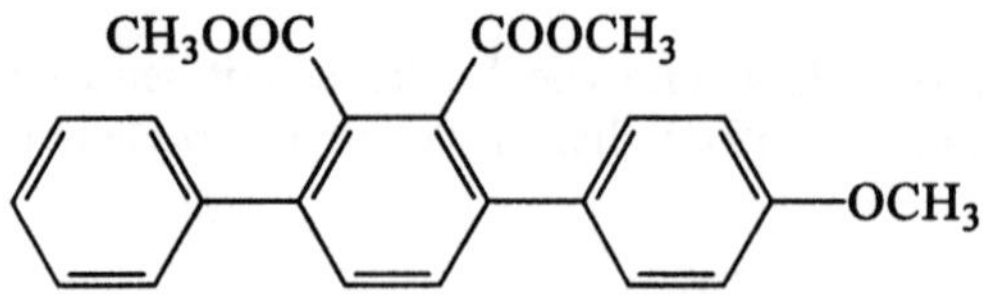

ZM 229

---

230. Analyse:
Der mittlere Ring trägt die elektronenanziehenden Substituenten, so daß wir lediglich die Oxidationsstufe anpassen müssen, um den Diels-Alder-Retrosyntheseschritt durchführen zu können:

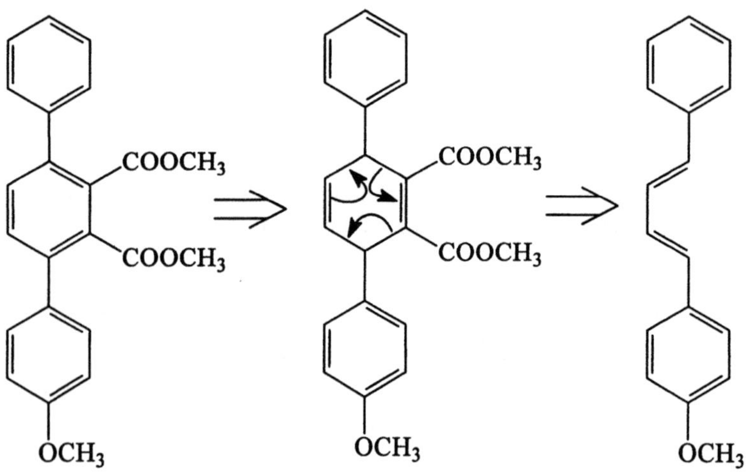

A

Als nächsten Schritt müssen wir das Dien **A** herstellen. Schlagen Sie eine Synthese vor!

---

231. Analyse:
Der Retrosyntheseschritt der *Wittig-Reaktion* führt zu leicht zugänglichen Ausgangsmaterialien:

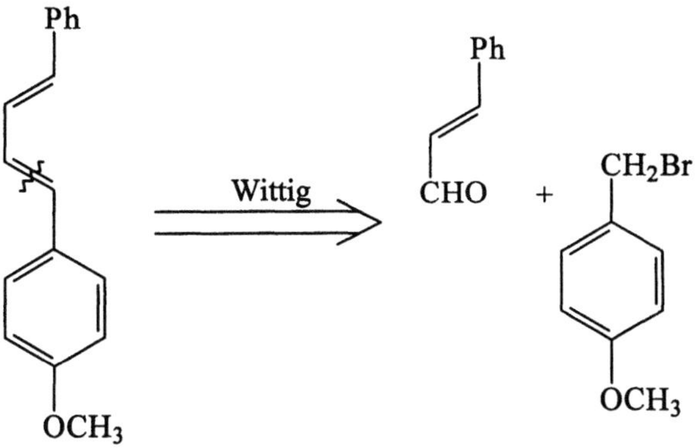

Beim Aldehyd handelt es sich um den kommerziell erhältlichen *Zimtaldehyd*. Das Bromid läßt sich leicht aus *para*-Kresol herstellen.

Synthese:

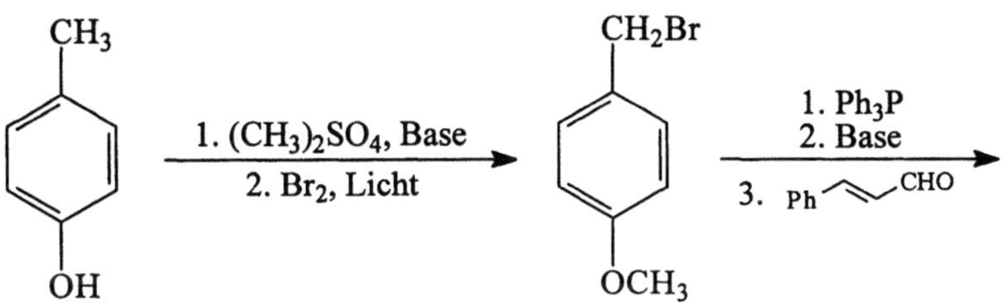

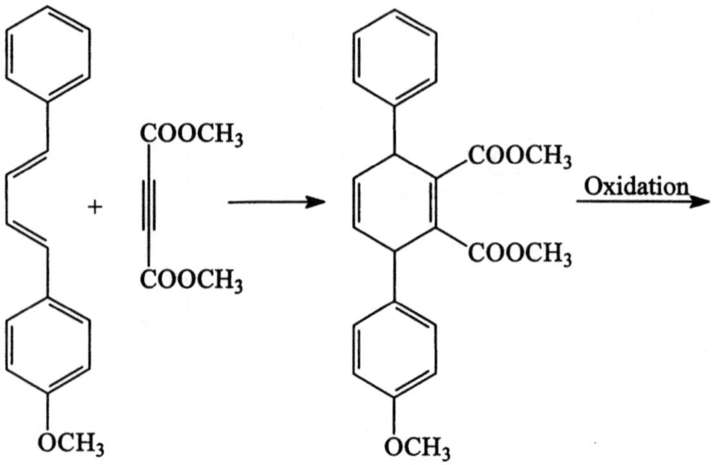

ZM 229

Luftsauerstoff sollte als Oxidationsmittel genügen. Häufig werden auch Chinone zur Oxidation eingesetzt.

Anwendungsaufgaben

232. Anwendungsaufgabe 24:
Entwerfen Sie eine Synthese für Zielmolekül **232**!

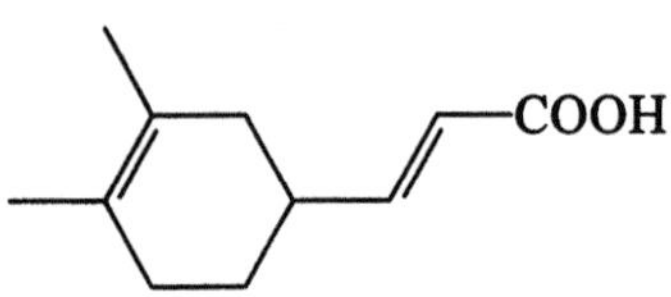

ZM 232

---

233. Analyse:
Spalten Sie zunächst die α,β-ungesättigte Säure, und führen Sie dann an der geeigneten Position den Retrosyntheseschritt zur *Diels-Alder-Reaktion* durch:

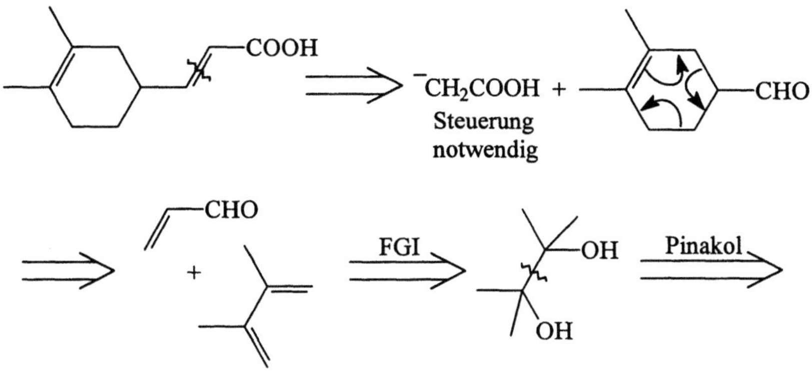

Synthese:
Die Synthese von Zielmolekül **232** wurde in der folgenden Art durchgeführt:

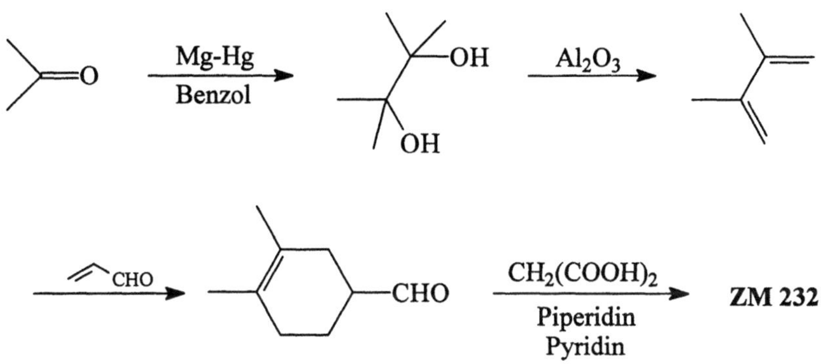

G. Heteroatome und heterocyclische Verbindungen

1. Heteroatome, Ether und Amine

234. Jedes Heteroatom in einer Kohlenstoffkette - gewöhnlich handelt es sich um Sauerstoff, Stickstoff oder Schwefel - stellt einen guten Ansatzpunkt für einen Retrosyntheseschritt dar. Im folgenden werden wir CO, CN oder CS über den Retrosynthesepfeil schreiben, wenn eine der entsprechenden Bindungsspaltungen verwendet wird. Die Retrosynthese von **ZM 234** beginnt daher mit der Zerlegung der C-O-Bindung.
Wie würden Sie **ZM 234** synthetisieren?

ZM 234

---

235. Analyse:
Wir dürfen nicht die Bindung vom Aromaten zum Sauerstoff spalten, da eine Substitution bei PhBr kaum möglich ist:

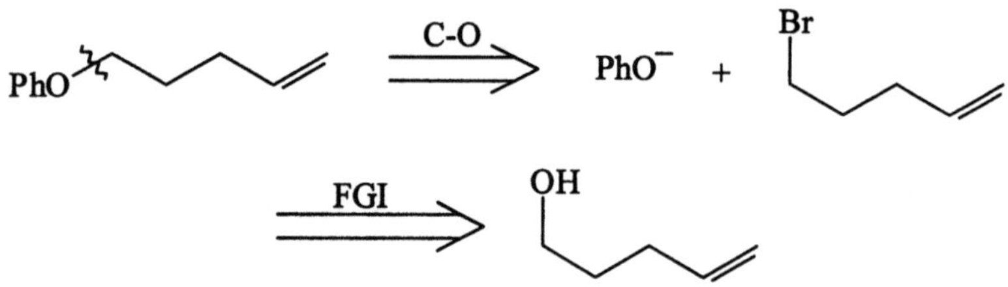

Die Doppelbindung ist so weit von der Hydroxygruppe entfernt, daß wir zunächst die Oxidationsstufe verändern müssen, bevor wir fortfahren können:

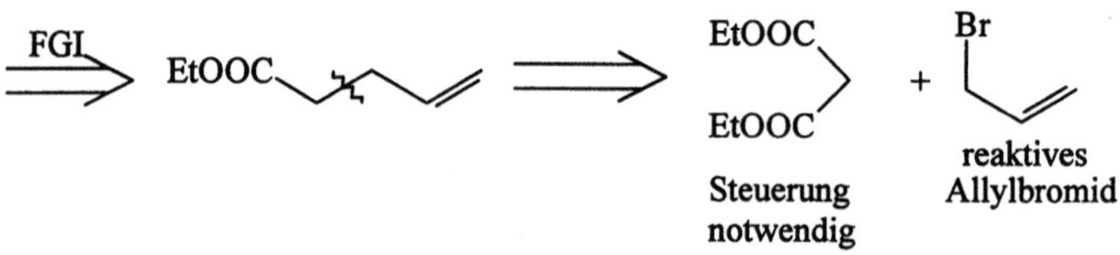

Synthese:

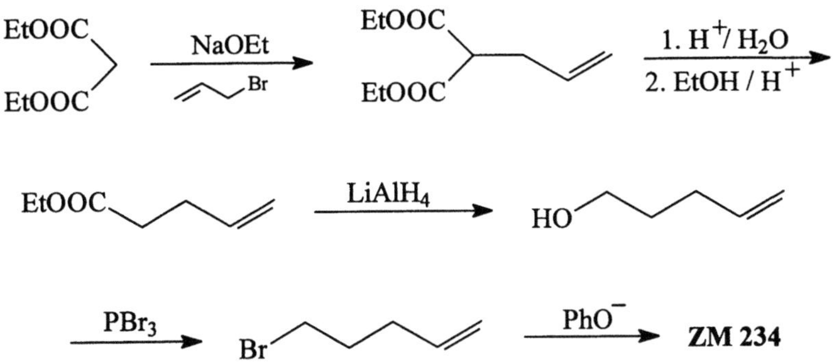

ZM 234

236. Amine stellen ein etwas größeres Problem dar, denn das eben beschriebene Retrosynthesekonzept führt bei ihnen nicht zum Erfolg:

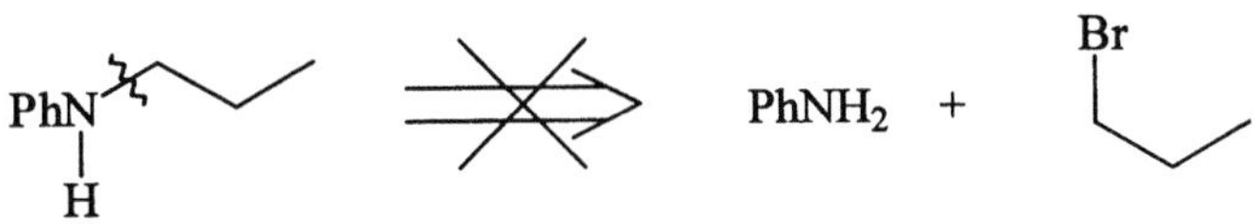

Nennen Sie einen Grund dafür, warum das Konzept in diesem Fall nicht erfolgreich ist!

---

237. Das durch N-Alkylierung gebildete Produkt ist nucleophiler als das Edukt, so daß sich weitere Alkylierungsschritte anschließen können:

$$PhNH_2 \xrightarrow{RBr} PhNHR \xrightarrow{RBr} PhNR_2 \longrightarrow \text{etc.}$$

Durch einen Trick kann man dieses Problem umgehen, indem man eine Acylierung anstelle einer Alkylierung durchführt. Das dabei gebildete Amid läßt sich mit Lithiumaluminiumhydrid in das gewünschte Produkt überführen:

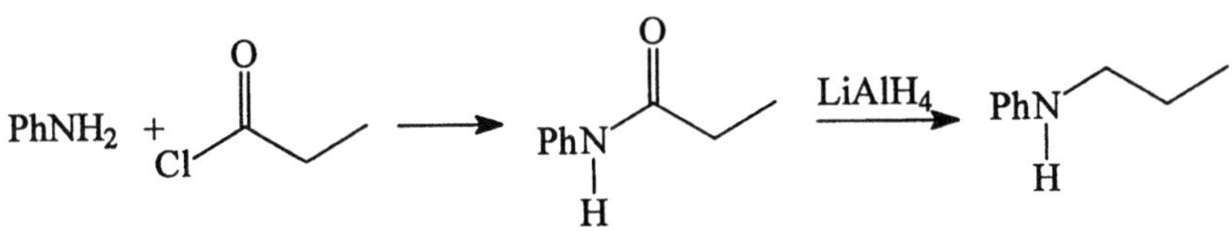

Warum erfolgt die Acylierung im Gegensatz zur Alkylierung nicht zweimal?

---

238. Das acylierte Produkt besitzt ein delokalisiertes einsames Elektronenpaar und ist weniger reaktiv als das Edukt - in diesem Fall Anilin. Sie sind vielleicht überrascht, daß die Reduktion mit Lithiumaluminiumhydrid vollständig den Carbonylsauerstoff entfernt.

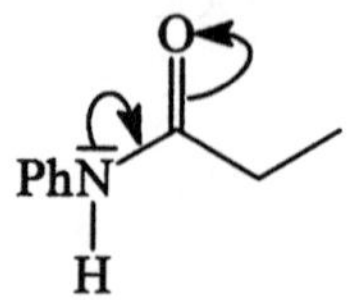

Zum besseren Verständnis schreiben Sie bitte die wahrscheinlichen Intermediate dieser Reaktion auf!

239.

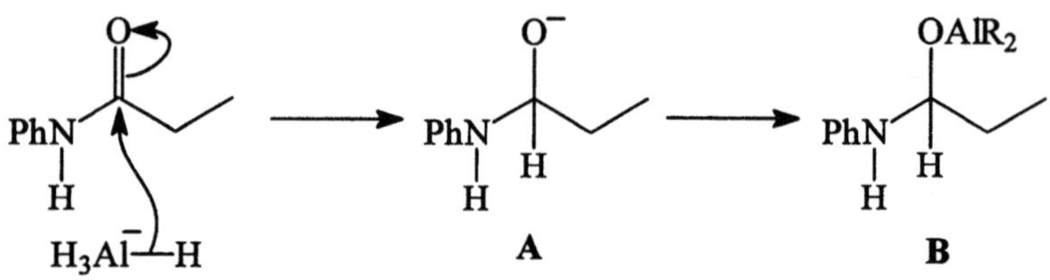

Offensichtlich ist **A** ein Intermediat, das mit weiteren Reduktionsmitteln zu einer Spezies wie **B** reagieren kann. Bei der Spaltung der Bindung zum Sauerstoff hilft das einsame Elektronenpaar am Stickstoff.
Versuchen Sie nun, den Mechanismus zu vervollständigen!

240.

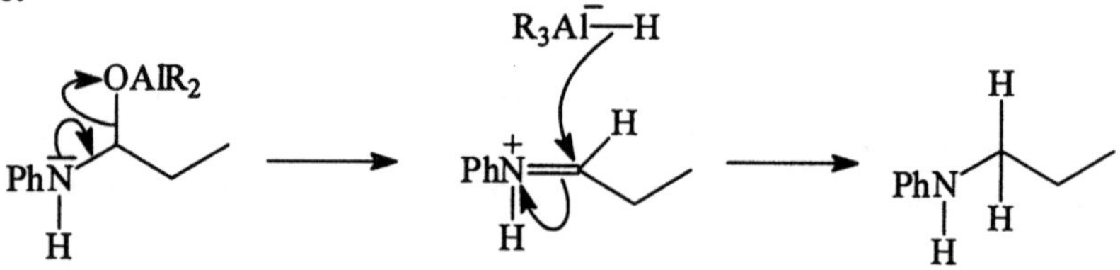

Schlagen Sie eine Synthese für Zielmolekül **240** vor!

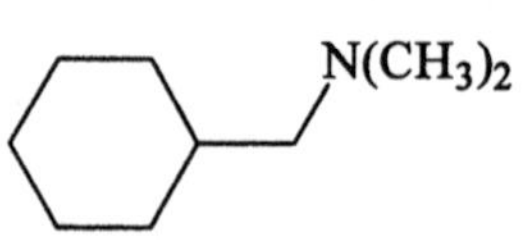

ZM 240

---

241. Analyse:
Im ersten Schritt führt man eine Carbonylgruppe in Nachbarstellung zum Stickstoff ein. Anschließend erfolgt als Retrosyntheseschritt die Umkehrung einer Acylierung:

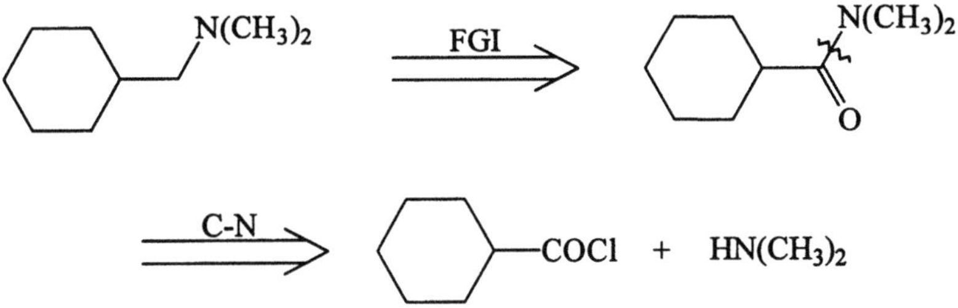

Synthese:

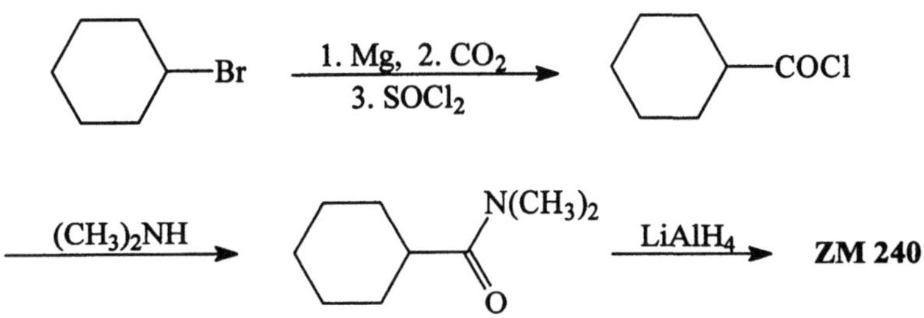

---

242. Reduktion scheint der Schlüsselbegriff für Aminsynthesen zu sein. Die folgenden funktionellen Gruppen lassen sich zu Aminen reduzieren:

Oxime:

Nitrile:

$$RCN \xrightarrow[\text{oder } H_2\text{-Pd etc.}]{LiAlH_4} RCH_2NH_2$$

Nitroverbindungen:

$$RNO_2 \xrightarrow[\text{oder } H_2\text{-Pd}]{LiAlH_4} RNH_2$$

Wie würden Sie unter Ausnutzung einer dieser Reaktionen Zielmolekül **242** herstellen?

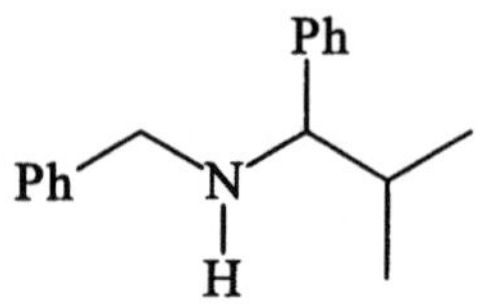

ZM 242

---

243. Analyse:
Die verzweigte Kette läßt sich nur durch Reduktion eines Oxims herstellen. Deshalb müssen wir mit der Retrosynthese auf der anderen, d.h. der Benzylseite, beginnen:

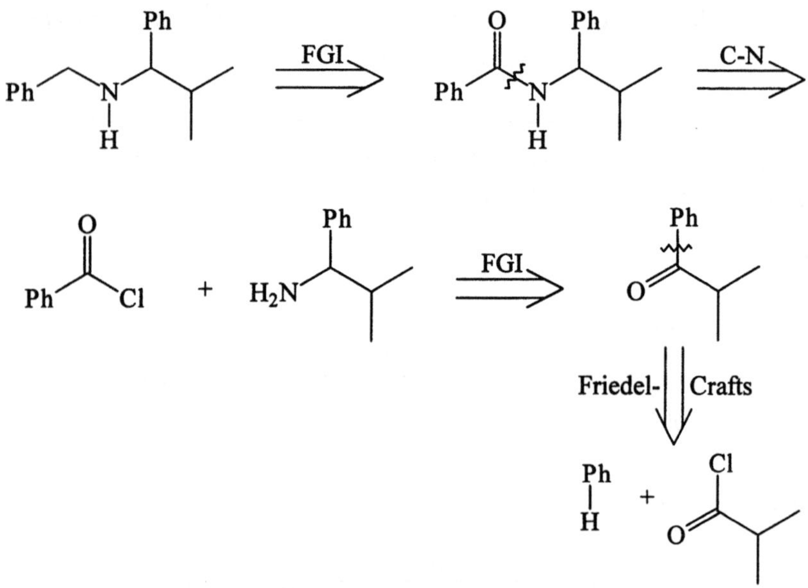

Synthese:

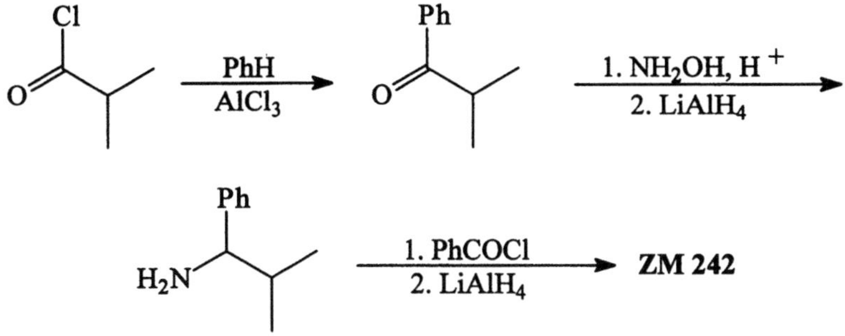

---

244. Wie Sie später sehen werden, sind 2-Arylethylamine (wie z.B. **ZM 244**) wichtige Intermediate in Alkaloidsynthesen.
Schlagen Sie eine Retrosynthese für Zielmolekül **244** vor!

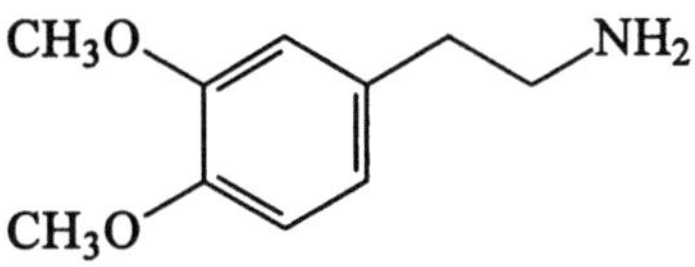

ZM 244

---

245. Analyse:
Es gibt zwei prinzipiell unterschiedliche Vorgehensweisen, wobei der Schlüsselschritt jeweils aus einer Reduktion besteht: in einem Fall wird ein Nitril, im anderen Fall eine Nitroverbindung zum Amin reduziert:

(a) Nitrilroute:

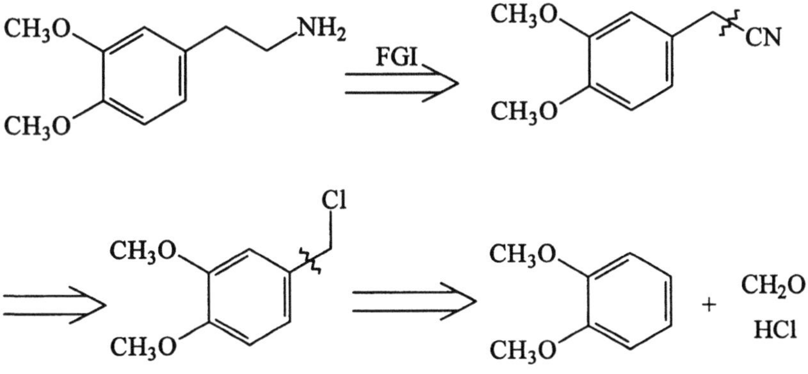

(b) Route über Nitroverbindung:

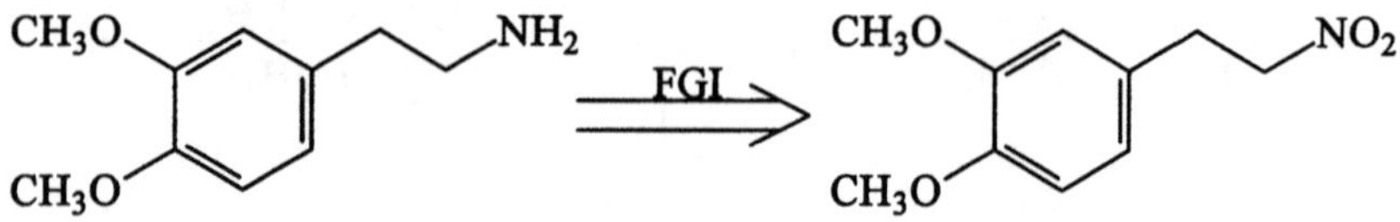

Diese Verbindung könnte leicht hergestellt werden, wenn sie eine Doppelbindung in der Seitenkette aufweisen würde. Da wir abschließend eine Reduktion durchführen, würde die Doppelbindung in keiner Weise stören, da sie dabei mit reduziert würde.

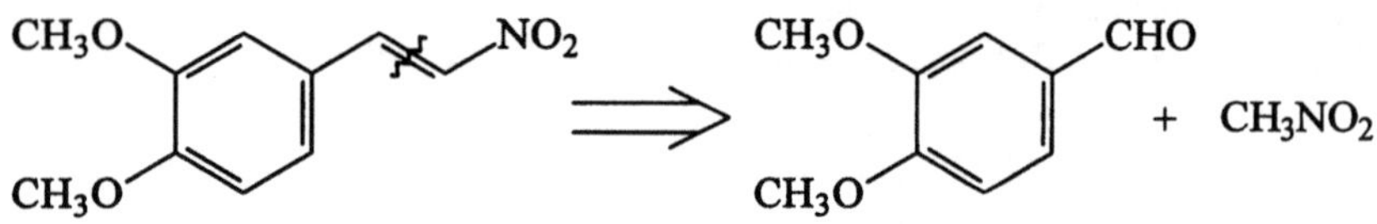

Wie würde die Synthese von Zielmolekül **245** aussehen, wenn wir die Idee der gleichzeitigen Reduktion von Nitroverbindung und Doppelbindung ausnutzten?

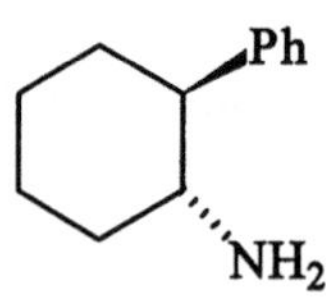

ZM 245

---

246. Analyse:
In der entsprechenden Nitroverbindung erkennt man das Produkt einer *Diels-Alder-Reaktion*. Wir müssen bei der Retrosynthese eine Doppelbindung einführen, deren Position durch die *Diels-Alder-Reaktion* vorgegeben ist:

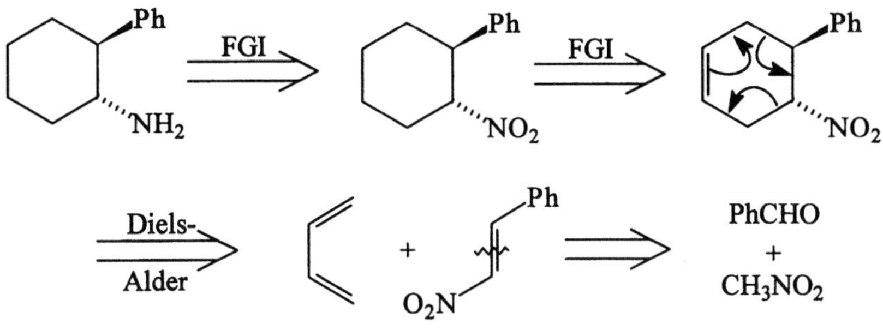

Synthese:
Als Produkt der ersten Reaktion erhalten wir das *trans*-Nitroolefin, da es stabiler als die entsprechende *cis*-Verbindung ist.

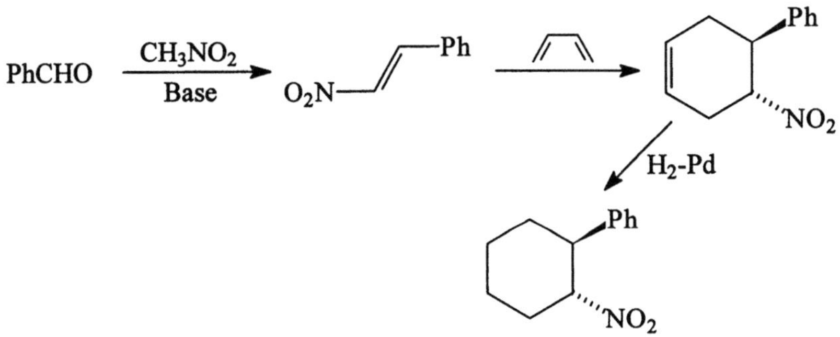

Blicken wir nochmals zurück zum Zielmolekül **244**. Können Sie es in die Synthese von Zielmolekül **246** integrieren?

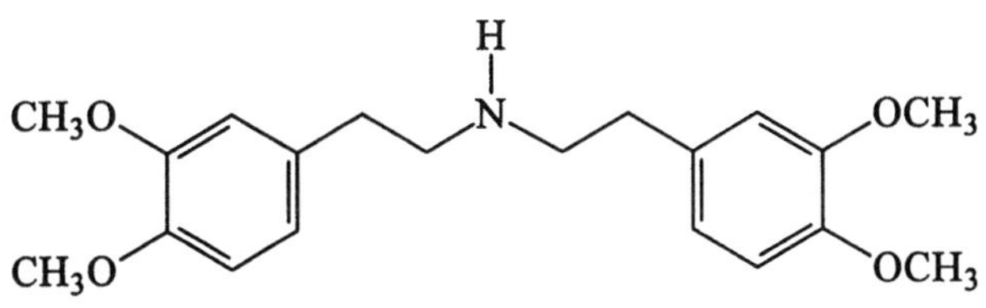

ZM 246

---

247. Analyse:
Wir müssen wiederum zunächst eine Carbonylgruppe einführen (siehe Lernschritt 237):

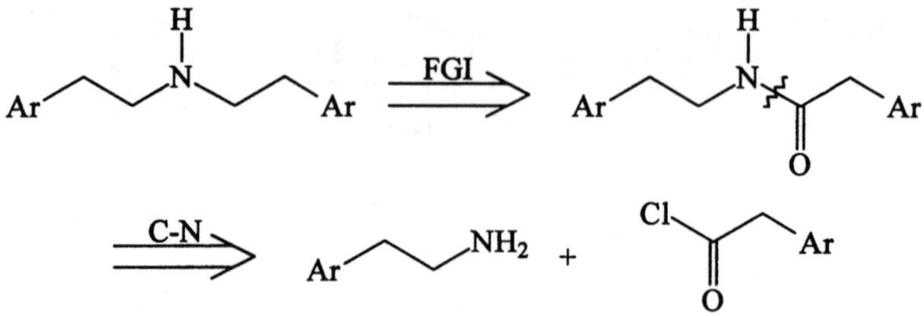

Synthese:
Besonders ökonomisch ist der Weg, das Nitril sowohl für die Synthese des Säurechlorids als auch für die Synthese von **ZM 244** zu nutzen (siehe Lernschritt 45):

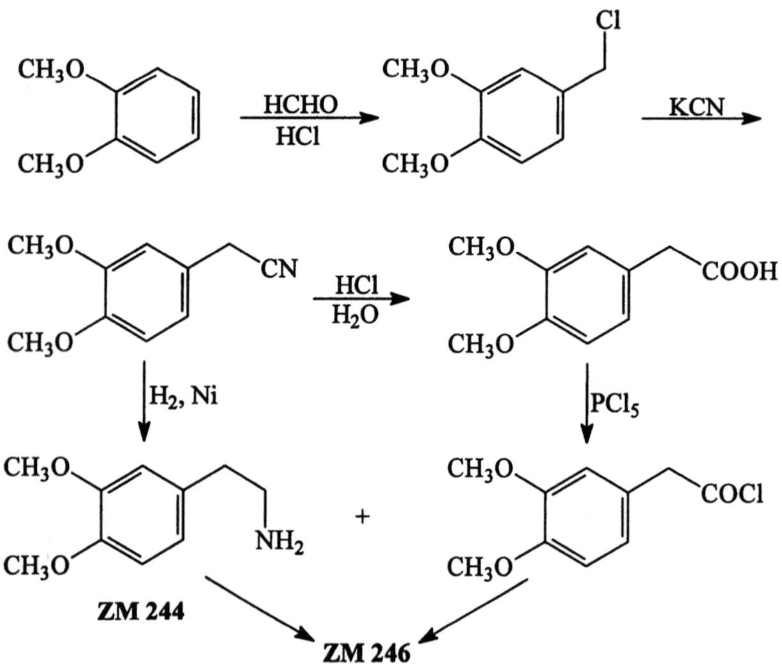

2. Heterocyclen

248. Prinzipiell verlaufen **intramolekulare Reaktionen** schneller und mit weniger Nebenprodukten als **intermolekulare Reaktionen**. Um innerhalb eines Ringes eine C-N-Bindung zu knüpfen, benötigen wir deshalb keine speziellen Reagenzien, sondern können ein Stickstoff-Nucleophil mit einem beliebigen Kohlenstoff-Elektrophil umsetzen. Zwei sinnvolle Retrosyntheseschritte für C-N-Bindungen sind die folgenden:

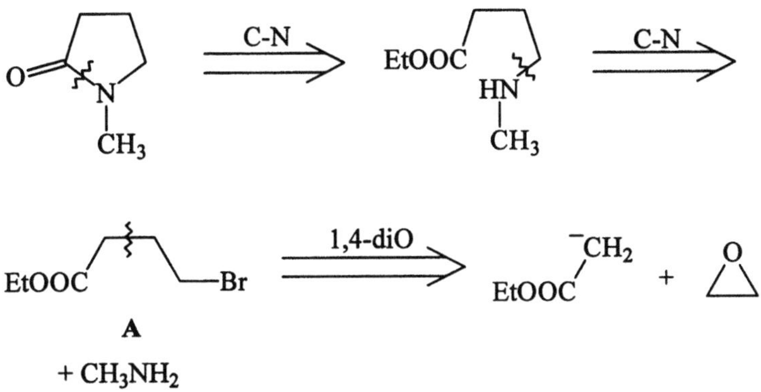

Einfaches Mischen von Methylamin und γ-Bromester **A** führt ohne zwischenzeitige Aufarbeitung direkt zum gewünschten Heterocyclus.
Wie würden Sie Zielmolekül **248** herstellen?

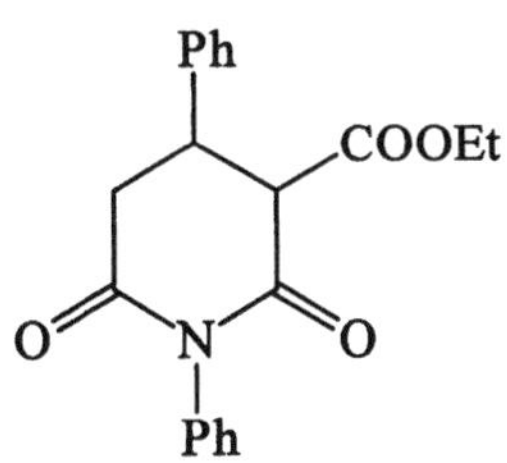

ZM 248

---

249. Analyse:
Wenn wir beide C-N-Bindungen gleichzeitig spalten, wird die Retrosynthese kürzer als bei schrittweisem Vorgehen:

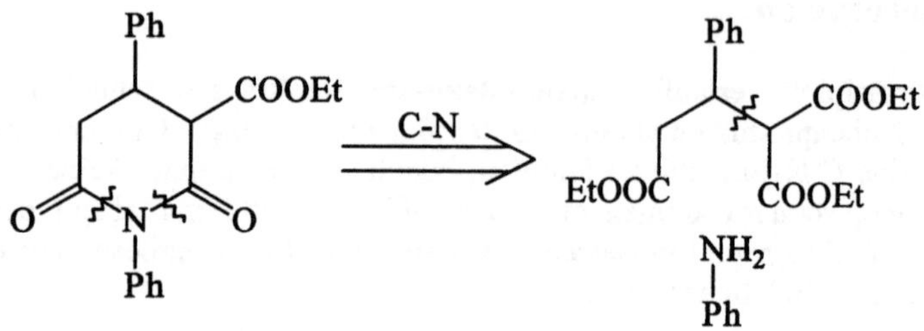

Das resultierende Molekül kann als uns inzwischen vertraute 1,5-Dicarbonylverbindung betrachtet werden, wobei die zusätzliche Estergruppe uns zeigt, wo wir die Bindungsspaltung durchführen müssen:

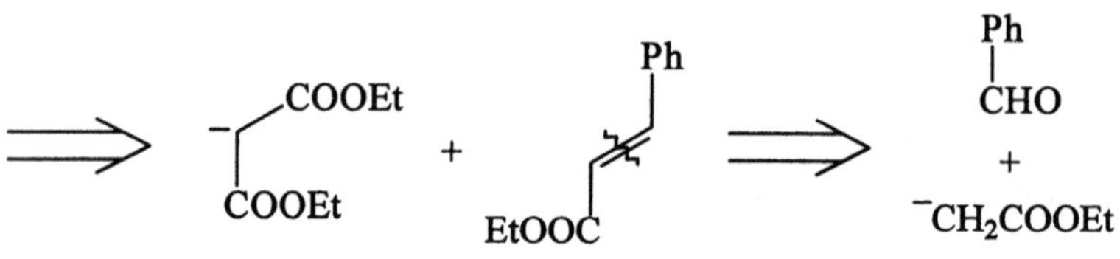

Synthese:

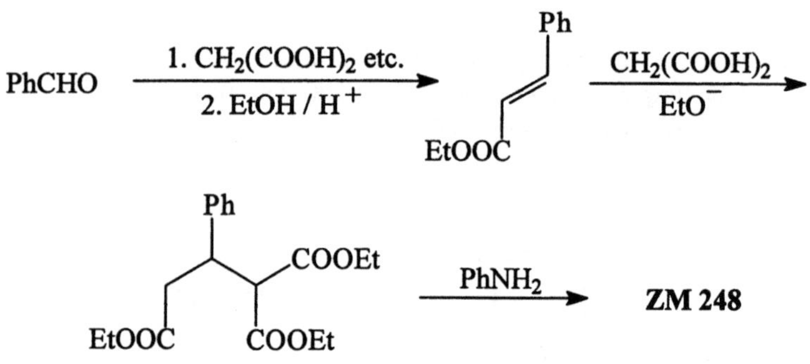

Bei unserem nächsten Beispiel soll ein anderes Kohlenstoff-Elektrophil betrachtet werden. Wie können Sie im Falle von Zielmolekül **249** die Beziehung der beiden funktionellen Gruppen zueinander ausnutzen, um eine Synthese für dieses Molekül zu entwerfen?

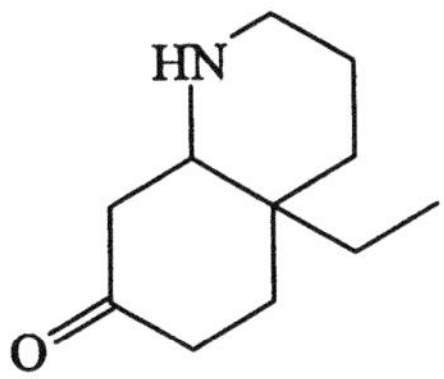

ZM 249

---

250. Analyse:
Bei dem Elektrophil handelt es sich um ein Enon, denn in diesem Fall führt die Umkehrung der *Michael-Reaktion* zur Spaltung der C-N-Bindung:

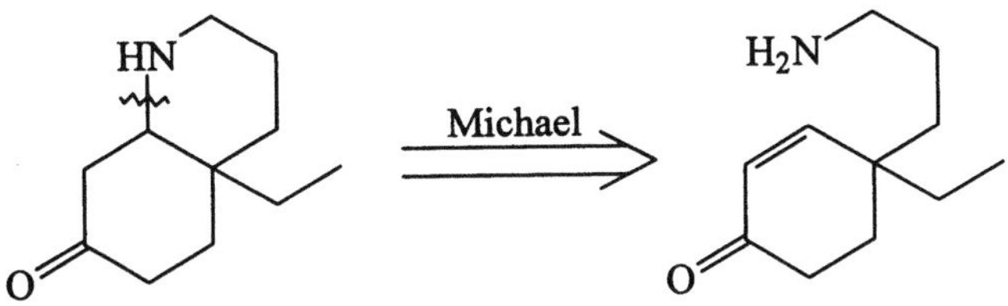

Das langkettige Amin kann am einfachsten abgebaut werden, indem man den Weg über das entsprechende Nitril einschlägt:

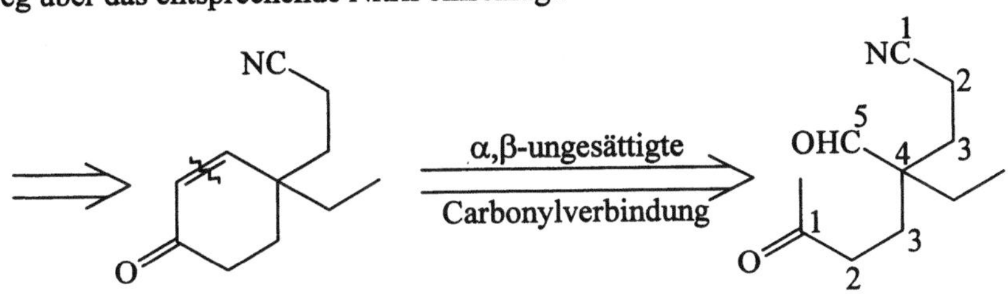

Nach Spaltung der α,β-ungesättigten Carbonylverbindung erhalten wir ein Molekül mit zwei 1,5-diCO-Beziehungen. Diese können wir in beliebiger Reihenfolge zerlegen.

Synthese:
Die abschließenden Schritte sind denen in Anwendungsaufgabe 20 (Lernschritte 212 - 213) sehr ähnlich. Zielmolekül **249** ist ein Intermediat in *Storks* Synthese des Alkaloids *Aspidosperma*. Die von *Stork* in der Literatur beschriebene Synthese ist lediglich eine Variation der von uns vorgeschlagenen (*J. Am. Chem. Soc.* **1963**, *85*, 2872):

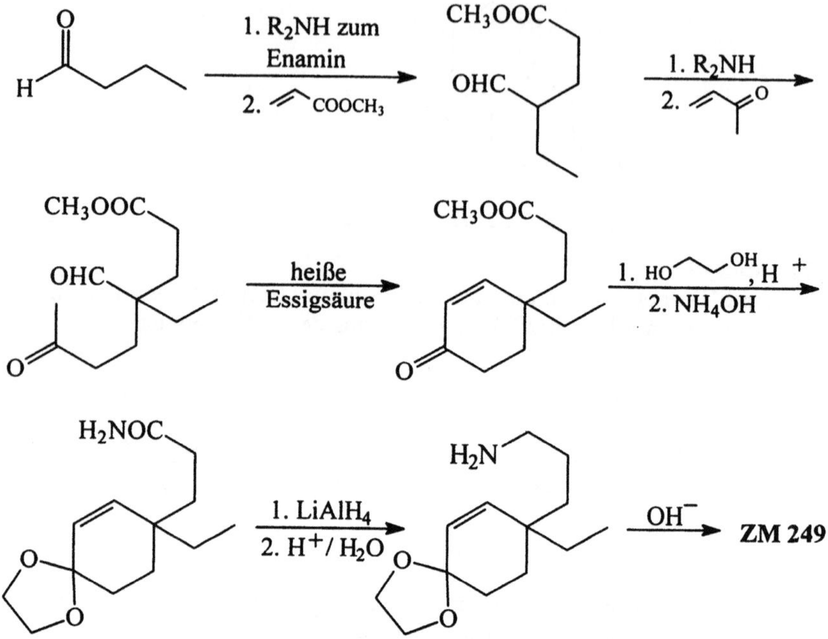

251. Eine kompliziertere Molekülstruktur muß nicht immer bedeuten, daß die Retrosynthese auch komplizierter wird, vor allem dann nicht, wenn Ringbildungsreaktionen beteiligt sind.
Entwerfen Sie eine Synthese für Zielmolekül **251**!

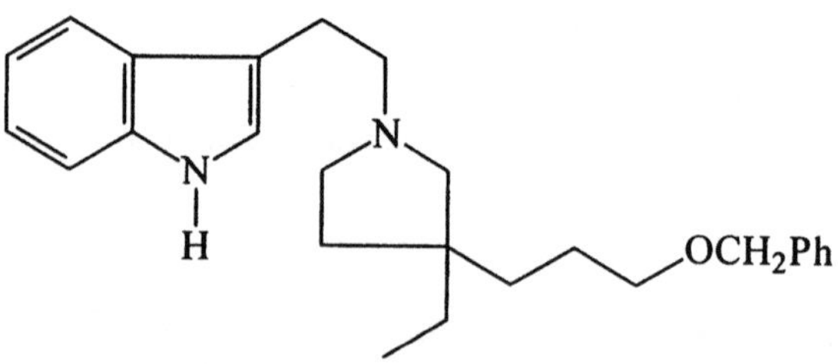

ZM 251

Konzentrieren Sie sich zunächst auf den gesättigten Fünfring!

252. Analyse:
Wir werden Carbonylgruppen auf jeder Seite des Stickstoffs einführen und die entsprechenden C-N-Bindungen spalten müssen:

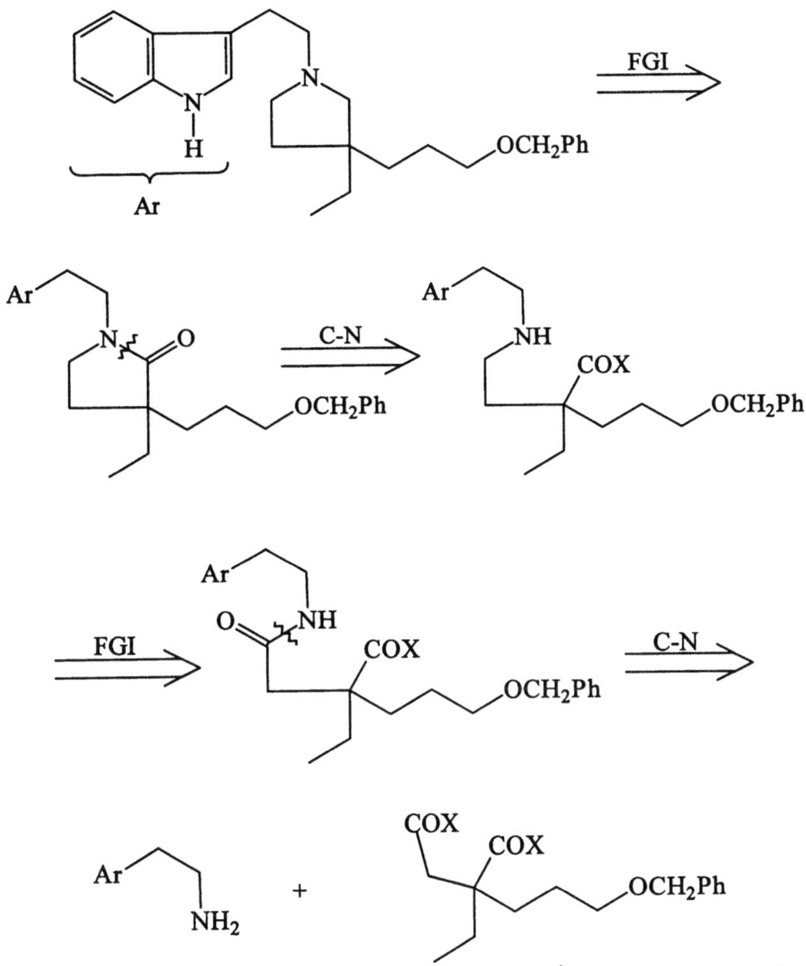

A

Die Analyse für Intermediat **A** wurde bereits in Lernschritt 217 durchgeführt.

Synthese:
Diese Sequenz ist Bestandteil der *Quebrachamin-Synthese* nach *Kutney* (*J. Am. Chem. Soc.* **1966**, *88*, 3656). Dieser fand heraus, daß bei X = OEt beide C-N-

Bindungen in einem Schritt gebildet werden können. Die Synthese wird dadurch viel einfacher und kürzer als erwartet:

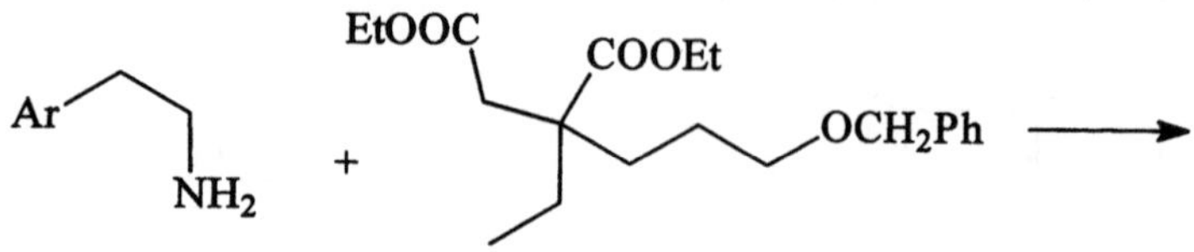

ZM 216

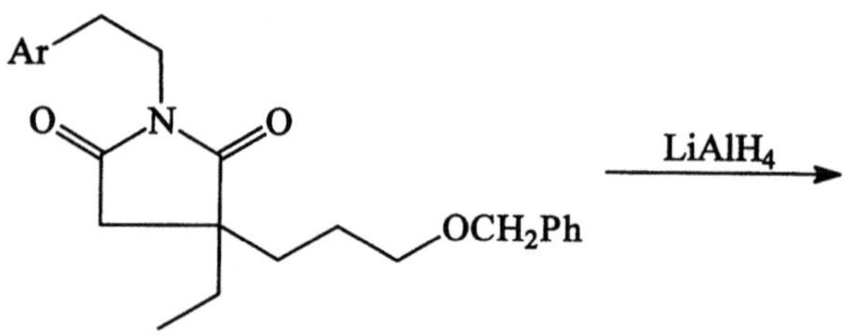

ZM 251

---

253. Für ungesättigte Heterocyclen benötigen wir lediglich einen speziellen Retrosyntheseschritt zusätzlich. Wenn ein Stickstoffatom in einem Ring direkt mit einer Doppelbindung verknüpft ist, so handelt es sich um ein cyclisches Enamin. Dieses läßt sich wie gewöhnliche Enamine aus einem Amin und einer Carbonyl-Komponente herstellen:

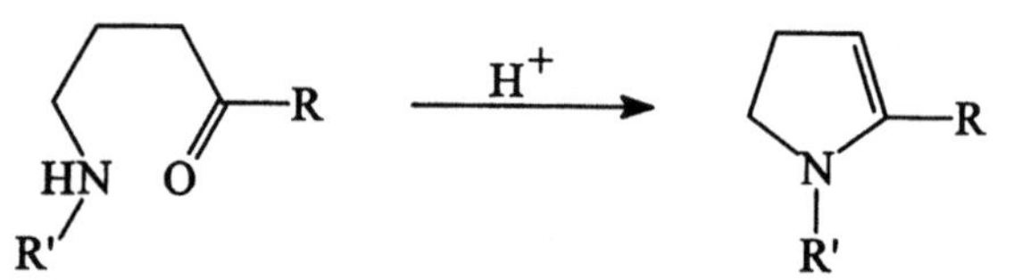

Formulieren Sie den Mechanismus dieser Reaktion!

254.

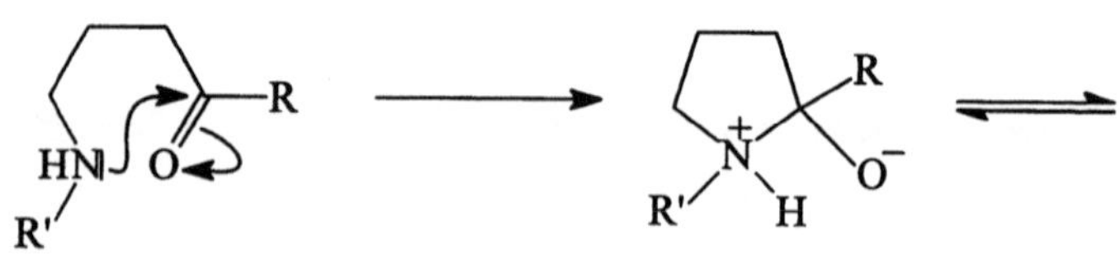

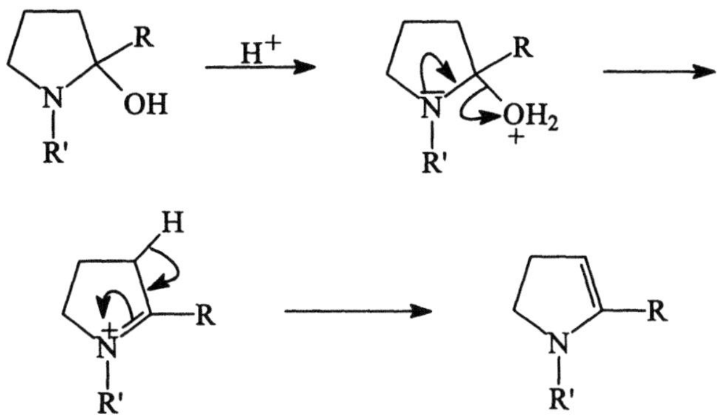

Der dieser Reaktion entsprechende Retrosyntheseschritt spaltet wiederum eine C-N-Bindung und führt damit zu einer Amino- und einer Carbonylgruppe:

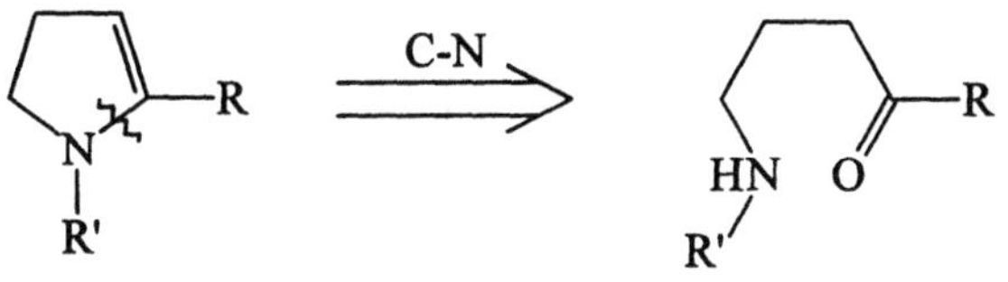

Wie würden Sie mit Hilfe dieser Reaktion Zielmolekül **254** herstellen?

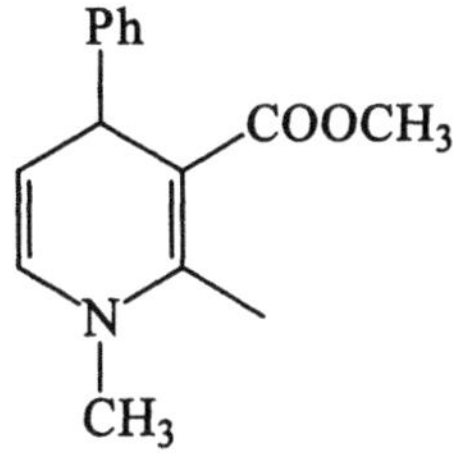

ZM 254

---

255. Analyse:
Die Anwendung des soeben gelernten Retrosyntheseschritts liefert:

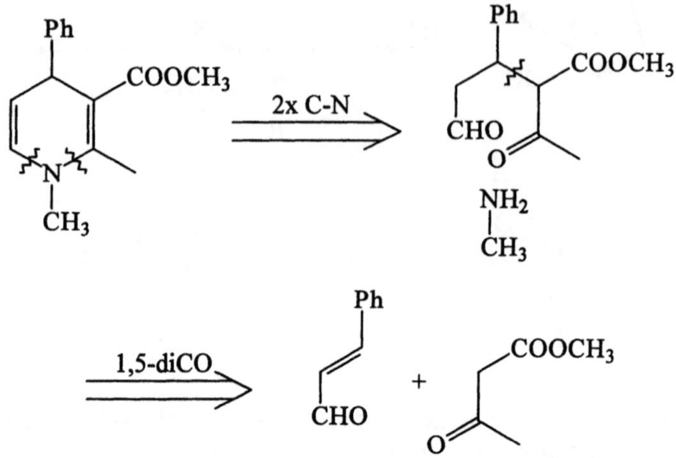

Synthese:
Die Synthese ist in *J. Am. Chem. Soc.* **1976**, *98*, 6650 beschrieben.

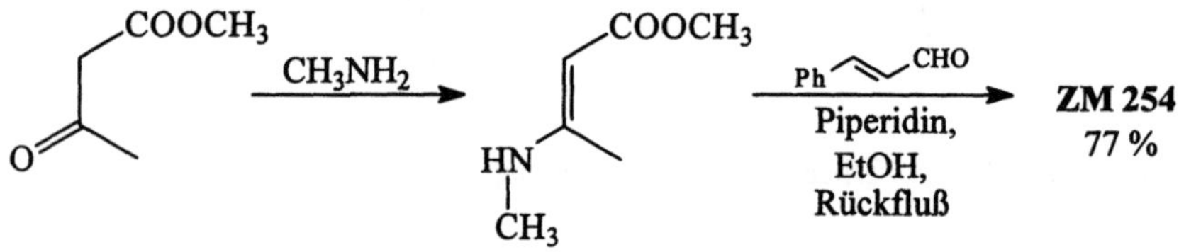

---

256. Viele ungesättigte Heterocyclen lassen sich direkt aus Dicarbonylverbindungen herstellen. Wie würden Sie unter Berücksichtigung dieser Tatsache Zielmolekül **256** herstellen?

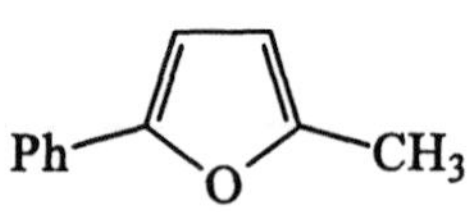

ZM 256

---

257. Analyse:

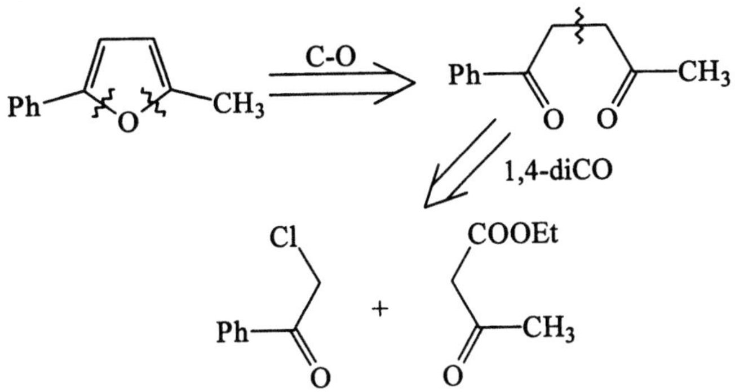

Synthese:

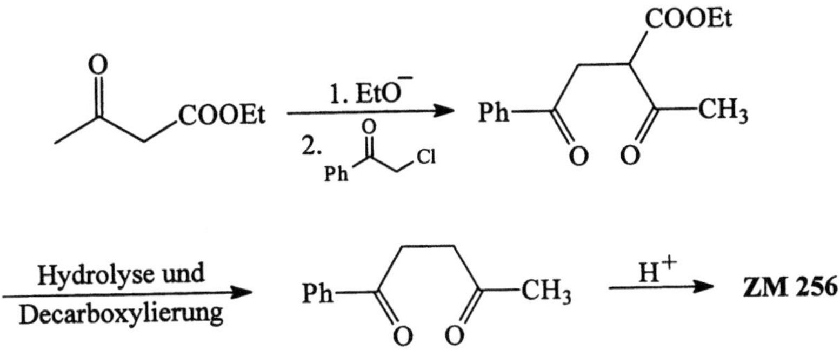

---

258. Heterocyclen mit zwei Heteroatomen im Ring stellen im Vergleich zu Cyclen mit nur einem Heteroatom keine besondere Art von Problemen dar. Häufig gibt es mehrere Möglichkeiten für den ersten Retrosyntheseschritt. Sinnvollerweise sucht man dabei nach einem kleinen, bekannten Fragment, das beide Heteroatome enthält. Versuchen Sie, diese Überlegungen an Zielmolekül **258** umzusetzen:

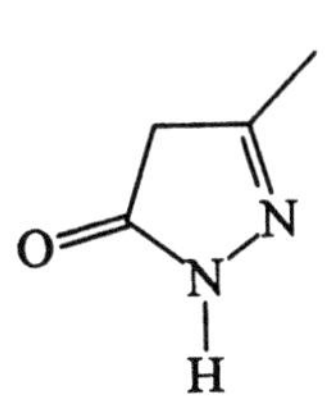

ZM 258

---

259. Analyse:
Die übliche Retrosynthese führt uns unmittelbar zu Hydrazin (NH_2NH_2):

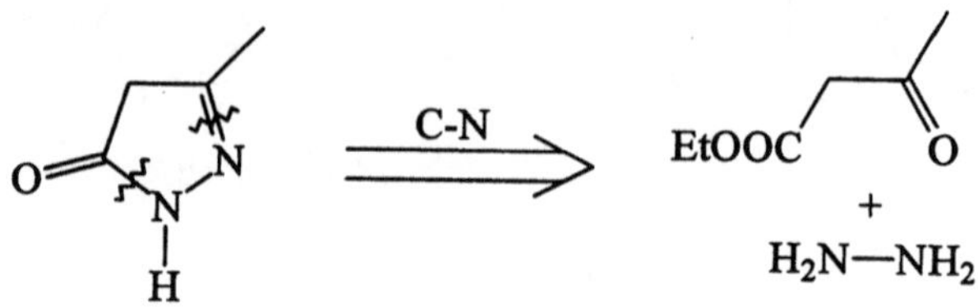

Die Reaktionsführung ist einfach, man muß lediglich die beiden Komponenten miteinander mischen.

---

260. Bei dem folgenden Problem sind die beiden Heteroatome nicht mehr unmittelbar miteinander verknüpft:

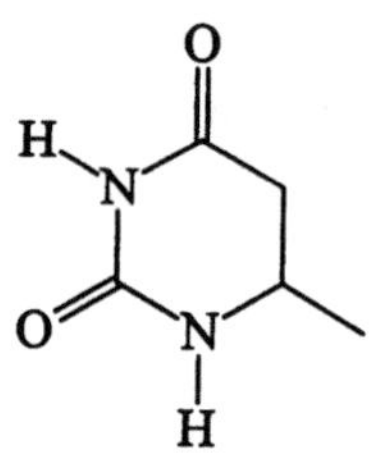

ZM 260

---

261. Analyse:
Wir wenden wiederum einen üblichen Retrosyntheseschritt an und vergewissern uns, daß wir dabei ein einfaches, elektrophiles Fragment erzeugen:

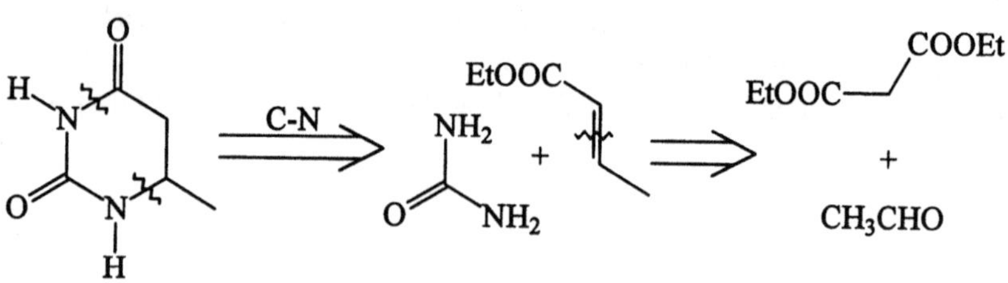

Synthese:
In diesem Fall ist Harnstoff das gesuchte Fragment.

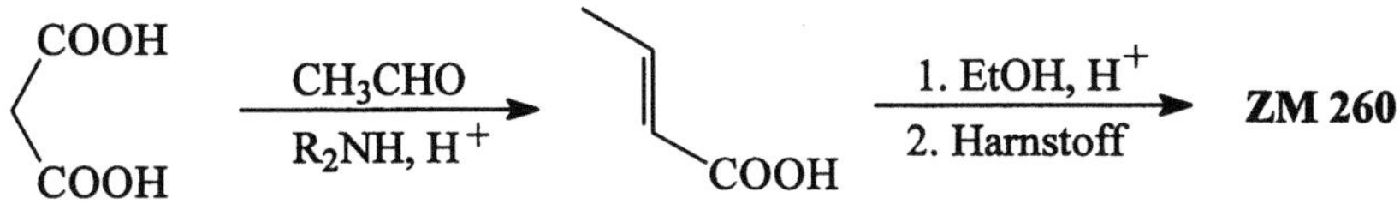

262. Die letzten Abschnitte haben gezeigt, daß Retrosynthesen von Heterocyclen gewöhnlich einfach und effizient sind, vorausgesetzt, man achtet auf die richtige Oxidationsstufe:

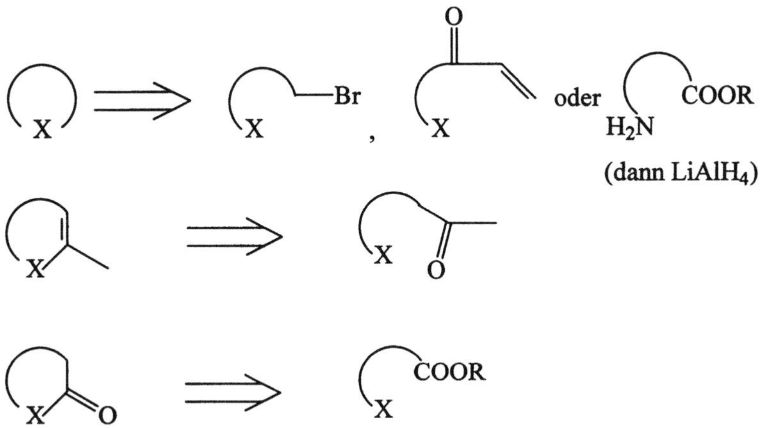

Das Heteroatom fungiert in all diesen Reaktionen als Nucleophil. Sie müssen für die Synthesen folglich nur das jeweils richtige Elektrophil auswählen.

263. Speziell für die Synthese von Heterocyclen gibt es eine Reihe von Reaktionen. Wenn Sie sich über diese informieren wollen, sollten Sie in einem speziellen Buch über Heterocyclen nachlesen (z.B. K. Krohn, U. Wolf, *Kurze Einführung in die Chemie der Heterocyclen*, Teubner, Stuttgart, **1994**). Im Rahmen dieses Buches sind wir mehr daran interessiert, diese allgemeinen Methoden auf Moleküle anzuwenden, in denen der Heterocyclus nur einen Teil des Problems darstellt.
Wie würden Sie, ausgehend von einfachen Edukten, Zielmolekül **263** herstellen?

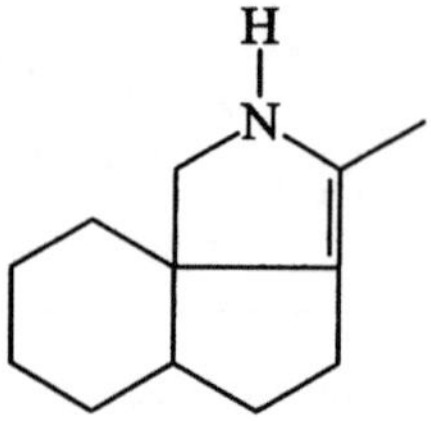

ZM 263

264. Analyse:
Der erste Retrosyntheseschritt ist einfach und naheliegend:

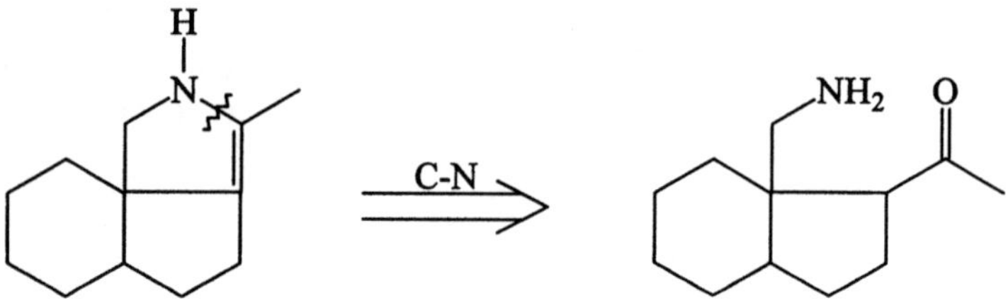

Das primäre Amin läßt sich aus einem Nitril herstellen, so daß wir einen weiteren, bewährten Retrosyntheseschritt einsetzen können:

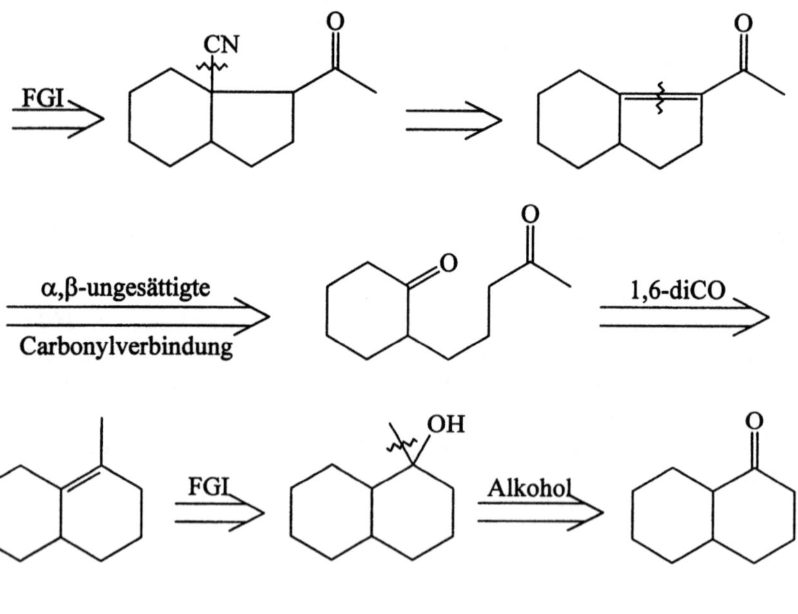

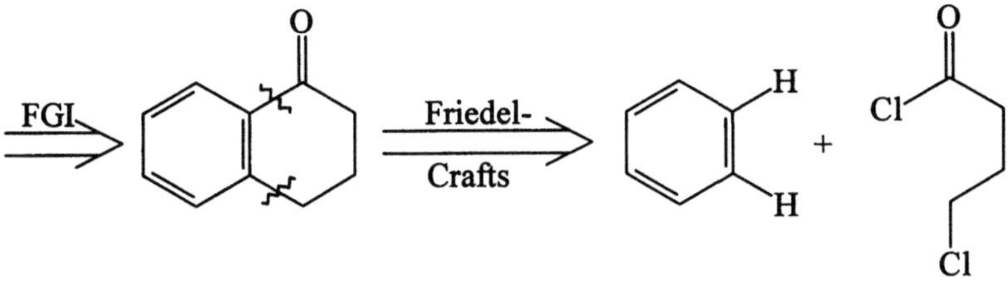

Synthese:
Die ersten Schritte dieser Synthese entsprechen einer etablierten Methode zur Herstellung von α-*Tetralon*. Die weiteren Schritte sind der *Conessin-Synthese* nach *Johnson* angelehnt (*J. Am. Chem. Soc.* **1962**, *84*, 1485):

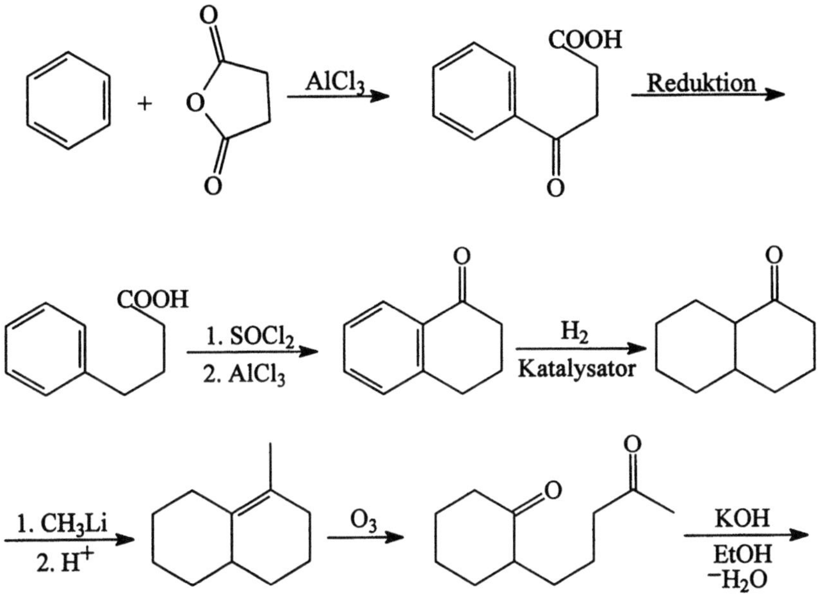

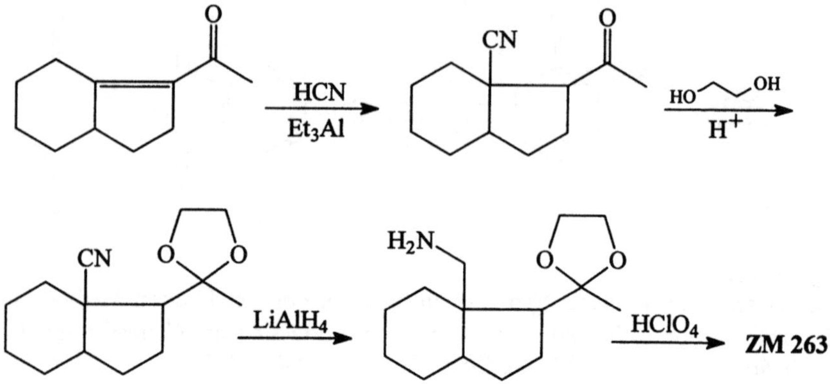

3. Aminosäuren

265. Sie werden beim Durcharbeiten des letzten Abschnitts über die Heterocyclen bemerkt haben, daß das Heteroatom immer als Nucleophil fungiert. Es gibt jedoch einen Weg, Stickstoff als Elektrophil einzusetzen, womit wir ein gutes Synthon für Aminosäuresynthesen erhalten:

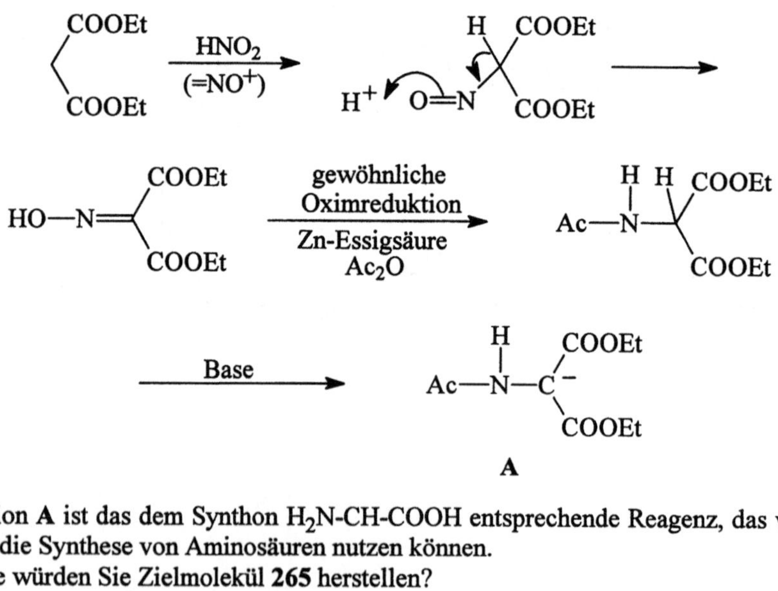

A

Anion **A** ist das dem Synthon H_2N-CH-COOH entsprechende Reagenz, das wir für die Synthese von Aminosäuren nutzen können.
Wie würden Sie Zielmolekül **265** herstellen?

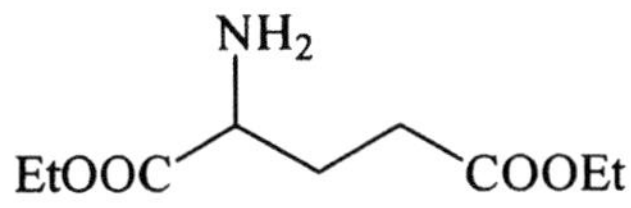

ZM 265

---

266. Analyse:
Wenn wir das gerade eben beschriebene Reagenz einsetzen, ist leicht zu erkennen, welches das entsprechende Elektrophil sein muß:

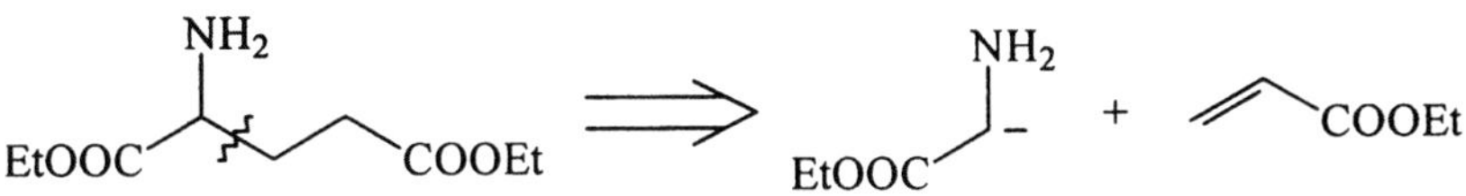

Synthese:

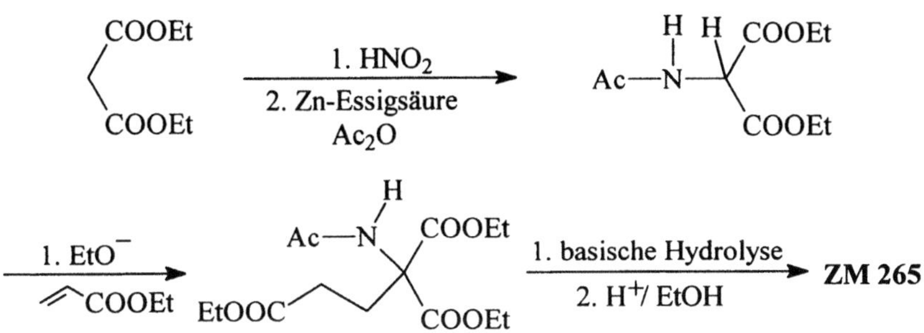

---

4. Anwendungsaufgaben:

267. Bevor wir den Abschnitt der Heterocyclen und Heteroatome abschließen, folgen zunächst noch drei Anwendungsaufgaben, um das Gelernte zu festigen. Die ersten beiden Moleküle enthalten Schwefel; lassen Sie sich dadurch nicht abschrecken, sondern behandeln Sie ihn wie eine besondere Art von Sauerstoff.

Anwendungsaufgabe 25:
Entwerfen Sie eine Synthese für Zielmolekül **267**!

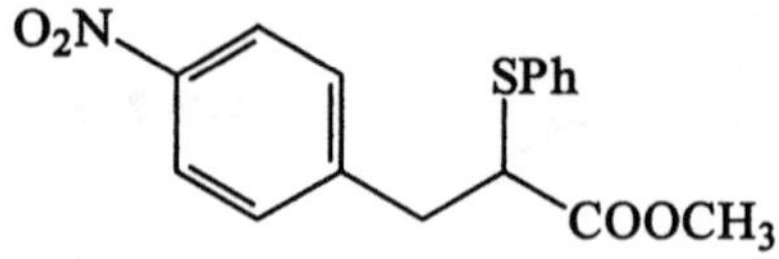

ZM 267

---

268. Analyse:
Wie gewöhnlich beginnen wir damit, die Bindung zwischen Alkylrest und Heteroatom zu zertrennen (siehe Lernschritt 235):

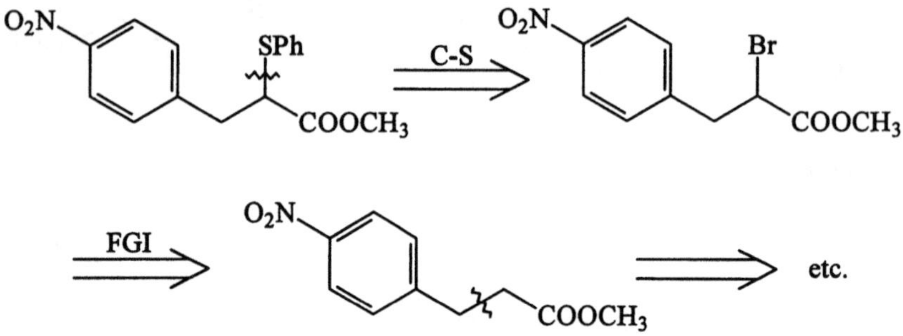

Synthese:
Das im letzten Syntheseschritt verwendete Thiol (PhSH) ist kommerziell erhältlich.

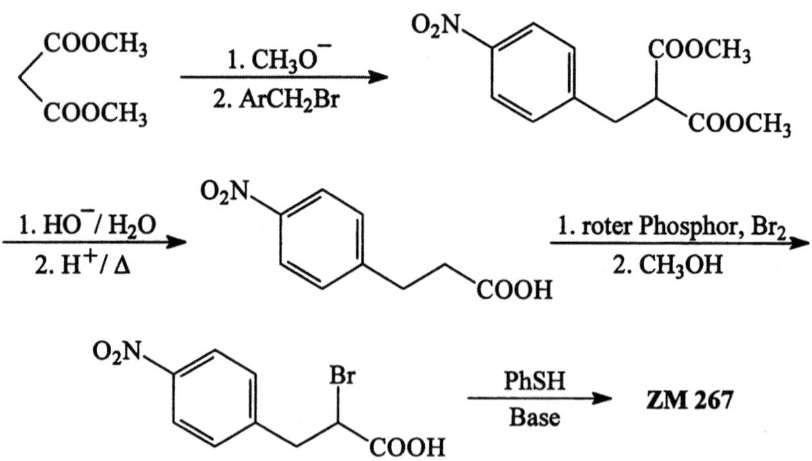

---

269. Anwendungsaufgabe 26:
Wie würden Sie Zielmolekül **269** herstellen?

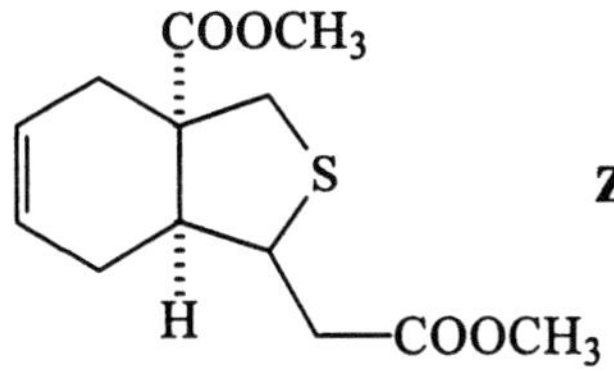

ZM 269

---

270. Analyse:
Offensichtlich ist das Cyclohexenfragment durch eine *Diels-Alder-Reaktion* entstanden. Weiterhin erkennen wir zwei C-S-Bindungen und eine 1,6-Beziehung zwischen den beiden Carbonylresten. Der einzige Retrosyntheseschritt, der zu einer schnellen Vereinfachung führt, ist die *Diels-Alder-Reaktion*, deshalb wollen wir mit ihr beginnen:

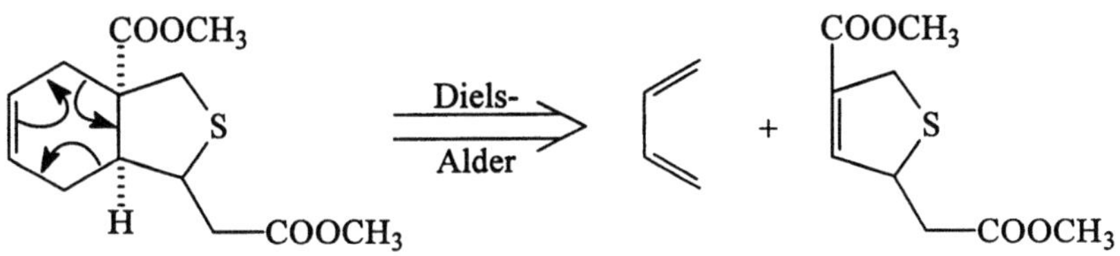

Das so erhaltene Molekül weist noch immer keine C-S-Bindung auf, deren Spaltung die Retrosynthese vorantreiben würde. Deshalb wollen wir mit der Spaltung der α,β-Bindung des ungesättigten Esters fortfahren:

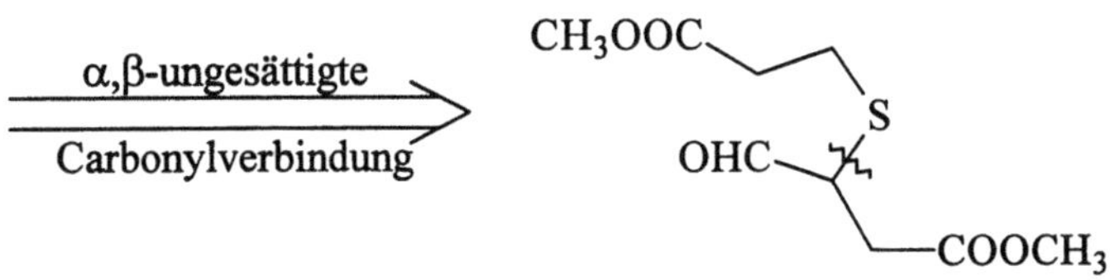

Beide C-S-Bindungen sind nun β-ständig zu einer Carbonylgruppe angeordnet und können daher durch Addition der Schwefelverbindung an eine α,β-ungesättigte Carbonylverbindung hergestellt werden:

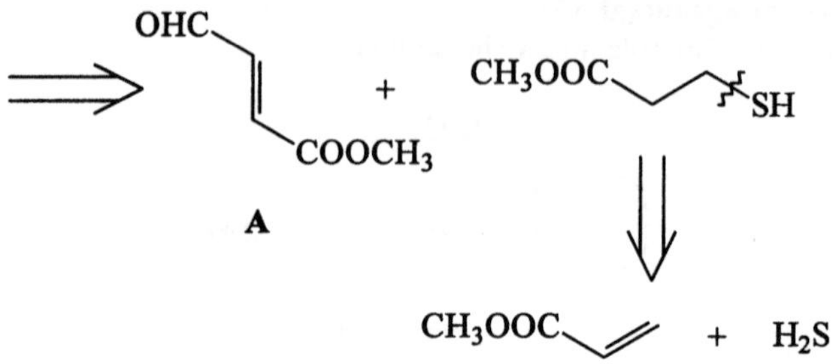

Synthese:
Fragment **A** herzustellen wird nicht so einfach sein, wie es zunächst erscheint. Präparativ einfacher wäre die Verwendung eines Diesters und die anschließende Einstellung der gewünschten Oxidationsstufe.
Auf diese Weise wurde von *Stork* die Reaktionsfolge durchgeführt (*J. Am. Chem. Soc.* **1969,** *91*, 7780):

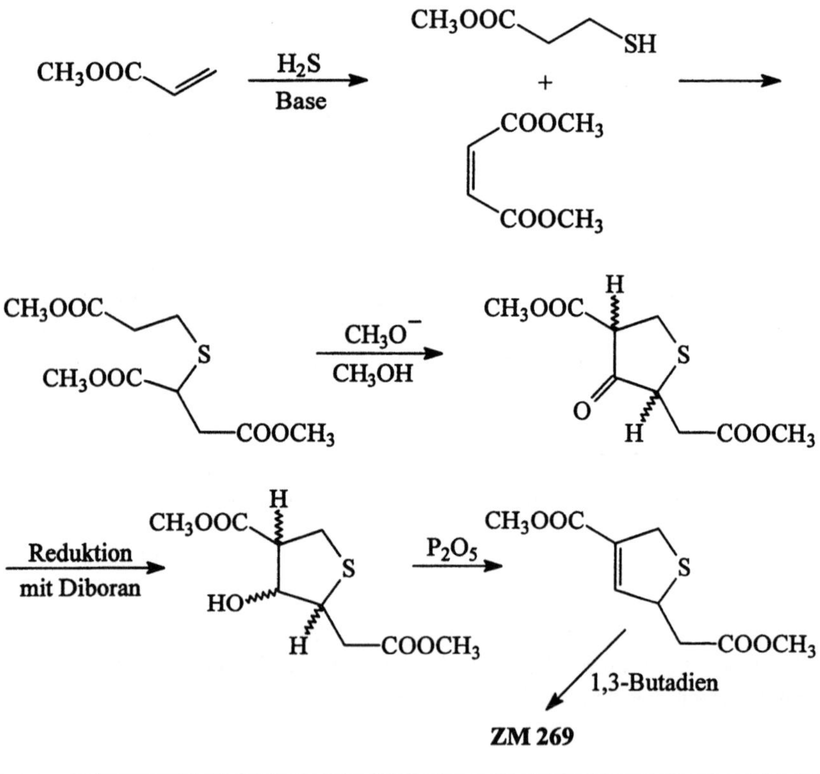

271. Anwendungsaufgabe 27:
Entwerfen Sie eine Synthese für Zielmolekül **271**:

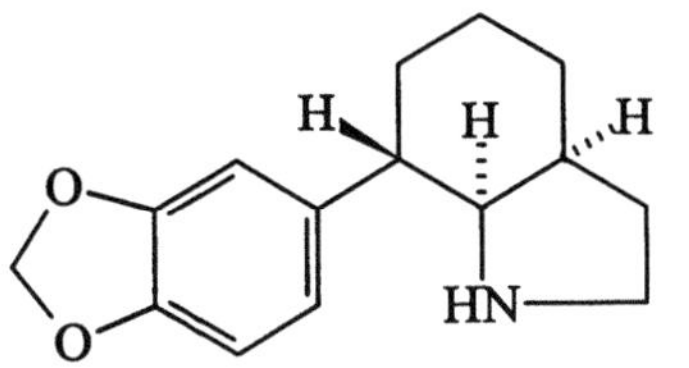

ZM 271

---

272. Dieses ist vielleicht das schwierigste der bisher besprochenen Probleme. Es gibt viele mögliche Retrosynthesen, von denen im folgenden aber nur eine behandelt werden soll.

Analyse:
Die CH_2-Gruppe in Nachbarstellung zum Stickstoffatom könnte, wie bei der üblichen Methode zur Aminsynthese (Lernschritt 237), aus einer Carbonylgruppe entstanden sein:

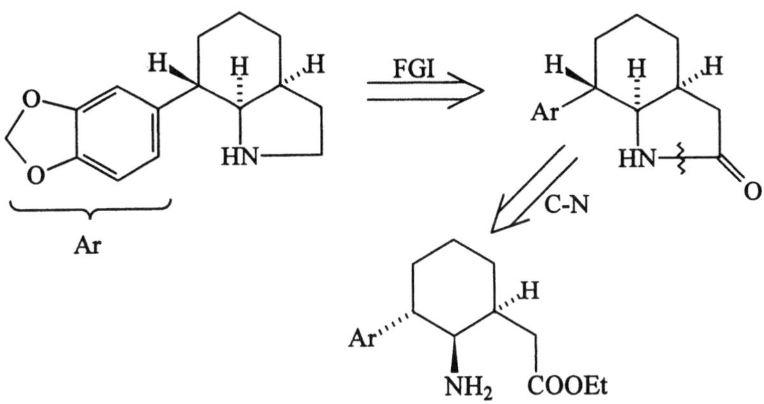

Anschließend müssen wir den Sechsring aufspalten und die einzige Methode, die wir bisher kennengelernt haben, um chirale Kohlenstoffatome stereospezifisch in solche Ringe einzuführen, ist die *Diels-Alder-Reaktion*. Zwei alternative Positionen (**a** und **b**) sind für die Doppelbindung möglich, wenn wir die NH_2-Gruppe in eine für die Reaktion notwendige aktivierende (Nitro-) Gruppe überführt haben:

a)

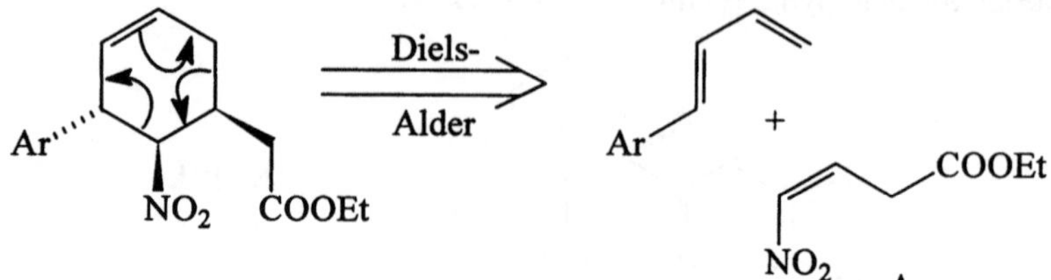

A

b)

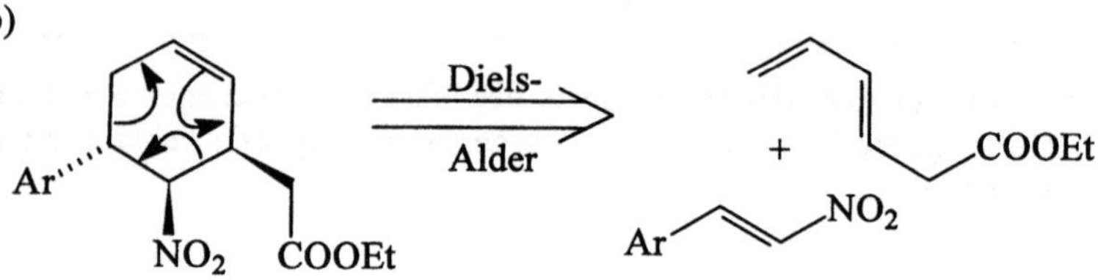

B

Während wir das *trans*-Nitroalken **B** leicht herstellen können, wird die Synthese des *cis*-Nitroalkens **A** Schwierigkeiten bereiten. Daher wählen wir Route **b**:

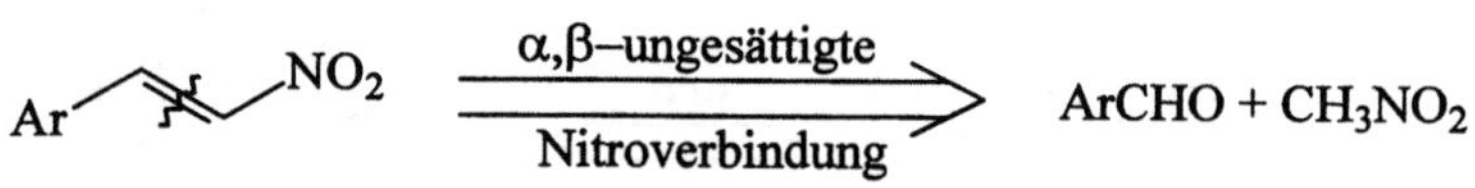

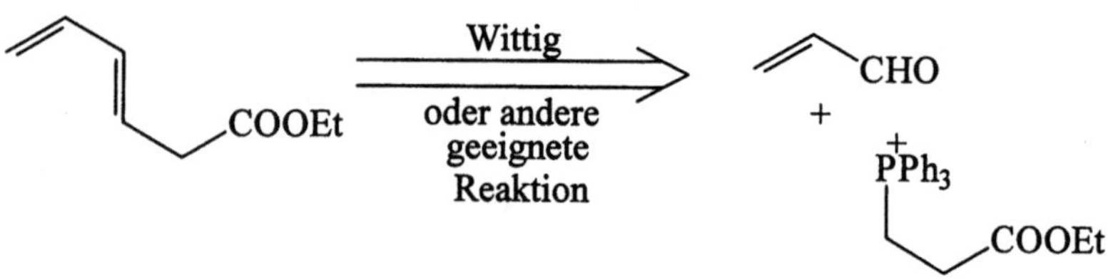

Synthese:

ZM 271 ist ein Intermediat der Synthese von *α-Lycoran* (*J. Am. Chem. Soc.* **1962**, *84*, 4951) und wurde wie folgt hergestellt:

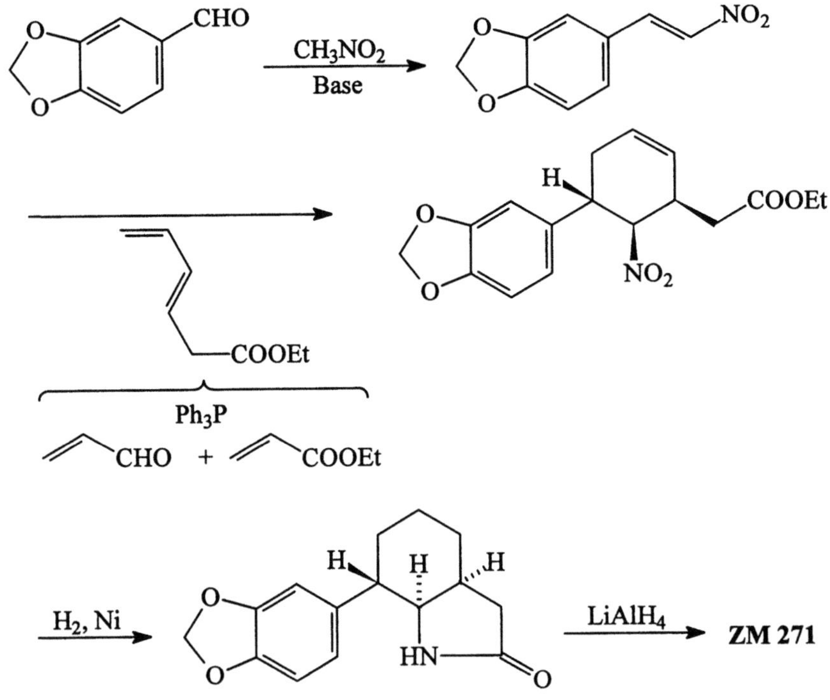
CHO
CH3NO2
Base
NO2
H
COOEt
NO2
COOEt
Ph3P
CHO
+
COOEt
H2, Ni
H
H
H
HN
O
LiAlH4
ZM 271

H. Spezielle Methoden für kleine Ringe: 3- und 4-gliedrige Ringe

1. Dreigliedrige Ringe

273. Dreiringe sind einerseits kinetisch gesehen leicht herzustellen, andererseits relativ instabil. Einige etablierte Herstellungsmethoden funktionieren zwar, sind aber unzuverlässig. Der folgende Retrosyntheseschritt für Cyclopropylketone erweist sich als brauchbar:

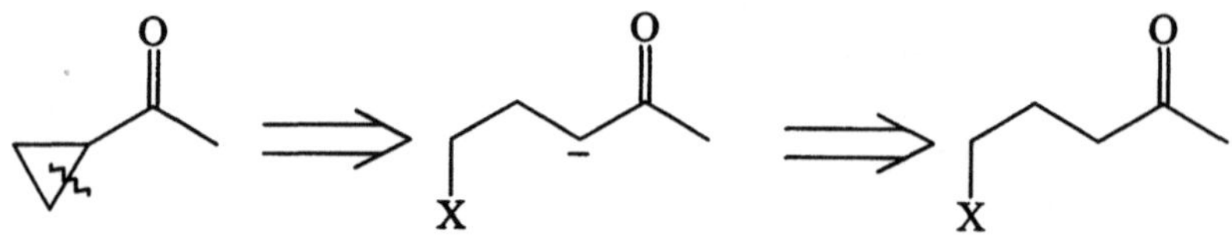

ZM 273

Wie würden Sie dieses Keton mit γ-Halogenatomen (**ZM 273**) herstellen?

---

274. Die naheliegende Folge von Retrosyntheseschritten führt uns zu einem Epoxid und einem Enolat-Anion:

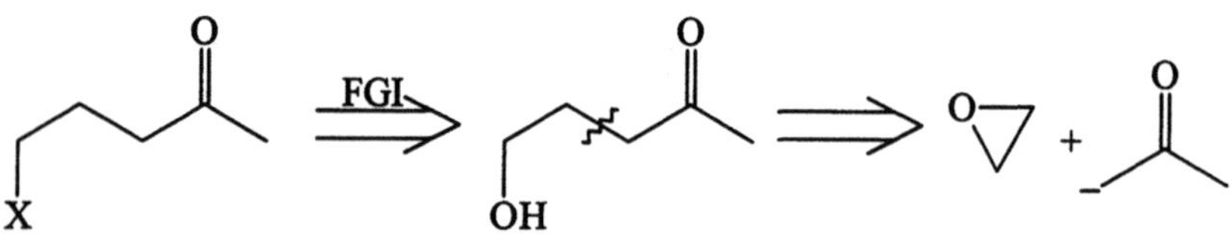

Wir haben die Route mit Epoxid und Enolat-Anion bereits in Lernschritt 184 besprochen und waren zu dem Ergebnis gekommen, daß die Synthese sich in folgender Form realisieren läßt:

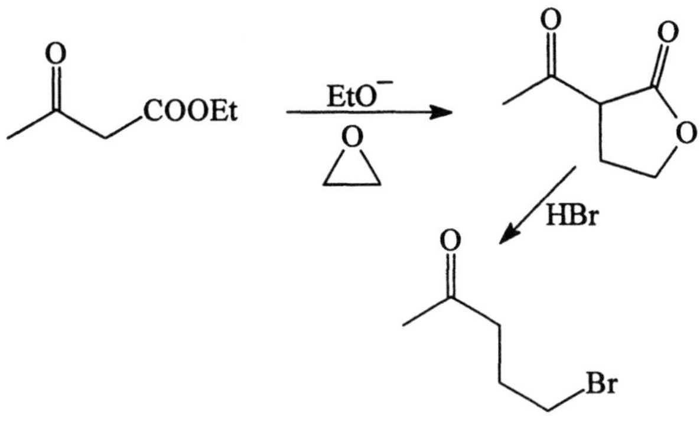

ZM 273

Wie würden Sie folglich Zielmolekül **274** herstellen?

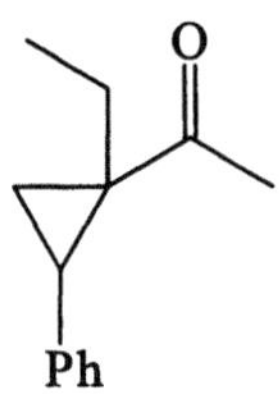

ZM 274

---

275. Analyse:
Wir müssen zwei alternative Bindungsspaltungen am Dreiring diskutieren:

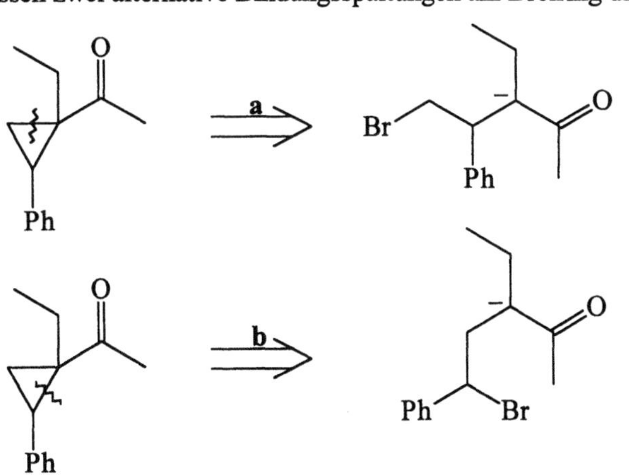

A

B

Da Epoxide von Anionen an dem weniger substituierten Kohlenstoffatom angegriffen werden, sollten wir ohne Probleme in der Lage sein, **B** nicht jedoch **A** herzustellen. Entsprechend wählen wir **B** als Ausgangsverbindung für die weiteren Retrosyntheseschritte:

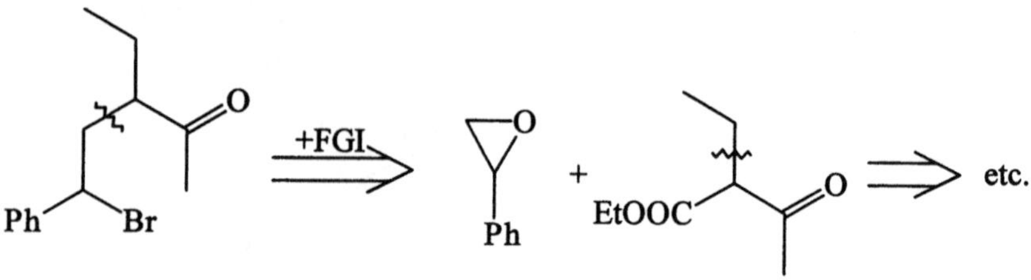

Synthese:

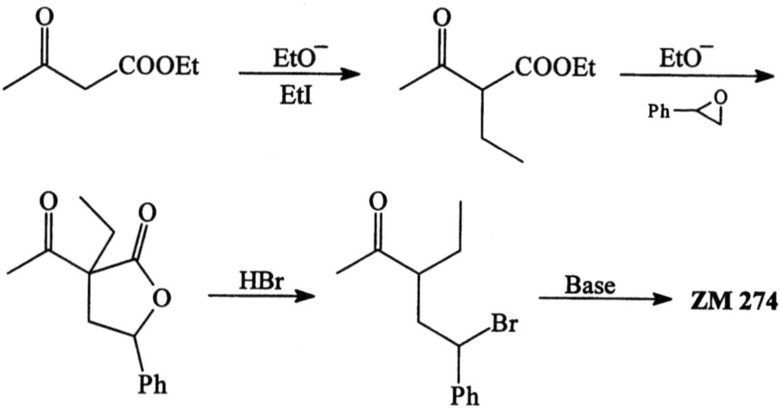

---

276. Ein allgemeiner anwendbares Prinzip beruht darauf, ein Atom aus dem Dreiring zu entfernen:

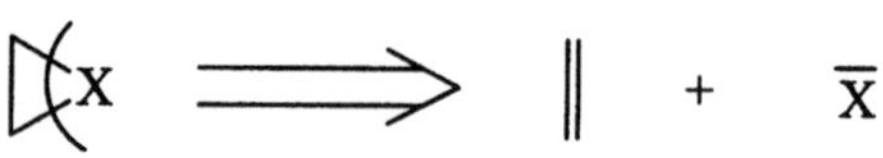

Das Synthon "X" ist in seinen Valenzen nicht abgesättigt - wenn X=Kohlenstoff ist, dann handelt es sich um Carben oder das synthetisches Äquivalent von Carben. Wir wollen im folgenden betrachten, ob dieser Retrosyntheseschritt auch für Epoxide (X = O) anwendbar ist:

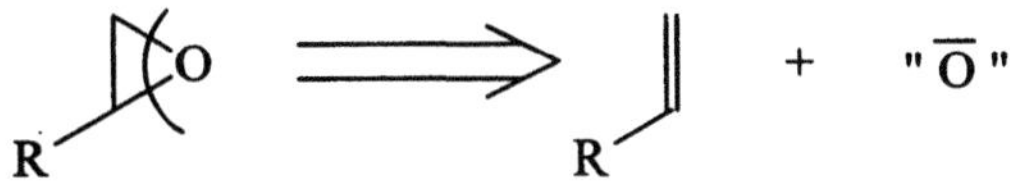

Als Reagenz für das Synthon "O" lassen sich Persäuren (RCO_3H) einsetzen. Wie würden Sie, unter Berücksichtigung des soeben Gelernten, Zielmolekül **276** herstellen?

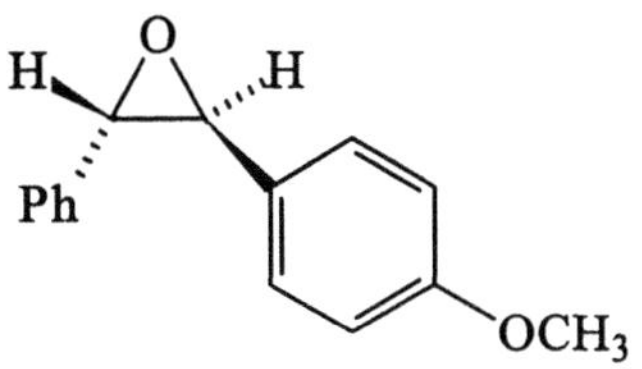

ZM 276

---

277. Analyse:
Zunächst wollen wir unseren neuen Retrosyntheseschritt einsetzen:

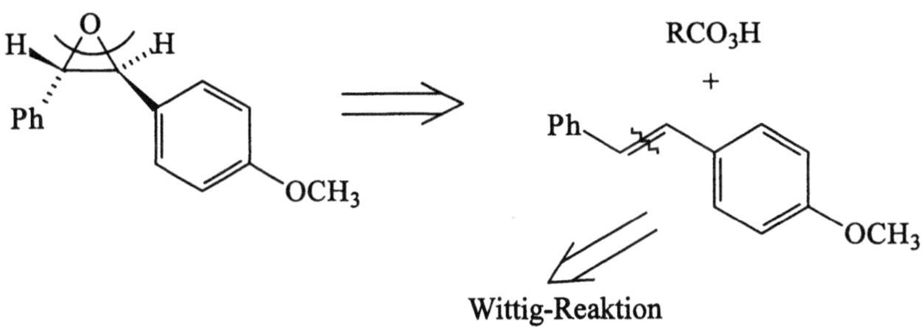

Beachten Sie, daß wir das *trans*-Olefin benötigen, denn wir wollen das *trans*-Epoxid herstellen. Dieses läßt sich mit Hilfe der *Wittig-Reaktion* realisieren, da sie in den meisten Fällen zum stabileren *trans*-Olefin führt.

Synthese:

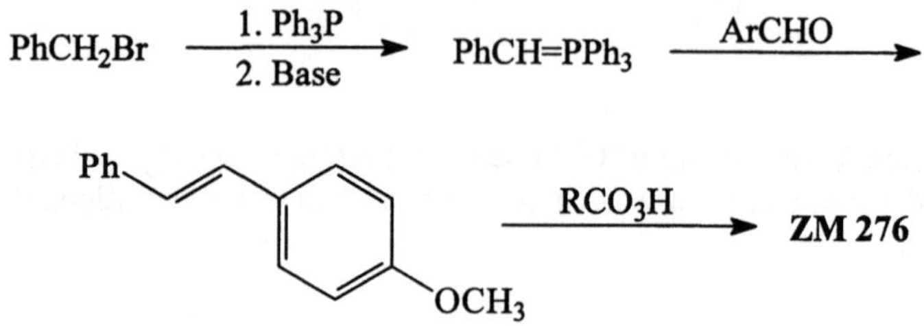

---

278. Für elektrophile Olefine wie α,β-ungesättigte Carbonylverbindungen müssen für das Synthon "O" andere Reagenzien verwendet werden. In solchen Fällen setzt man Alkalihydroperoxide ein.
Wie würden Sie Zielmolekül **278** herstellen?

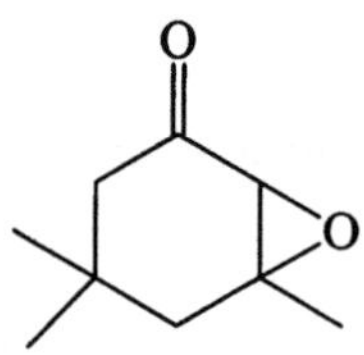

ZM 278

---

279. Analyse:

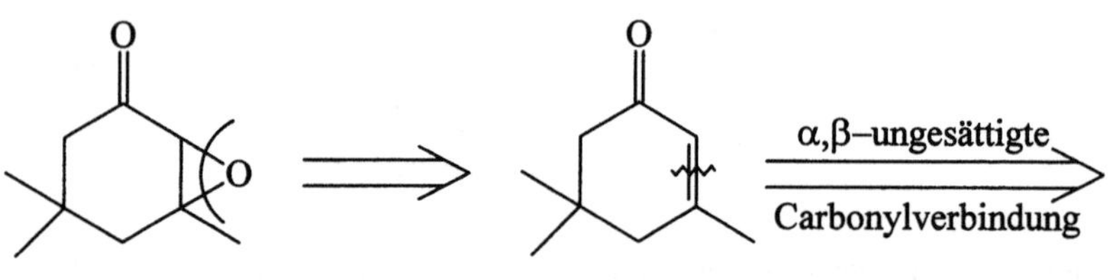

A

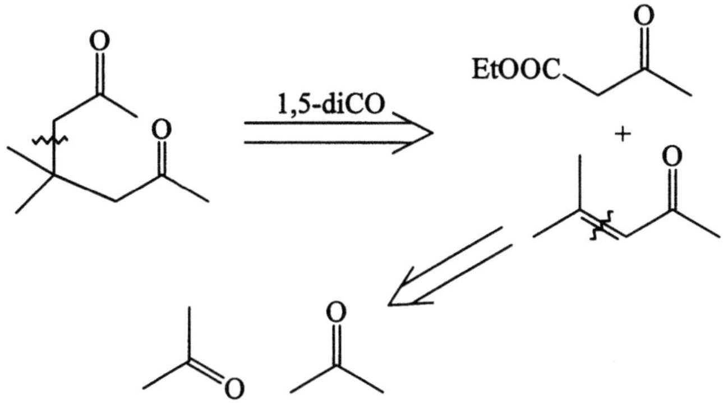

Synthese:
Intermediat **A** (*Isophoron*) ist kommerziell erhältlich, kann aber auch auf dem hier vorgestellten Weg hergestellt werden:

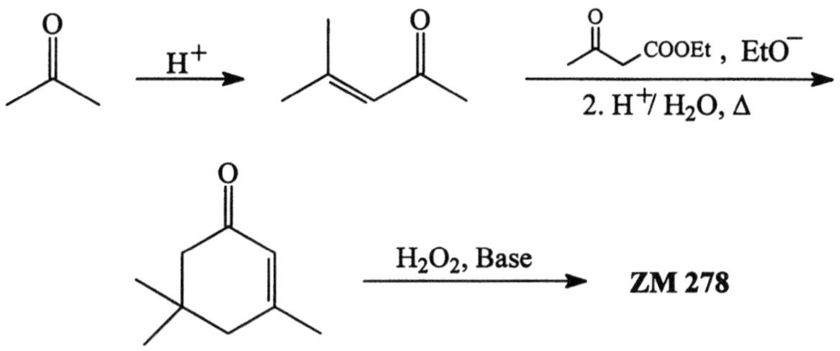

Die Cyclisierung erfolgt unter den Reaktionsbedingungen spontan.

---

280. Eine alternative Spaltung für das Epoxid ist die folgende:

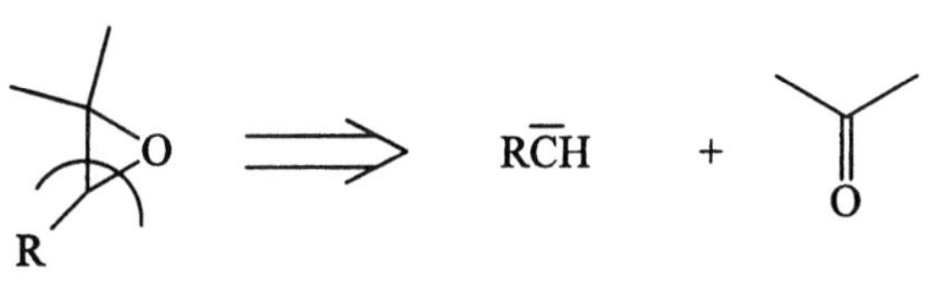

Sie ist auch für α,β-ungesättigte Carbonylverbindungen hilfreich. Dann läßt sich der Retrosyntheseschritt wie folgt formulieren:

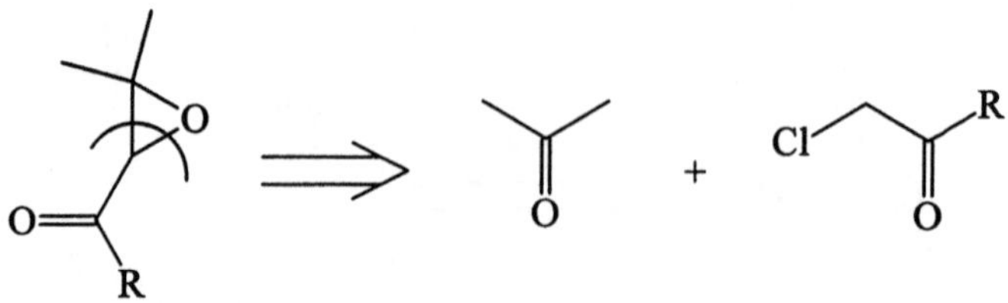

Bei dieser Reaktion handelt es sich um die *Darzens-Glycidester-Kondensation* (siehe Lernschritte 172 - 173). Wenn Sie an weiteren Details interessiert sind, können Sie bei Laue, Plagens, S. 86-88 nachlesen.
Schlagen Sie eine Synthese für Zielmolekül **280** vor!

ZM 280

---

281. Analyse:
Die bei der Ringöffnung entstehende Carbonylgruppe können wir als Orientierungshilfe nutzen:

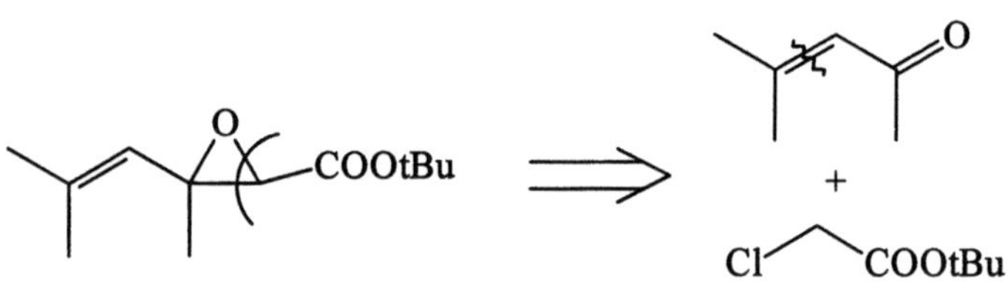

Synthese:

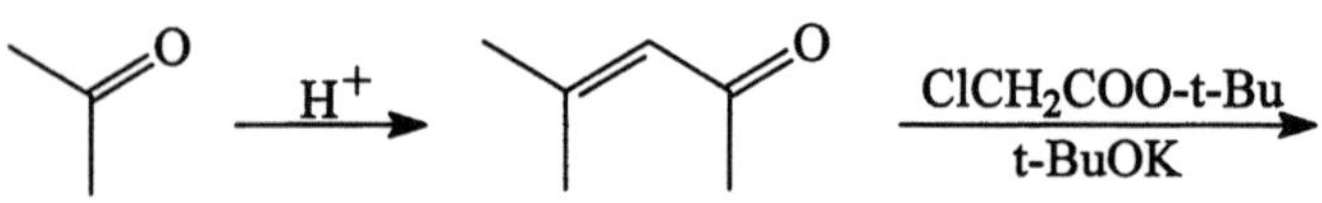

ZM 280

---

282. Denselben Retrosyntheseschritt können wir für einfache Epoxide einsetzen, wenn wir das Schwefelylid **A** als Reagenz für das Synthon "CH_2" verwenden. Formulieren Sie den Mechanismus für diese Reaktion!

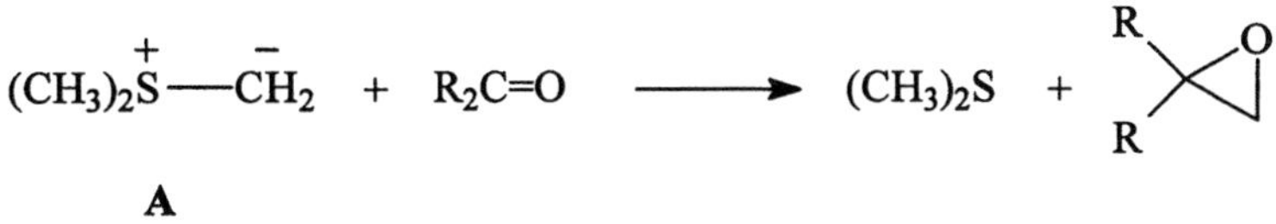

283.

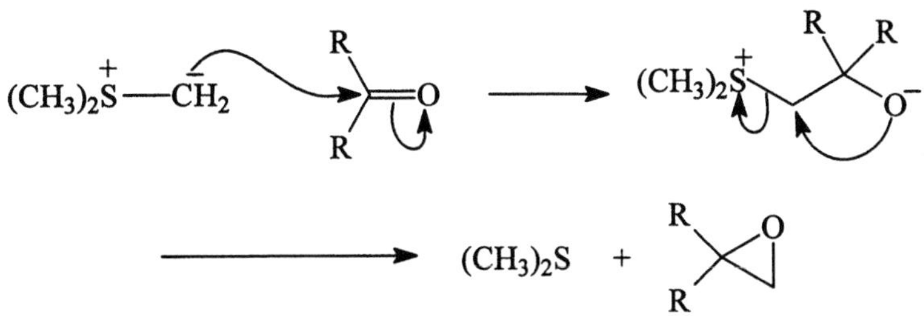

Beachten Sie, daß Schwefelylide deutlich anders reagieren als Phosphorylide, die wir bereits als Reagenzien in der *Wittig-Reaktion* (Lernschritte 41 - 43) kennengelernt haben.
Wie würden Sie Zielmolekül **283** herstellen?

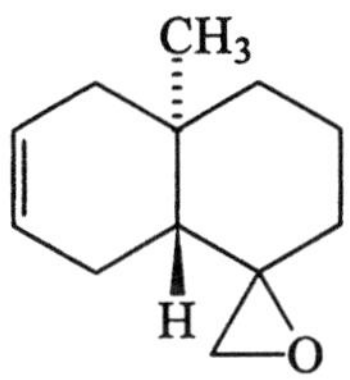

ZM 283

284. Analyse:
Wir wollen zunächst das soeben Gelernte umsetzen und den Retrosyntheseschritt, bei dem ein Schwefelylid eingesetzt wird, verwenden:

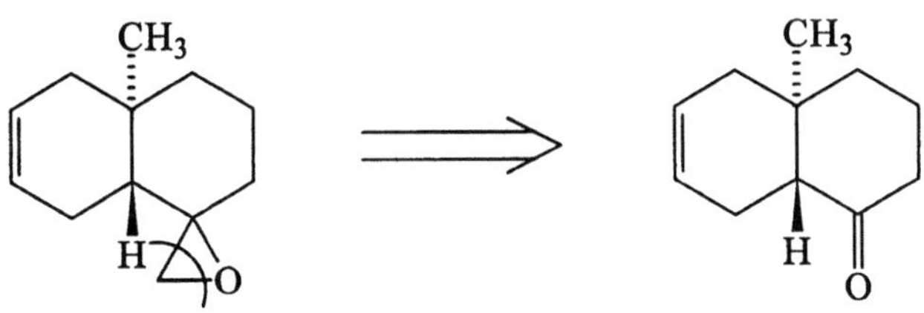

Das so erhaltene Molekül scheint das Produkt einer *Diels-Alder-Reaktion* zu sein. Es weist jedoch die falsche Stereochemie auf. Das ist kein großes Problem, denn die Nachbarstellungen zu einer Carbonylgruppe kann man mit Base isomerisieren, so daß wir das gewünschte Epimer erhalten und somit doch die *Diels-Alder-Reaktion* einsetzen können:

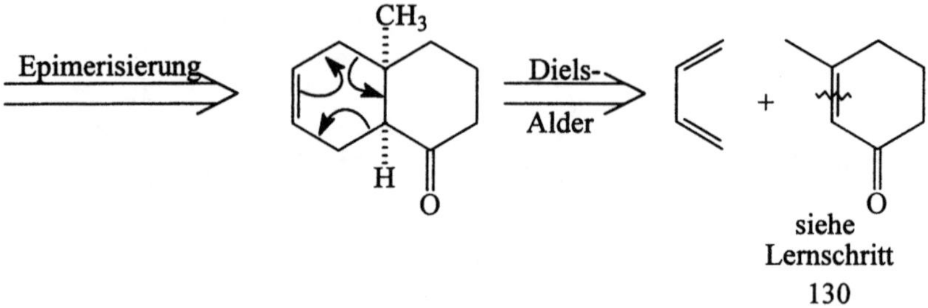

Synthese:

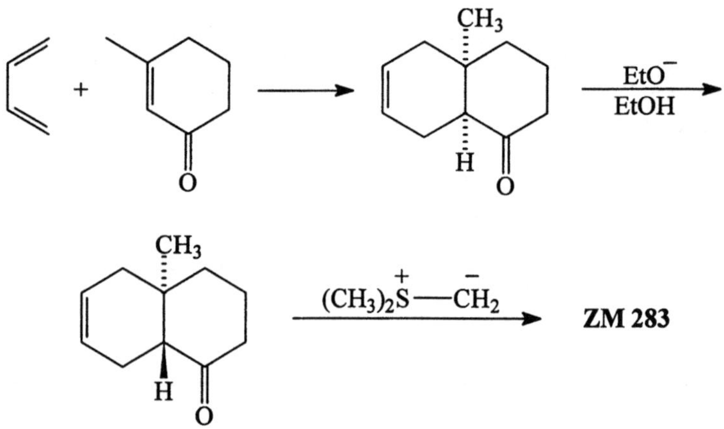

stabilere *trans*-
Verbindung

---

285. Dasselbe Retrosyntheseprinzip kann auch erfolgreich für die Bildung von Cyclopropanen genutzt werden, wobei aber als Reagenz für das Carbensynthon eine Diazoverbindung ($RCHN_2$) oder eine mit einem Metall behandelte Dihalogenverbindung eingesetzt wird.

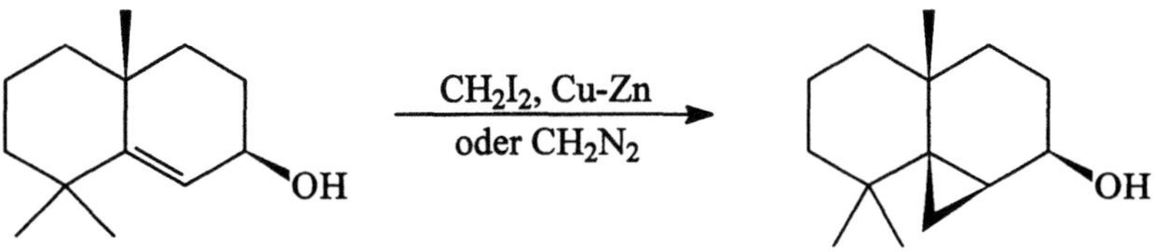

Wie würden Sie unter Ausnutzung dieses Reaktionsprinzips Zielmolekül **285** herstellen?

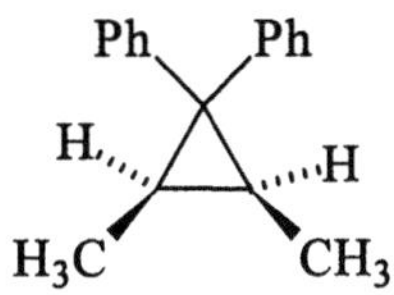

ZM 285

---

286. Analyse:
Wir haben zwar prinzipiell zwei Möglichkeiten, das Molekül zu spalten, doch gibt uns die Stereochemie einen Hinweis darauf, welche Retrosynthese zu bevorzugen ist:

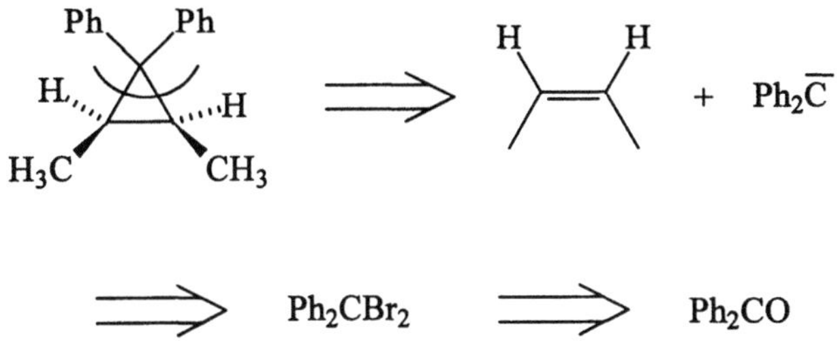

Synthese:

---

287. Diazoverbindungen sind besonders dann leicht herzustellen, wenn die Diazogruppe sich in Nachbarstellung zu einer Carbonylgruppe befindet. Die Reaktion kann entsprechend der folgenden Gleichung durchgeführt werden:

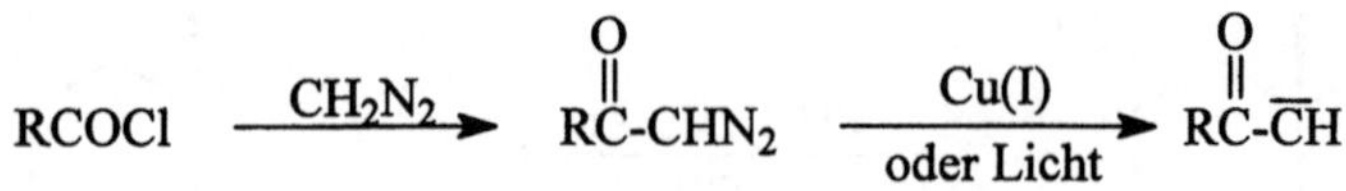

Wir würden Sie, unter Berücksichtigung des soeben Gelernten, Zielmolekül **287** herstellen?

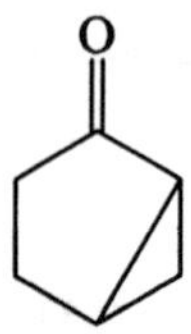

ZM 287

---

288. Analyse:
Die Carbonylgruppe gibt uns einen Hinweis darauf, an welcher Stelle wir den Dreiring spalten müssen:

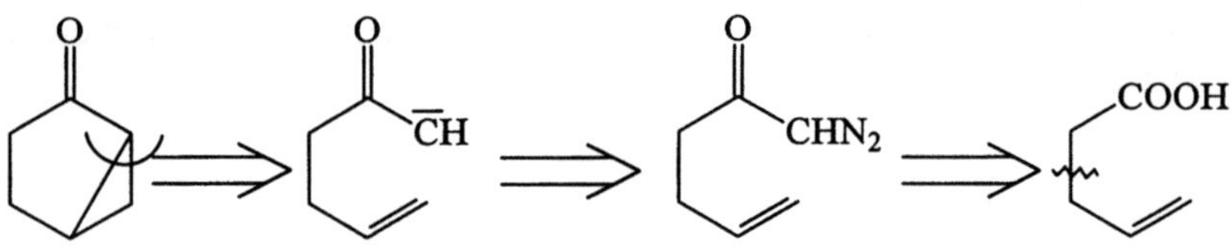

siehe Lernschritt 211

Synthese:

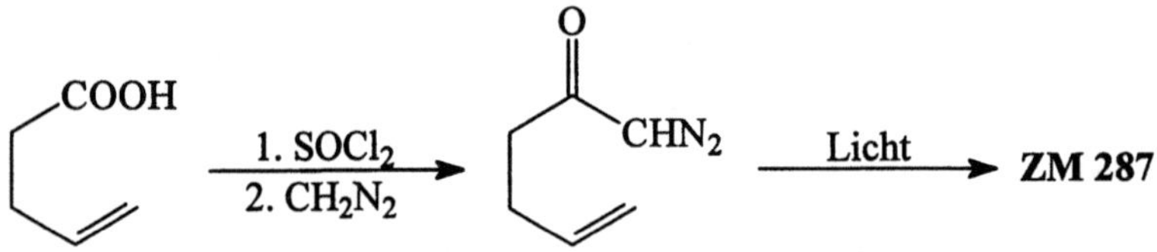

Die Synthese erfolgt entsprechend *Tetrahedron* **1964**, *20*, 1807:

---

2. Vierringe

289. Der wichtigste Retrosyntheseschritt für Vierringe ist die Umkehrung der photochemischen *[2+2]Cycloaddition* von Olefinen:

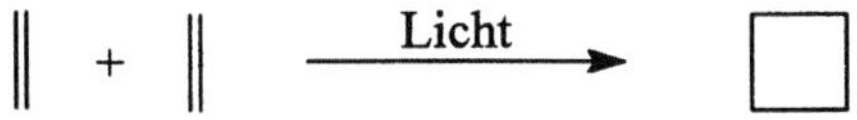

Diese Reaktion ist nach den *Woodward-Hoffmann-Regeln* nur als Photoreaktion erlaubt (I. Fleming, *Grenzorbitale und Reaktionen organischer Verbindungen*, VCH, Weinheim, **1992**). Obwohl es offensichtlich für jeden Vierring zwei Spaltungsmöglichkeiten gibt, ist die geeignetere Variante oftmals sofort zu erkennen.
Wie würden Sie Zielmolekül **289** herstellen?

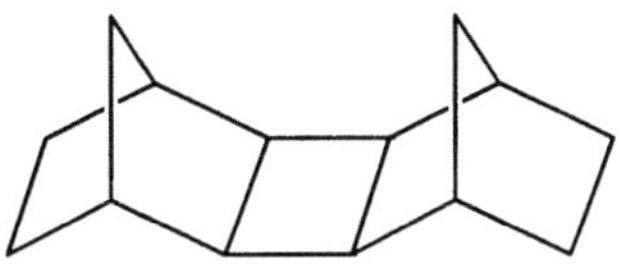

ZM 289

---

290. Analyse:
An diesem Beispiel läßt sich der Unterschied zwischen den beiden Möglichkeiten gut erkennen:

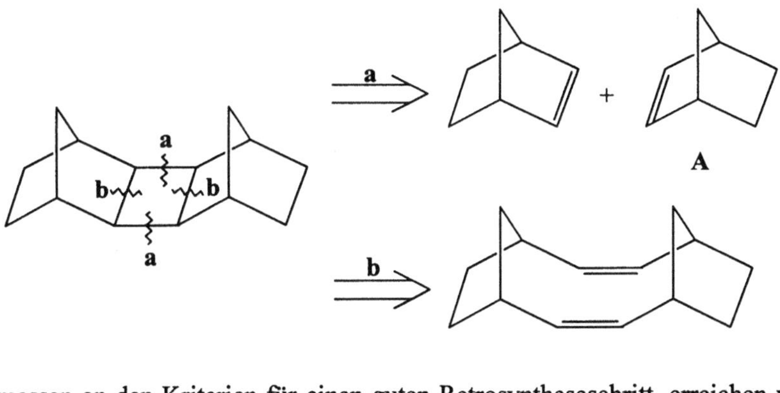

Gemessen an den Kriterien für einen guten Retrosyntheseschritt, erreichen wir auf dem Weg **a** deutlich mehr. Zielmolekül **289** läßt sich einfach durch Bestrahlung von Norbornen **A** gewinnen. Das Produkt weist die richtige Stereochemie auf.
Schlagen Sie eine Synthese für Zielmolekül **290** vor!

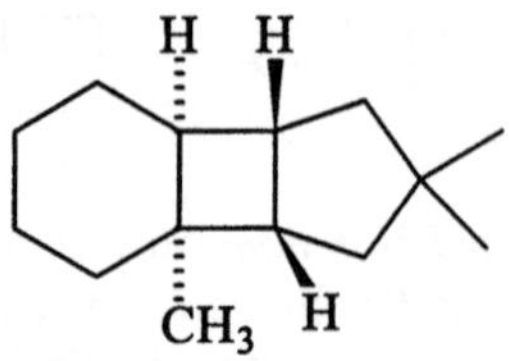

ZM 290

291. Analyse:
Zielmolekül **290** ist ein Intermediat in *Coreys* Synthese des α-*Caryophyllenalkohols* (*J. Am. Chem. Soc.* **1964**, *86*, 1652). Wiederum ist nur eine der beiden Spaltungsmöglichkeiten für die Retrosynthese sinnvoll:

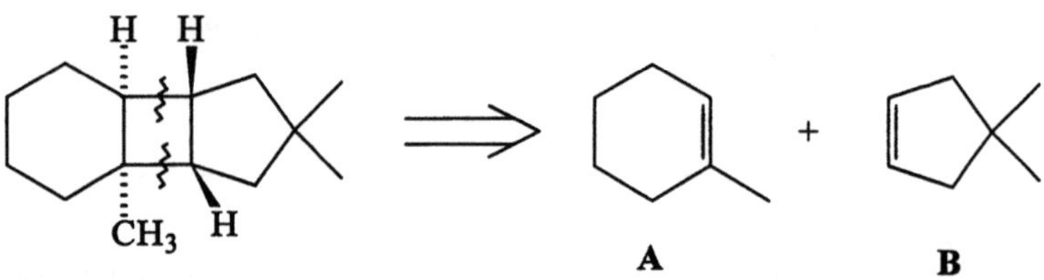

Verbindung **A** läßt sich leicht herstellen, aber die Synthese von **B** gelingt nicht so einfach, denn es stellt sich heraus, daß man anstatt von einem Monoalkohol besser vom Diol **C** ausgeht:

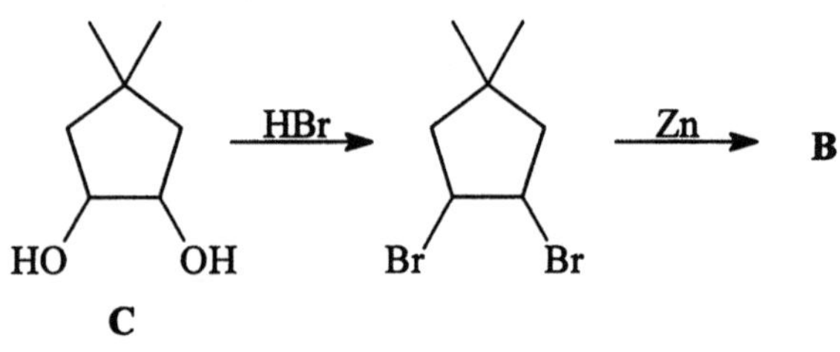

Es stellt sich nun die Frage, wie wir Diol **C** herstellen können!

292. Analyse:
Unsere Methoden zur Synthese von Verbindungen mit Sauerstoffatomen in 1,2-Position (Lernschritte 154 - 157), beruht auf der reduktiven Verknüpfung einer Dicarbonylverbindung:

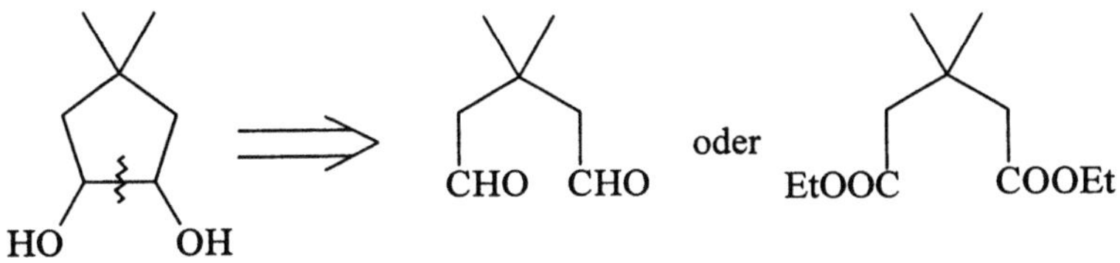

Da es sich um 1,5-Dicarbonylverbindungen handelt, sind sie durch *Michael-Reaktion* zugänglich:

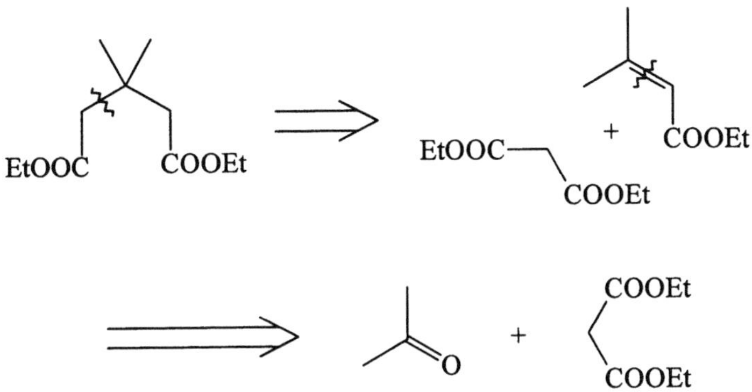

Die entsprechende Sequenz mit dem Dialdehyd anstelle des Diesters läßt sich nicht so leicht durchführen. Eine mögliche Synthese für Verbindung **C** ist die folgende:

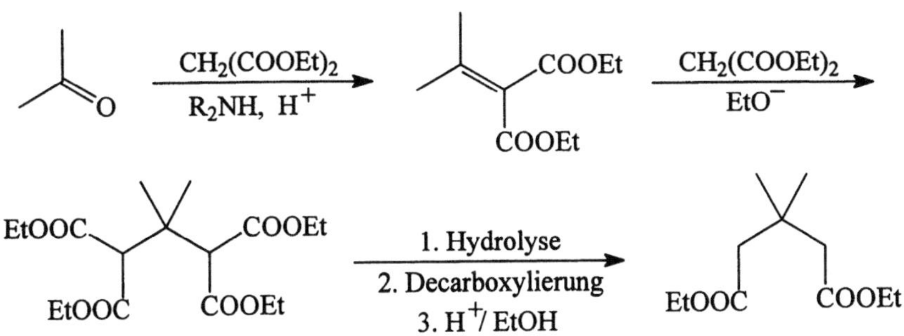

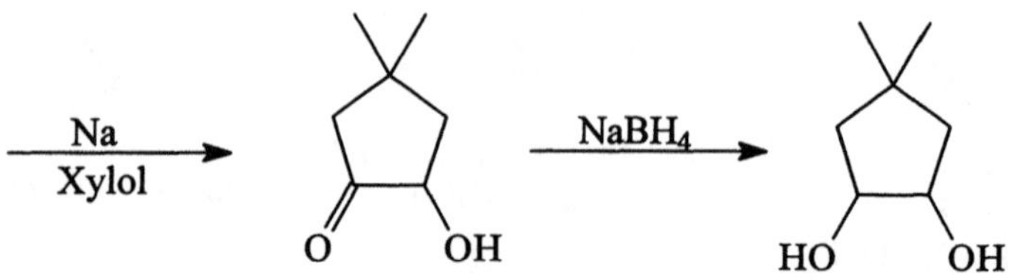

Eine andere Möglichkeit der Synthese wurde in *J. Org. Chem.* **1959**, *24*, 2060 veröffentlicht.

---

293. Das folgende Beispiel wurde ausgewählt, um zu verdeutlichen, daß die Spaltung zweier Ringe nicht zwangsläufig zur richtigen Synthese führt. Berücksichtigen Sie diesen Gedanken bei Ihrer Syntheseplanung für Zielmolekül **293**!

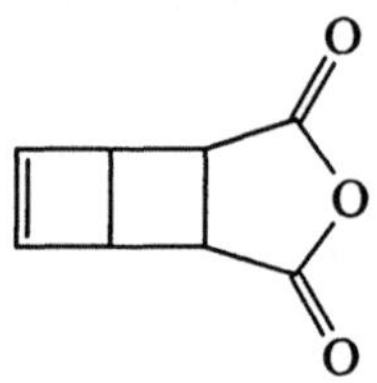

ZM 293

---

294. Analyse:
Wenn wir den Cyclobutenring öffnen, erhalten wir folgendes Molekül:

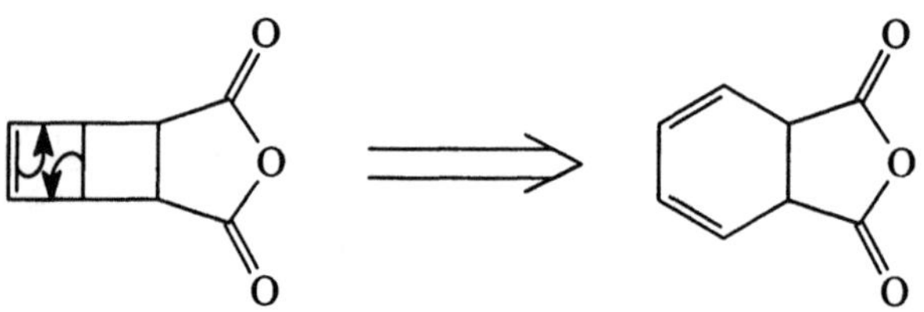

Diese Verbindung wurde offensichtlich durch eine *Diels-Alder-Reaktion* hergestellt. Vorher müssen wir jedoch eine Doppelbindung entfernen:

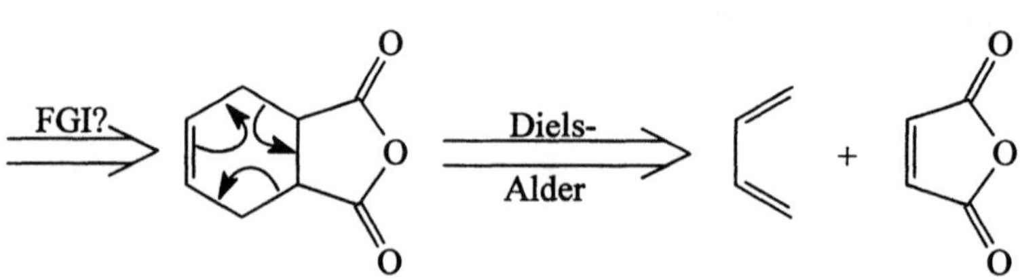

Synthese:
Die Umwandlung der funktionellen Gruppe (FGI) - wir erzeugen aus einer Doppelbindung zwei - läßt sich leicht realisieren. Das Produkt wurde von *van Tamelen* in einer der ersten *Dewarbenzol-Synthesen* eingesetzt (*J. Am. Chem. Soc.* **1963**, *85*, 3297):

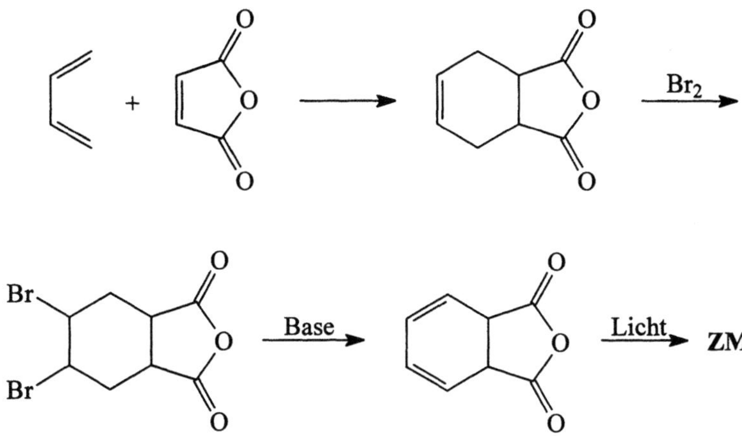

ZM 293

3. Anwendungsaufgaben

295. Anwendungsaufgabe 28:
Entwerfen Sie eine Synthese für Zielmolelül **295**, einem Intermediat, das bei der *Trichodermin-Synthese* benötigt wird.

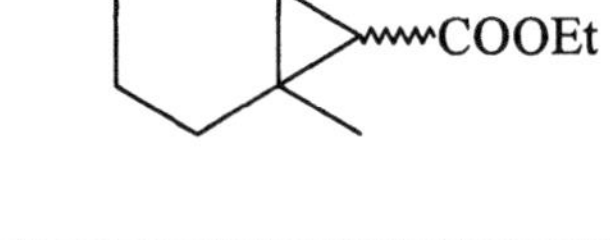

ZM 295

296. Analyse:
Wir beginnen mit der Spaltung des Dreirings:

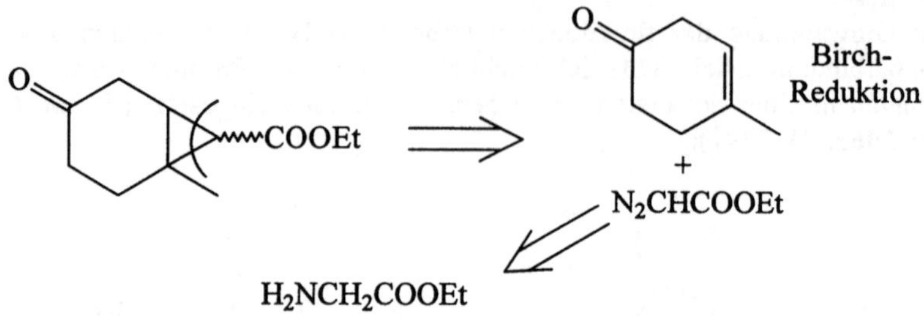

Synthese:
Die folgende Route ist in *Chem. Commun.* **1971**, 858 beschrieben:

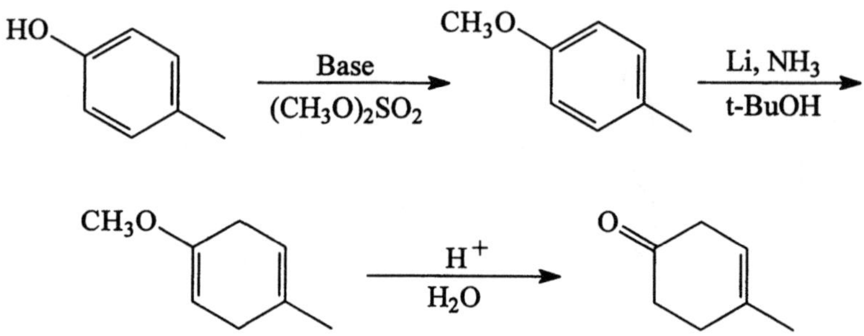

A

H$_2$N-CH$_2$-COOEt $\xrightarrow{\text{HONO}}$ N$_2$CH-COOEt $\xrightarrow{\textbf{A}}$ **ZM 295**
Glycinethylester

---

297. Anwendungsaufgabe 29:
Schlagen Sie eine Synthese für Zielmolekül **297** vor!

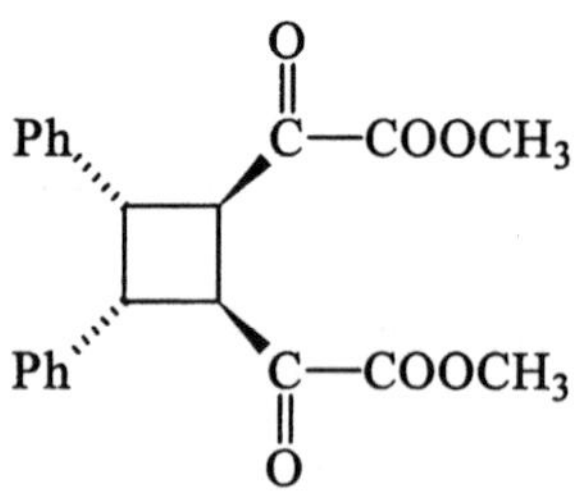

ZM 297

---

298. Analyse:
Die Symmetrie des Cyclobutans läßt vermuten, daß eine der Spaltungen besser für die weitere Retrosynthese geeignet ist als die andere:

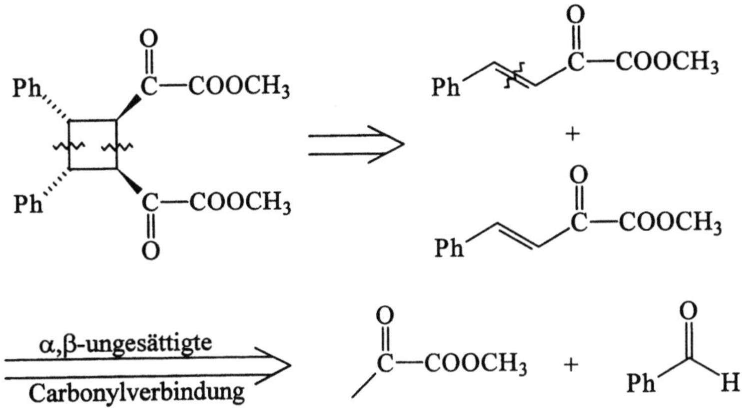

Bei der Ketocarbonsäure handelt es sich um den Methylester der leicht zugänglichen *Brenztraubensäure*, für die es viele mögliche Synthesen gibt.

Synthese:
Die wirkliche Reaktion wurde in der folgenden Form durchgeführt, wobei Stereo- und Regioselektivität keine Probleme bereiteten *(J. Am. Chem. Soc.* **1924**, *46*, 783):

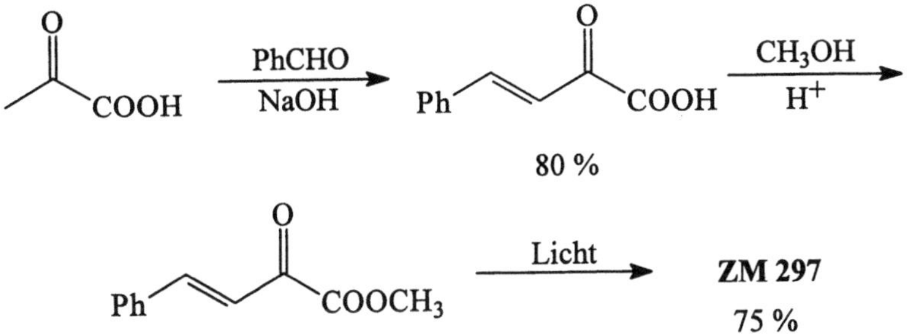

---

299. Anwendungsaufgabe 30:
Das folgende Problem scheint auf den ersten Blick sehr kompliziert zu sein, doch konzentrieren Sie sich einfach auf den kleinen Ring und die Retrosyntheseschritte, die Sie dafür gelernt haben.
Wie würden Sie Zielmolekül **299** herstellen?

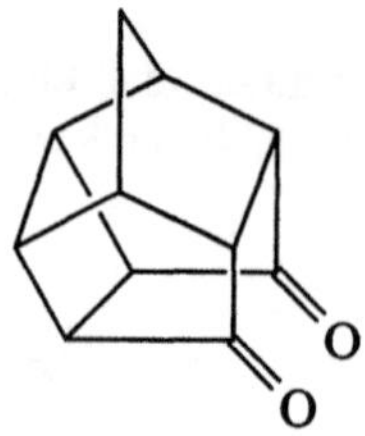

ZM 299

---

300. Analyse:
Diese käfigartige Struktur beinhaltet sechs-, fünf- und viergliedrige Ringe. Unser Interesse gilt zunächst dem Vierring, für dessen Spaltung wir zwei Alternativen besitzen:

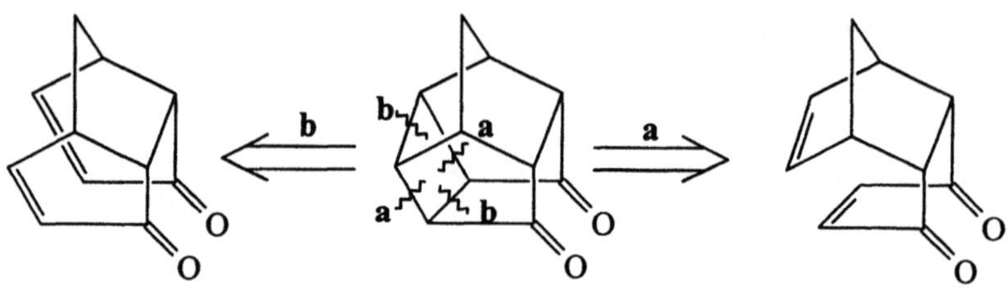

Zweifellos könnte die Retrosynthese mit Verbindung **B** und der Spaltung der α, β-ungesättigten Carbonylverbindung fortgesetzt werden. Intermediat **A** hingegen sollten Sie als Produkt einer *Diels-Alder-Reaktion* erkennen, wodurch die Synthese sehr einfach und kurz wird:

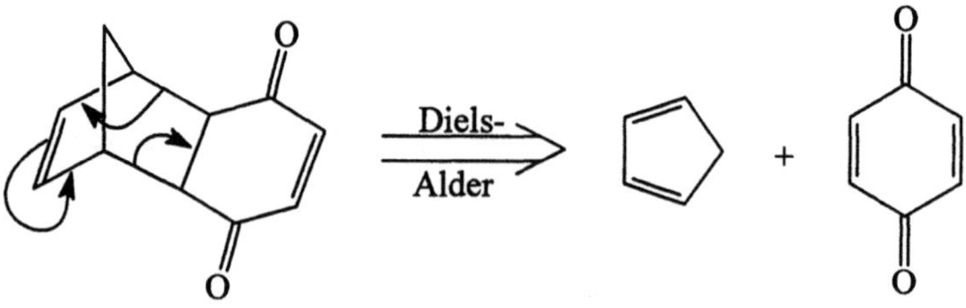

Beide Edukte für die *Diels-Alder-Reaktion* sind kommerziell erhältlich.

Synthese:
Es ist beeindruckend, daß diese komplizierte Struktur in nur zwei Schritten aufgebaut werden kann!

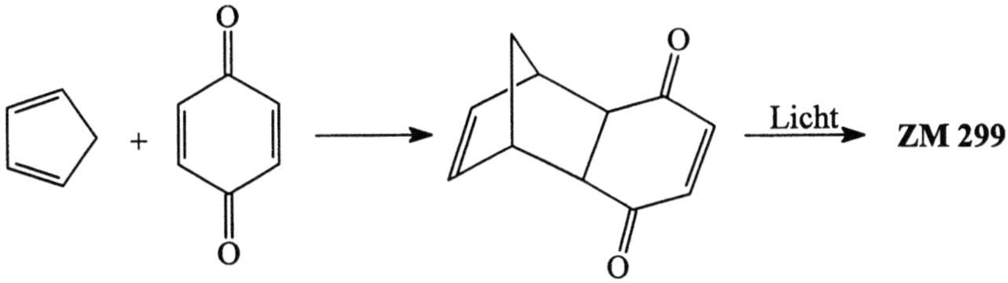

I. Komplexere Anwendungsaufgaben

301. Die folgenden Probleme können alle bisher besprochenen Retrosyntheseschritte beinhalten und sollten von Ihnen zur Wiederholung genutzt werden.

Anwendungsaufgabe 31:
Entwerfen Sie eine Synthese für Zielmolekül **301**!

$PhCH_2—O—CH_2–CH_2–C≡C—CH_2OH$ **ZM 301**

---

302. Analyse:
Zum Warmwerden beginnen wir mit einem einfachen Problem: Spalten Sie zunächst an der ungeschützten Seite des Acetylens:

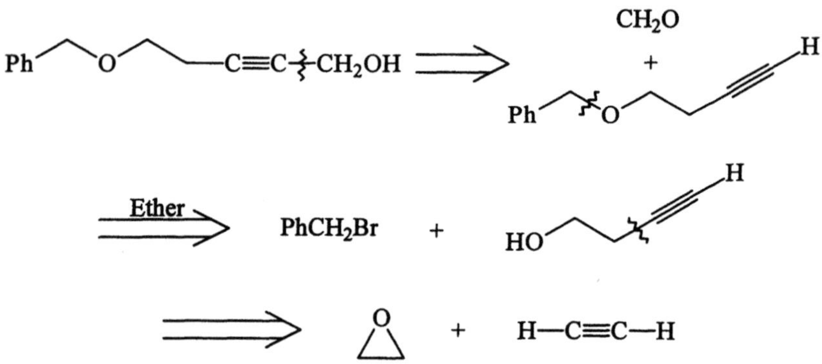

Synthese:
Die Synthese erfolgt wie in *J. Am. Chem. Soc.* **1966**, *88*, 3859 beschrieben:

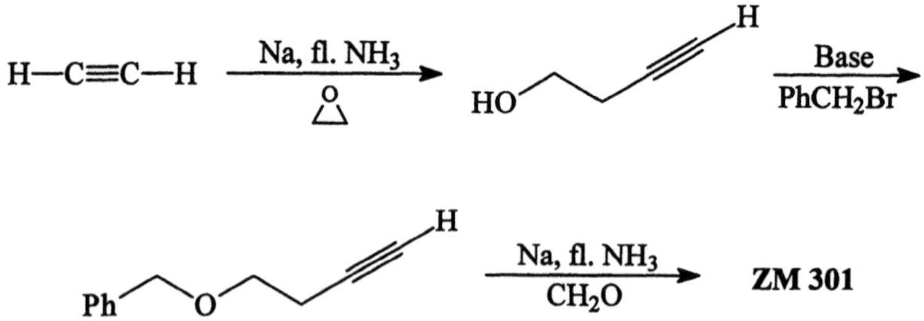

---

303. Anwendungsaufgabe 32:
Zielmolekül **303** ist ein Intermediat bei der Synthese von Substanzen, die man in Ameisen gefunden hat. Wie würden Sie **ZM 303** herstellen?

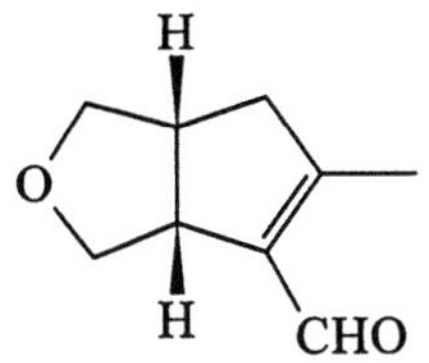

ZM 303

---

304. Analyse:
Wir müssen zunächst entscheiden, ob wir die Retrosynthese beim cyclischen Ether oder beim α,β-ungesättigten Aldehyd beginnen. Zweifellos führen beide Spaltungen zu sinnvollen Retrosynthesen. Im folgenden wollen wir lediglich die Spaltung der α,β-ungesättigten Carbonylverbindung diskutieren:

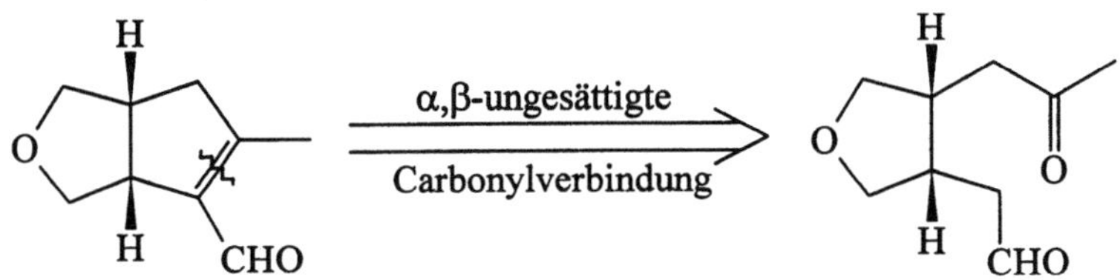

Damit erhalten wir eine 1,6-Dicarbonylverbindung, für deren Retrosynthese wir unseren Trick mit der "Wiederverknüpfung" zum Cyclohexen einsetzen müssen:

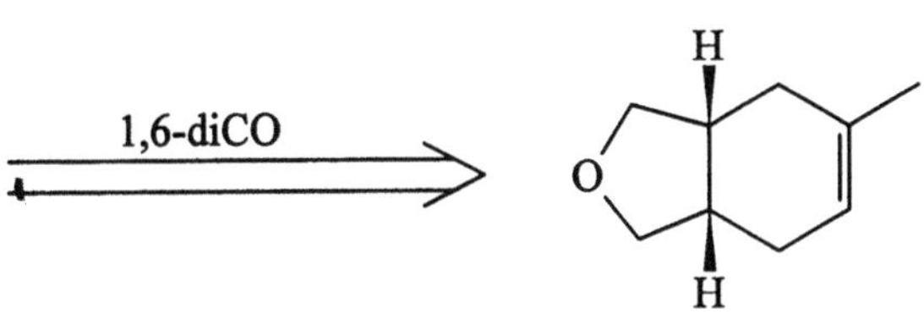

Das Cyclohexen mit anelliertem Fünfring läßt sich durch *Diels-Alder-Reaktion* aufbauen. Zur Aktivierung des Dienophils für die *Diels-Alder-Reaktion* muß der Ether in eine Dicarbonylverbindung überführt werden:

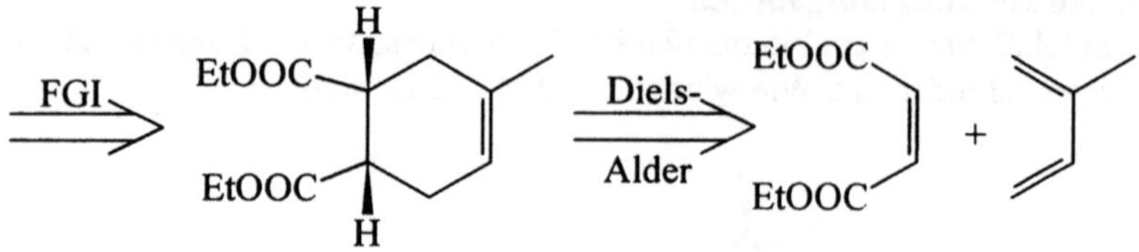

Synthese:
Bei einer erfolgreichen Synthese (*J. Am. Chem. Soc.* **1958**, *90*, 3937) wurde Maleinsäureanhydrid als Edukt für die *Diels-Alder-Reaktion* eingesetzt:

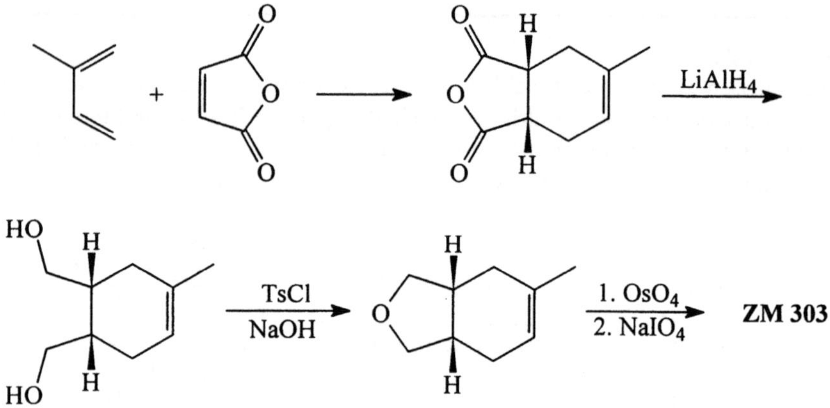

Nach der Spaltung der Doppelbindung im Sechsring erfolgt die abschließende Cyclisierung zum Fünfring spontan.

---

305. Anwendungsaufgabe 33:
Entwerfen Sie eine Synthese für Zielmolekül **305**, einem entzündungshemmenden Arzneimittel, das 1974 unter dem Namen *Clopinac* eingeführt wurde!

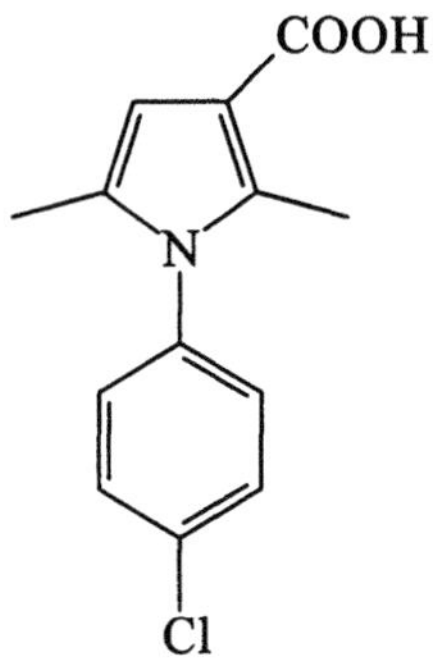

ZM 305

---

306. Analyse:
Die sinnvollste Stelle für den ersten Retrosyntheseschritt ist der Stickstoff mit den beiden N-C=C-Bindungen, da wir als Produkt der Spaltung eine Dicarbonylverbindung erhalten (siehe Lernschritte 253 - 257):

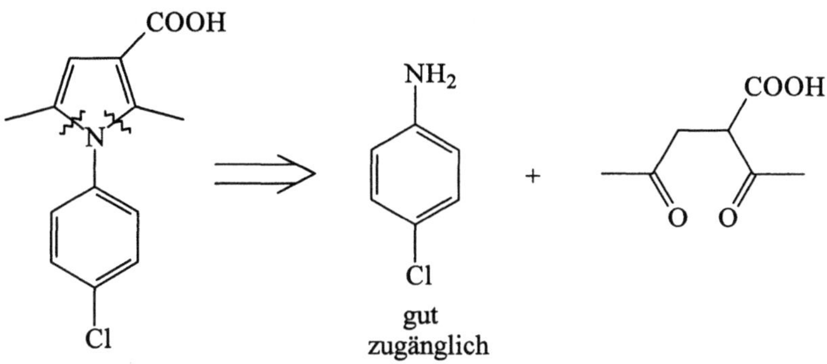

Die Säuregruppe dient als Orientierung für eine geeignete Spaltung der 1,4-Dicarbonylverbindung:

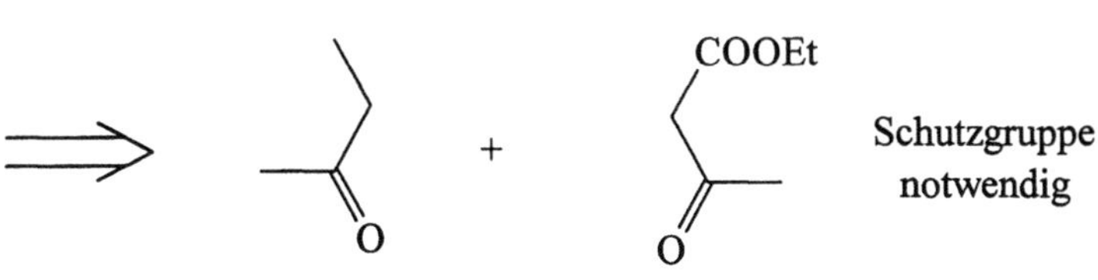

Synthese:
Verständlicherweise ist es schwer, von Chemiefirmen zu erfahren, wie sie tatsächlich ihre Wirkstoffsynthesen durchführen, so daß wir auch in diesem Fall nur spekulieren können:

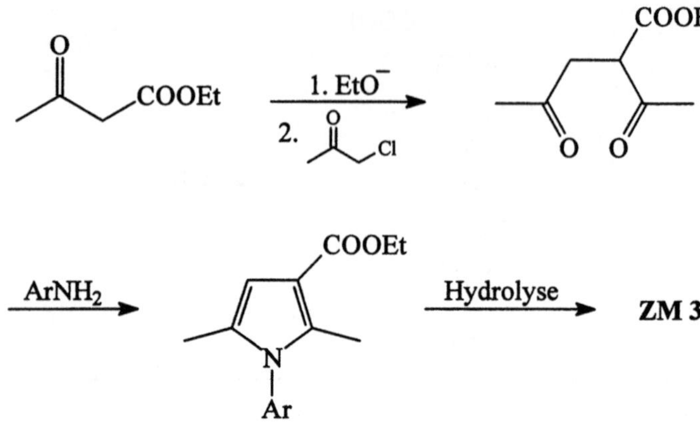

ZM 305

307. Anwendungsaufgabe 34:
Entwerfen Sie eine Synthese für Zielmolekül **307**, einem Duftstoff, der in Rosen- und Geranienölen vorkommt. Industriell stellt man **ZM 307** durch Oxidation von Citronellol, einem anderen Naturstoff, her.

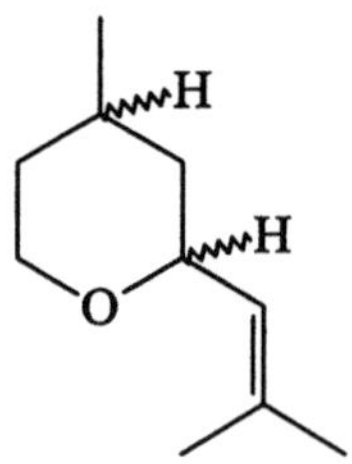

ZM 307

308. Analyse:
Der cyclische Ether kann aus einem offenkettigen Diol hergestellt werden:

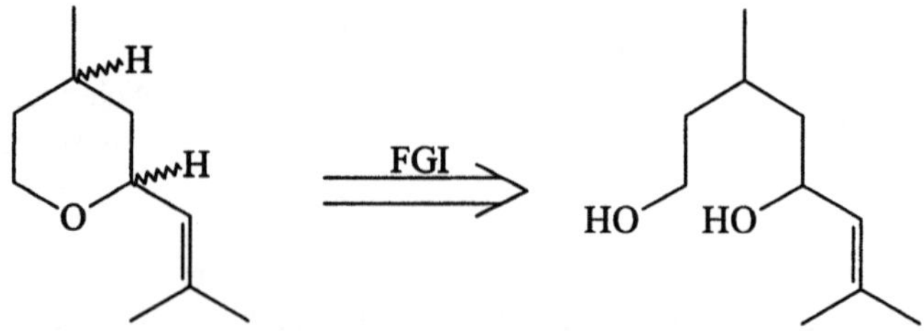

Damit erhalten wir ein Kohlenstoffgerüst mit einer 1,5-diO-Beziehung. Dieses Substitutionsmuster läßt sich, nach vorheriger Überführung der Alkoholgruppen in Carbonylgruppen, durch *Michael-Reaktion* erzeugen:

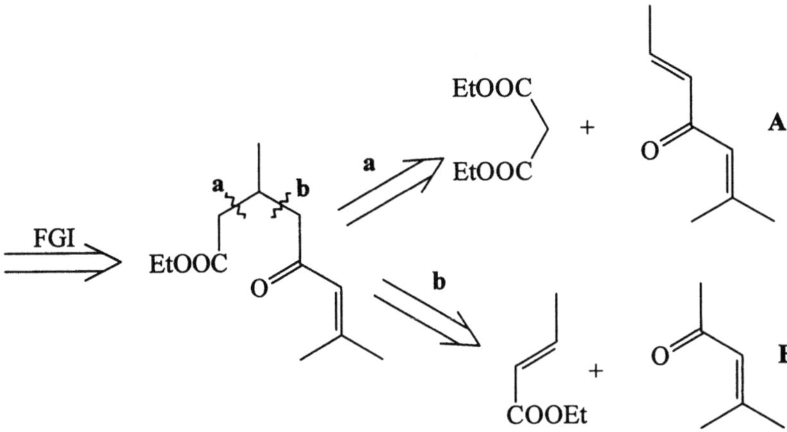

Synthese:
Sie werden feststellen, daß es auf beiden, bei der Analyse gefundenen Wegen, Probleme mit der synthetischen Umsetzung gibt. Eine Schwierigkeit bei Route **a** liegt darin, daß Malonester bei einigen Michael-Akzeptoren ausschließlich an der weniger gehinderten Seite angreifen:

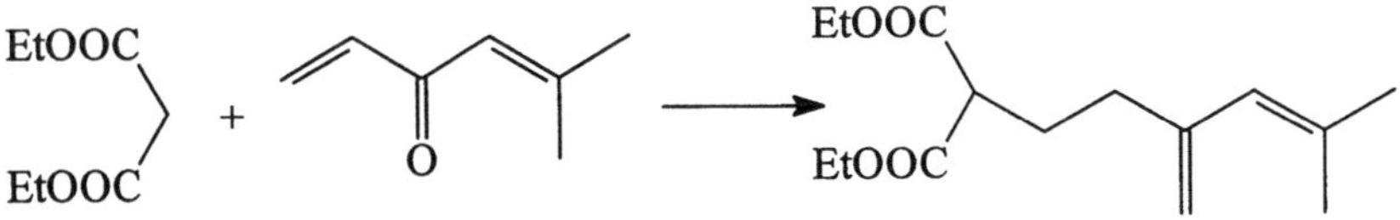

Demzufolge ist es zweifelhaft, ob die Selektivität der Reaktion mit **A**, die allein auf einer zusätzlichen Methylgruppe beruhen kann, ausreichend ist.
Das Problem bei Route **b** ist die Aktivierung der Methylgruppe in Verbindung **B**. Ein praktikables Verfahren ist das folgende:

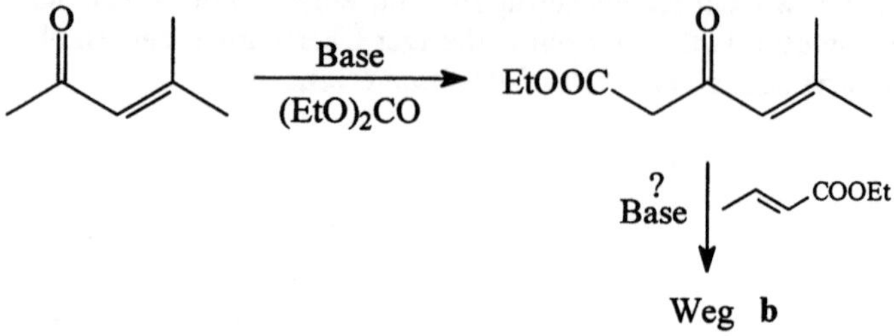

Die letzten Schritte sind so einfach, daß sie hier nicht besprochen werden müssen.

Der moderne Organische Chemiker hat sowohl bei den Reagenzien wie auch bei den Reaktionen eine Variationsbreite, die viel größer ist als das, was wir im Rahmen dieses Buches diskutiert haben. Wenn Sie Organische Chemie auf einem fortgeschrittenen Niveau betreiben, werden Sie viele dieser Reagenzien und Reaktionen kennenlernen, und Sie werden erkennen, daß die Prinzipien, die sie in diesem Buch gelernt haben, allgemein anwendbar sind.
Wir haben damit die Grundtypen der Retrosynthese vollständig besprochen und müssen noch einen Blick auf die Strategien werfen, die man bei komplexeren Synthesen verfolgt.

J. Strategien

1. Konvergente Synthesen

309. Wir haben uns bisher hauptsächlich mit der Frage nach der Systematik von Synthesen beschäftigt: "Was ist ein guter Retrosyntheseschritt?". Nur gelegentlich haben wir den größeren Zusammenhang betrachtet und uns mit Strategien beschäftigt: "Mit welcher Folge von Retrosyntheseschritten, einschließlich solcher, die auf den ersten Blick nicht vielversprechend aussehen, gelangt man zurück zu einfachen, geeigneten Ausgangsverbindungen?". Nun müssen wir uns mit der Strategie befassen - dem umfassenden Syntheseplan.
Das erste wichtige Kriterium für eine gute Synthesestrategie ist, daß sie kurz sein muß. Berechnen Sie für jede der beiden folgenden Synthesen die Ausbeute, wenn für jeden einzelnen Schritt die Ausbeute 90 % beträgt.

1. $A \longrightarrow B \longrightarrow C \longrightarrow ZM$

2. $A \longrightarrow B \longrightarrow C \longrightarrow D \longrightarrow E \longrightarrow ZM$

---

310. 1. Die Ausbeute für eine Synthese mit drei Stufen beträgt 73 %.
2. Die Ausbeute für eine Synthese mit fünf Stufen beträgt 59 %.

Mit der Zeit werden Sie mit Synthesen zu tun haben, die aus zehn Stufen bestehen. Obwohl jeder einzelne Schritt eine Ausbeute von 90 % aufweist, geht in diesem Fall die Gesamtausbeute auf bescheidene 35 % zurück! Dieses Beispiel veranschaulicht unser erstes Kriterium: Eine kurze Synthese ist eine gute Synthese! Aber wir können die Arithmetik mit der von Stufe zu Stufe abnehmenden Ausbeute austricksen, indem wir die Synthese nicht linear, sondern "konvergent" gestalten. Die konvergente Vorgehensweise ist die folgende:

$$\left.\begin{array}{l} A \longrightarrow B \longrightarrow C \\ D \longrightarrow E \longrightarrow F \end{array}\right\} \longrightarrow ZM$$

Die Ausbeute jedes einzelnen Schrittes soll wiederum 90 % betragen. Wie groß ist dann die Gesamtausbeute dieser fünfstufigen, konvergenten Synthese?

---

311. Die Ausbeute ist mit 73 % genauso groß wie bei einer dreistufigen Synthese. Somit ist es günstiger, zwei mehr oder weniger gleichwertige Molekülfragmente getrennt aufzubauen und sie erst am Ende der Synthese zusammenzuführen. Wir wollen dies im folgenden an praktischen Beispielen diskutieren.
Welches sind offensichtlich die drei alternativen Retrosyntheseschritte für Zielmolekül **311**?

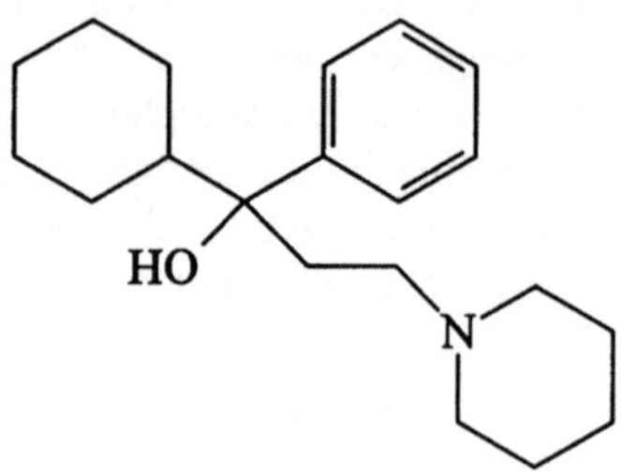

ZM 311

---

312. Analyse:
Selbstverständlich können wir jeden der drei Substituenten des tertiären Alkohols abspalten:

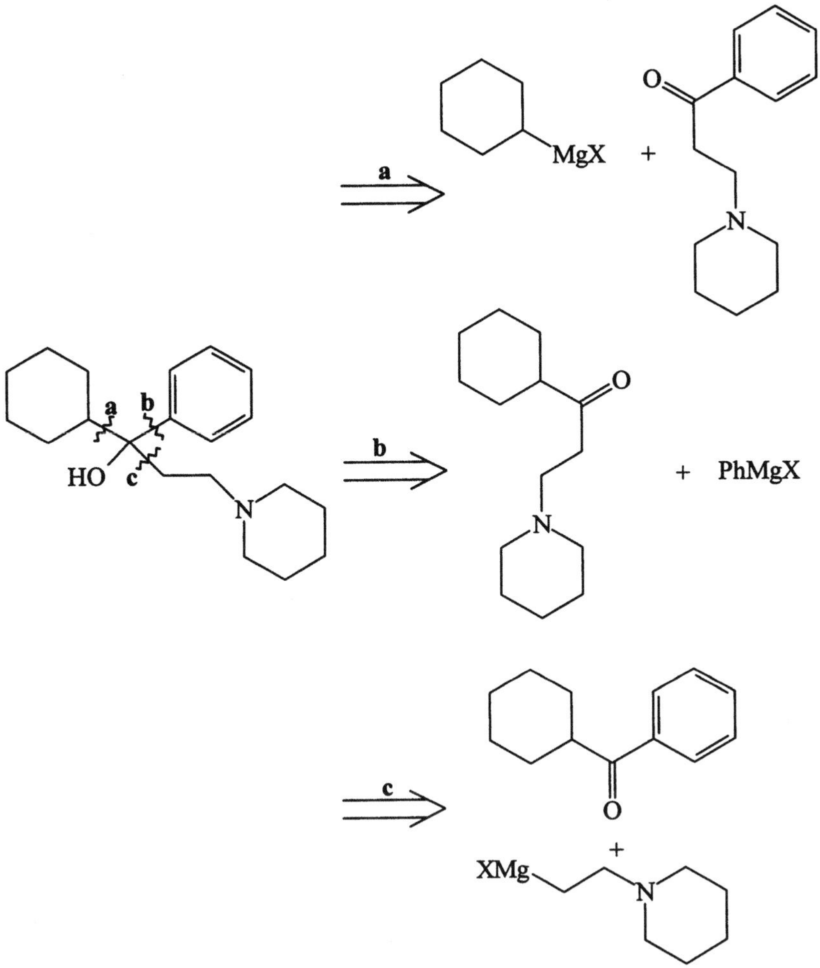

Wenn Sie die aromatischen Ketone in den Synthesen **a** und **c** betrachten, sollten Sie sich daran erinnern, daß die *Friedel-Crafts-Acylierung* für die Synthese solcher Verbindungen geeignet ist.
Setzen Sie die Retrosynthese für die Wege **a** und **c** fort!

313. Fortsetzung der Analyse:

a)

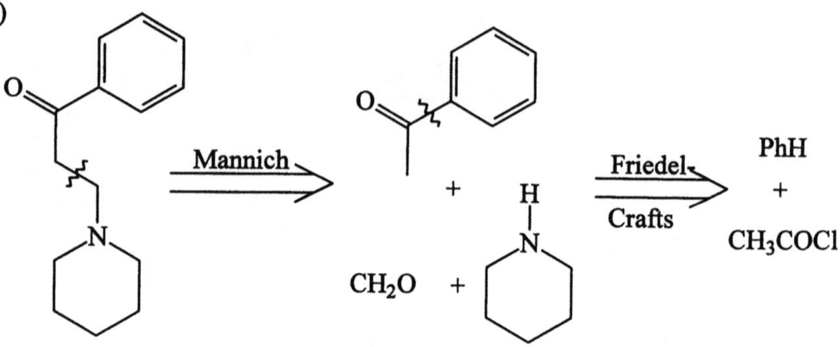

c)

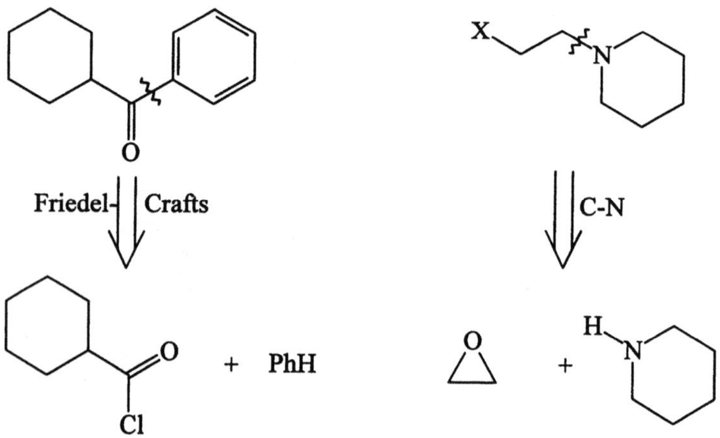

Vielleicht haben Sie erkannt, daß im einen Fall die Synthese linear und im anderen Fall konvergent aufgebaut ist.
Schreiben Sie zur Verdeutlichung beide Synthesen vollständig auf!

314. Synthese:

a) Lineare Synthese

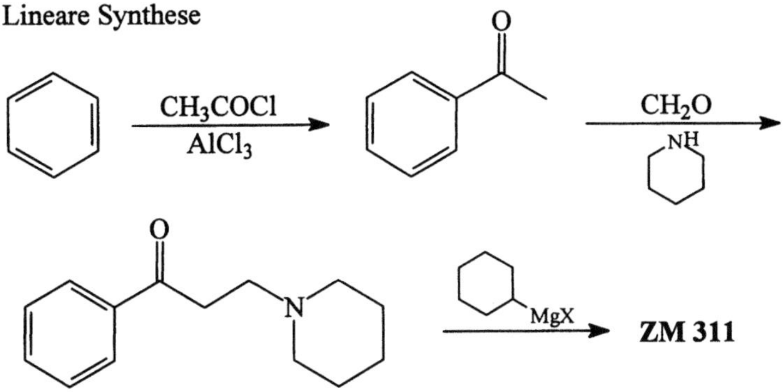

c) Konvergente Synthese

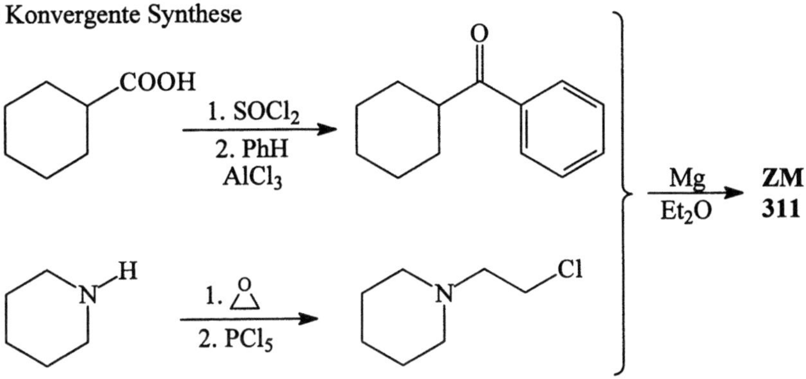

Bei Zielmolekül **311** handelt es sich um *Trihexylphenidyl*, ein Mittel gegen die Parkinsonsche Krankheit. Die industrielle Synthese erfolgt gemäß Route **c**.

---

315. Sie sollten nochmals über die Kriterien für einen guten Retrosyntheseschritt nachdenken (siehe beispielsweise Lernschritt 76). Zwei dieser Kriterien können uns auch bei der Suche nach konvergenten Synthesen helfen. Um welche beiden handelt es sich?

316.

1. die größtmögliche Vereinfachung
2. Einbeziehung eines Verzweigungspunkts

Schlagen Sie unter Berücksichtigung dieser beiden Kriterien eine konvergente Synthese für Zielmolekül **316** vor!

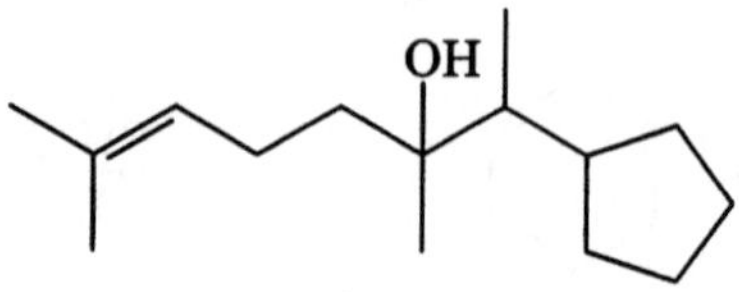

ZM 316

---

317. Analyse:
Es ist naheliegend, wiederum mit der Abspaltung einer der Gruppen am tertiären Alkohol zu beginnen. Die Spaltung der Bindungen **a** und **b** führt jeweils zu einer deutlichen Vereinfachung, aber nur **a** nutzt darüberhinaus auch das Verzweigungspunkt-Kriterium aus:

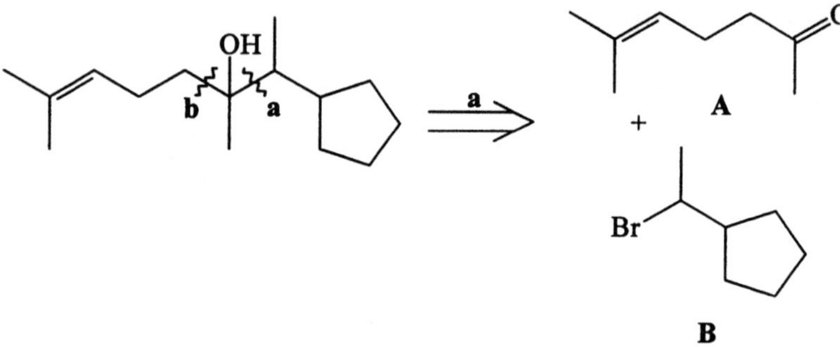

Wenn Sie sich bisher noch keine Gedanken darüber gemacht haben sollten, überlegen Sie nun, wie man **A** und **B** herstellen könnte!

---

318. Ausgehend von Zielmolekül **31** liefert uns einer der Standardretrosyntheseschritte für Ketone (Lernschritt 56) eine Synthese für **A**:

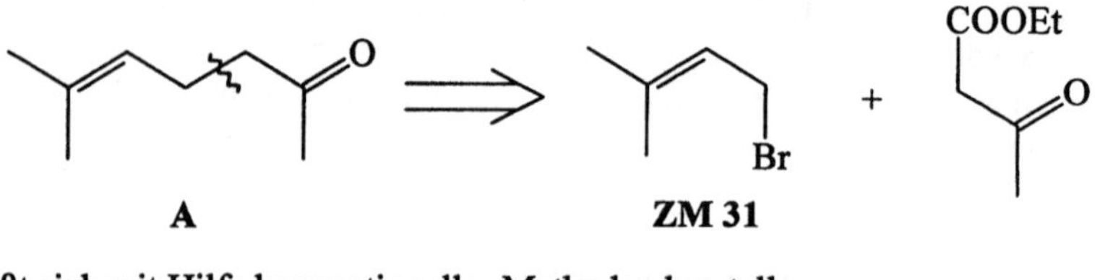

A **ZM 31**

B läßt sich mit Hilfe konventioneller Methoden herstellen:

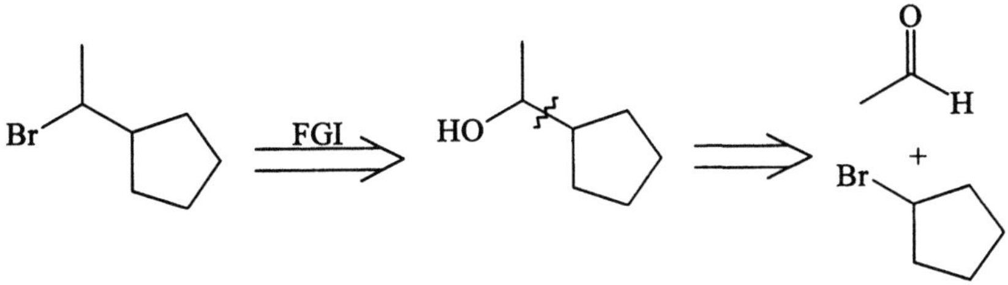

Synthese:

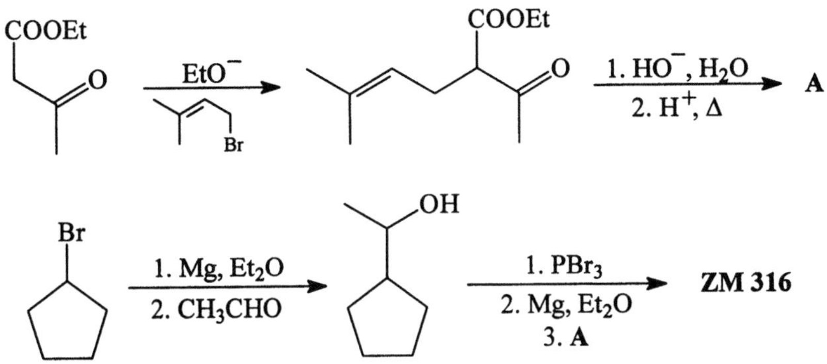

Es gibt zweifellos viele andere gute Wege zu Zielmolekül **316**. Soweit mir bekannt ist, wurde es nicht auf der hier vorgestellten Route hergestellt.

2. Strategische Planung der Retrosynthese

(a) Bindungen von Kohlenstoffatomen zu Heteroatomen

319. Sie haben bereits gesehen, daß Bindungen zwischen Kohlenstoff- und Heteroatomen leicht geknüpft werden können. Das konnten Sie daran erkennen, daß wir diese Bindungen als erste bei den Retrosynthesen gespalten haben (Lernschritte 234ff.). Daher ist es eine gute Strategie, zunächst Kohlenstoff-Heteroatom-Bindungen zu erzeugen, und diese dann in C-C-Bindungen zu überführen. Die *Claisen-Umlagerung* ist eine der Reaktionen, die wir für diesen Zweck einsetzen können: ein *ortho*-Allylphenol **B** wird aus einem Allylether **A** hergestellt:

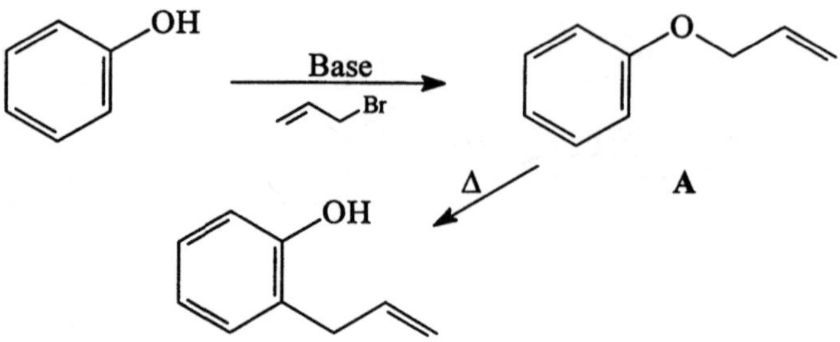

A

B

Formulieren Sie den Mechanismus für die Reaktion von **A** nach **B**!

---

320. Beim ersten Schritt handelt es sich um eine pericyclische Reaktion:

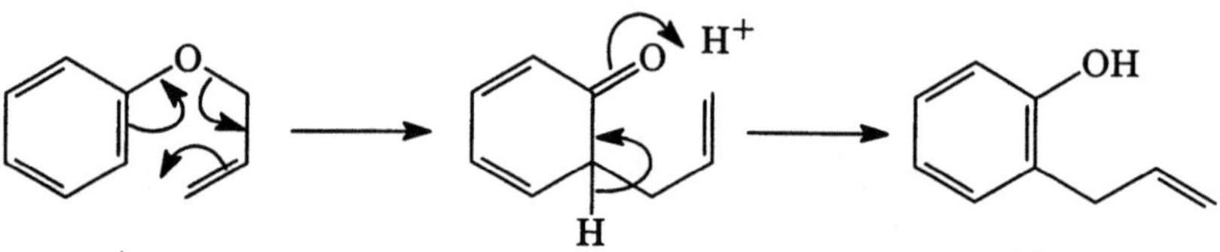

A **B**

Wie würden Sie *Eugenol* (**ZM 320**), einen Inhaltsstoff des Knoblauchs, mit Hilfe der *Claisen-Umlagerung*, herstellen?

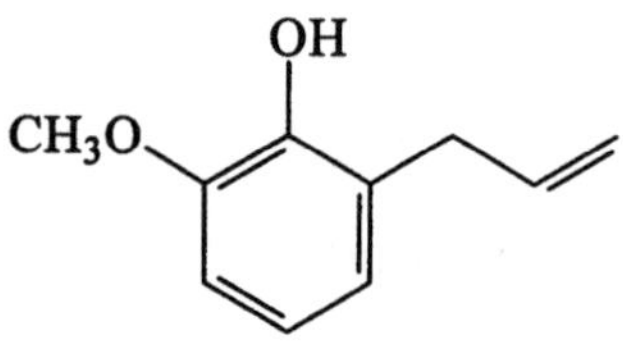

ZM 320

---

321. Analyse:

Die *ortho*-Anordnung von OH⁻ und Allylrest ist der entscheidende Hinweis für die Retrosynthese, da dieses Substitutionsmuster auf die *Claisen-Umlagerung* hinweist:

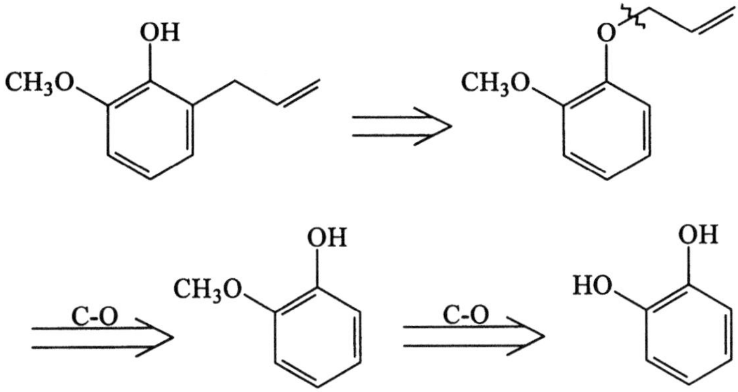

Synthese:
Wir gehen vom leicht zugänglichen *Brenzkatechin* **A** aus:

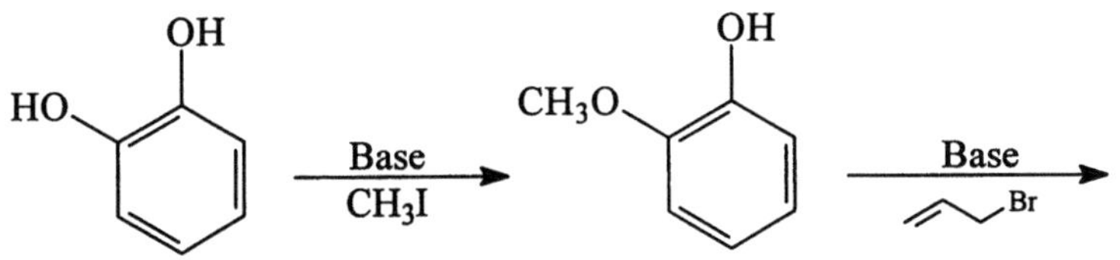

A

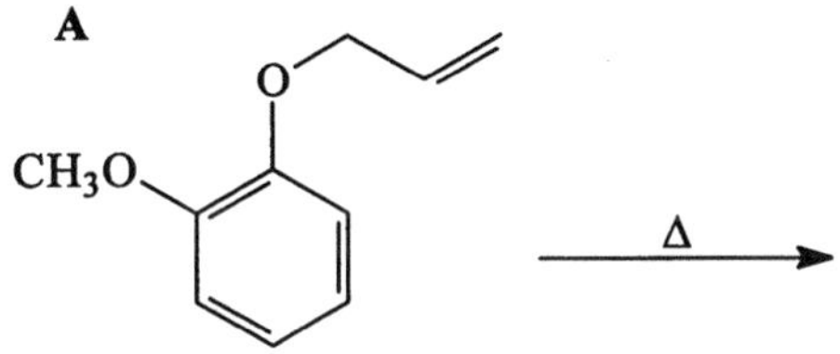

ZM 320

---

322. Die *Carroll-Reaktion* ist eine aliphatische Variante der *Claisen-Umlagerung* und Bestandteil eines wichtigen industriellen Prozesses:

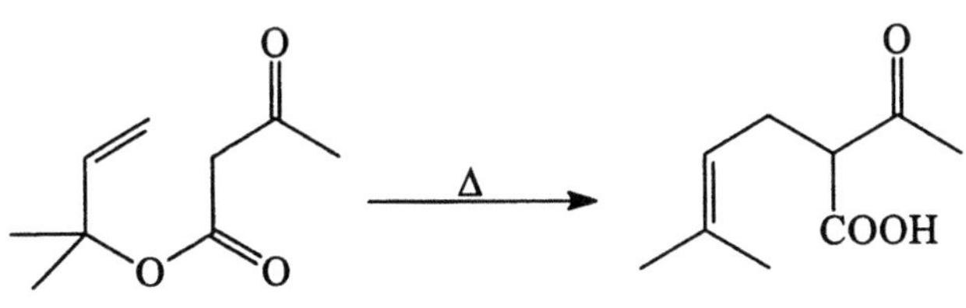

A **B**

Versuchen Sie, den richtigen Mechanismus zu formulieren!

323. Der Trick besteht darin, zunächst das stabile Enol des β-Ketoesters zu erzeugen, das dann in der gewünschten Weise umlagern kann:

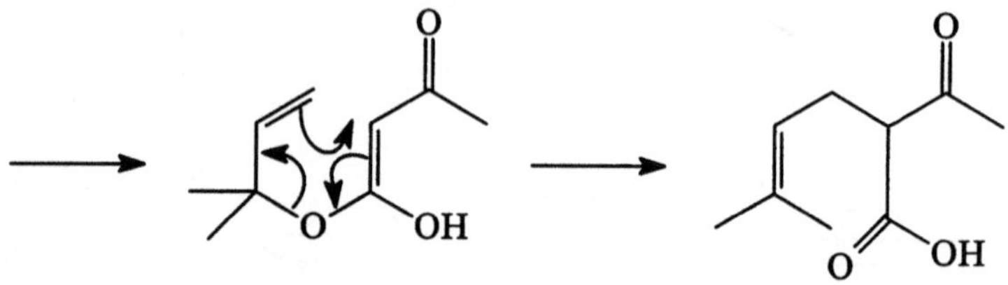

Der Ester **A** wird durch Umesterung von Acetessigsäureethylester und einem geeigneten Alkohol hergestellt. Das Produkt **B** decarboxyliert beim Erhitzen spontan. Schreiben Sie, ausgehend vom Acetessigsäureethylester, die gesamte Reaktionssequenz auf!

324.

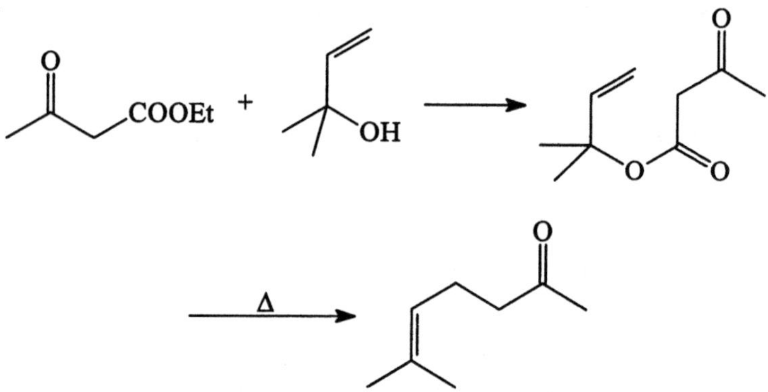

A

Die hier vorgestellte Synthese entspricht dem industriell durchgeführten Prozeß, wie er bei der Produktion von Duft- und Aromastoffen genutzt wird (*Pure Appl. Chem.* **1975**, *43*, 527). Wir haben dieses wichtige Intermediat **A** zuvor in Lernschritt 318 auf einem etwas anderen Weg hergestellt.
Wie könnten Sie diese Synthese ausweiten, um Zielmolekül **324** herzustellen?

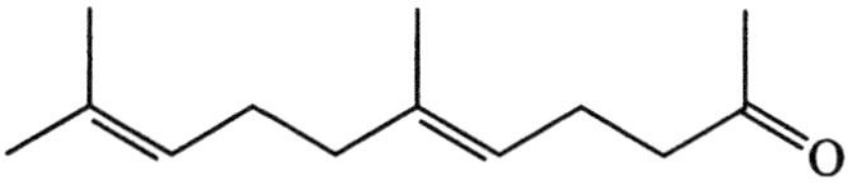

ZM 324

325. Analyse:
Für die Retrosynthese von **ZM 324** müssen Sie die *Carroll-Reaktion* umkehren:

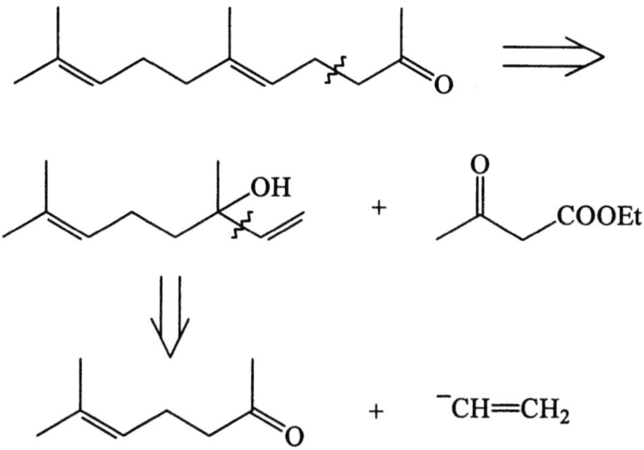

Als synthetisches Äquivalent für das Vinyl-Anion-Synthon ist am besten das Acetylid-Ion (Lernschritt 33) geeignet.
Synthese:

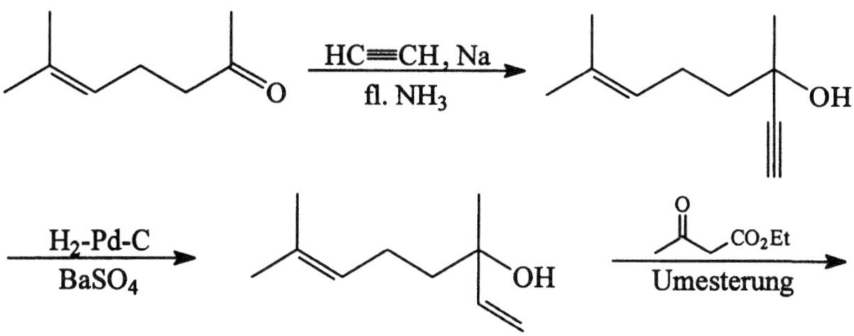

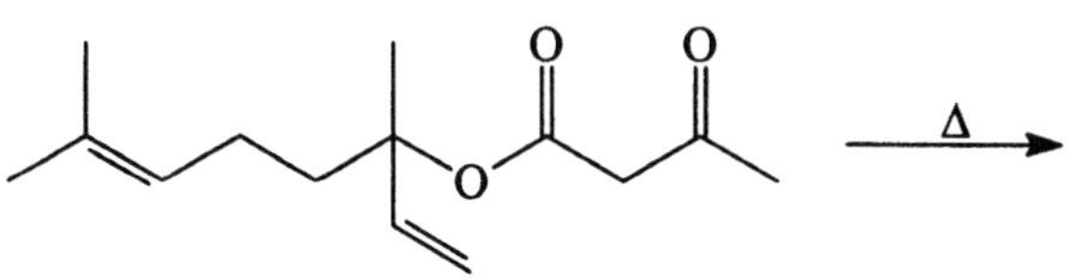

326. Ein vergleichbares Beipiel betrifft die Alkylierung von Enaminen. Diese Reaktion ist gut geeignet für Carbonylverbindungen mit α-Halogenatom (Lernschritte 175 ff.). Bei einfachen Alkylhalogeniden hingegen erfolgt der Angriff oft am Stickstoff:

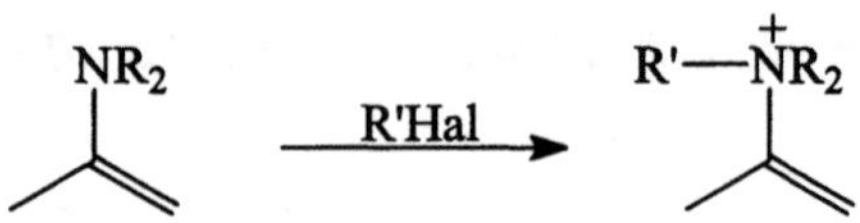

Allylhalogenide führen jedoch in guten Ausbeuten zum Kohlenstoff-alkyliertem Produkt:

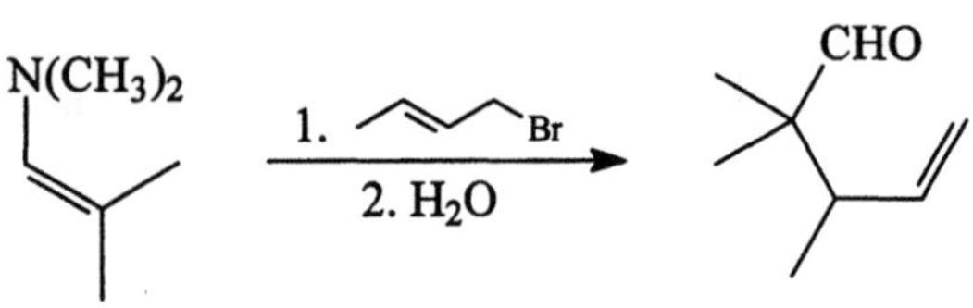

A

Wie läßt sich diese Reaktion erklären?

327. Da im Produkt die Allylgruppe in umgelagerter Form vorliegt, wird sie wahrscheinlich zuerst am Stickstoff addiert worden sein:

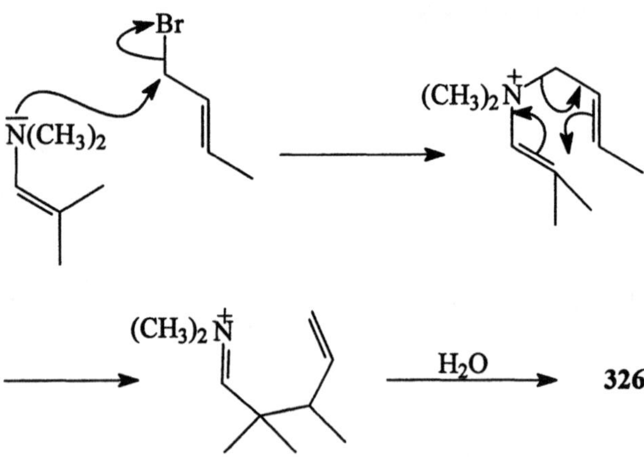

(*J. Org. Chem.* **1961**, *26*, 3576).

328. Die Strategie, intramolekulare Reaktionen zu nutzen, um die richtige Beziehung zweier Gruppen im Molekül zu erzeugen, ist von großer allgemeiner Bedeutung. Bei Zielmolekül **328** ist es naheliegend, die Bindungen **a** und **b** zu spalten, so daß ein Fragment mit vier Kohlenstoffatomen an Anisol ($PhOCH_3$) addiert werden kann:

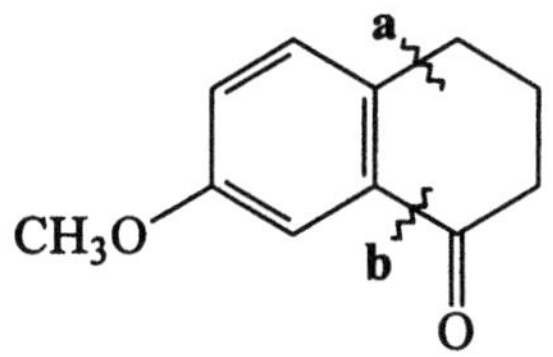

ZM 328

Bindung **a** steht *para* zu der Methoxygruppe und kann daher leicht geknüpft werden, Bindung **b** dürfte jedoch Probleme bereiten. Die Strategie ist, zunächst Bindung **a** einzuführen und Bindung **b** durch eine intramolekulare Reaktion in die gewünschte Position zu zwingen. Bernsteinsäureanhydrid ist ein oftmals passendes Elektrophil mit vier Kohlenstoffatomen:

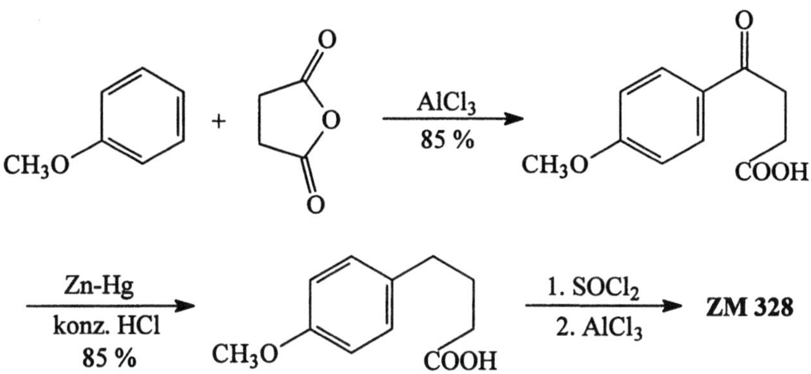

Diese Methode wird in *Org. Synth. Coll.* **2**, 81, 499, 571 beschrieben. Das obige Beispiel finden Sie in *J. Chem. Soc.* **1934**, **1950**; *J. Am. Chem. Soc.* **1936**, *58*, 1438; **1942**, *64*, 928.
Die abschließende Cyclisierung der Säure gelingt mit wasserfreiem HF und einer Ausbeute von 93 %.

(b) Polycyclische Verbindungen - Die Methode des "gemeinsamen" Atoms

329. Ein anderer strategischer Trick eignet sich besonders für polycyclische Verbindungen. Im Interesse der Vereinfachung wollen wir die Anzahl der Ringe verringern und ein Intermediat mit einer vertrauten Ringstruktur erzeugen. Wir können dieses mit der Methode des "gemeinsamen" Atoms erreichen.

Markieren Sie in Zielmolkül **329** alle Kohlenstoffatome, die zu mehr als einem Ring gehören - die "gemeinsamen" Atome!

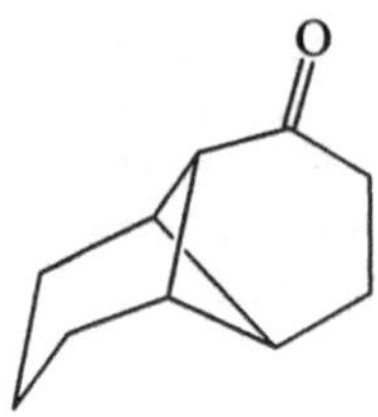

ZM 329

330.

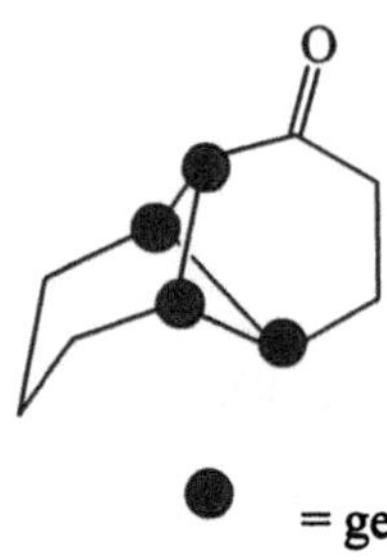

Zerlegen Sie nun eine beliebige Bindung zwischen zwei "gemeinsamen" Atomen, und überprüfen Sie, ob Sie vertraute Edukte erhalten!

---

331. Aufgrund der Symmetrie gibt es für Zielmolekül **329** nur zwei verschiedene Zerlegungen von Bindungen zwischen "gemeinsamen" Atomen:

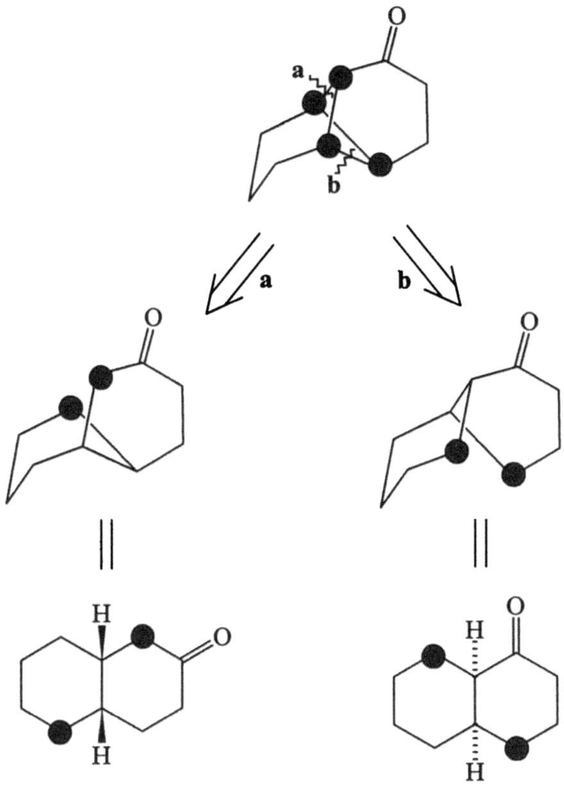

A B

In jedem der Intermediate muß eines der markierten Atome eine positive und ein anderes eine negative Ladung tragen.
Welche der Verbindungen **A** oder **B** ist als Edukt besser geeignet?

---

332. Im Falle von **331A** trägt das α-Kohlenstoffatom der Carbonylgruppe die negative Ladung, und die positive Ladung können wir durch eine gute Abgangsgruppe bereitstellen:

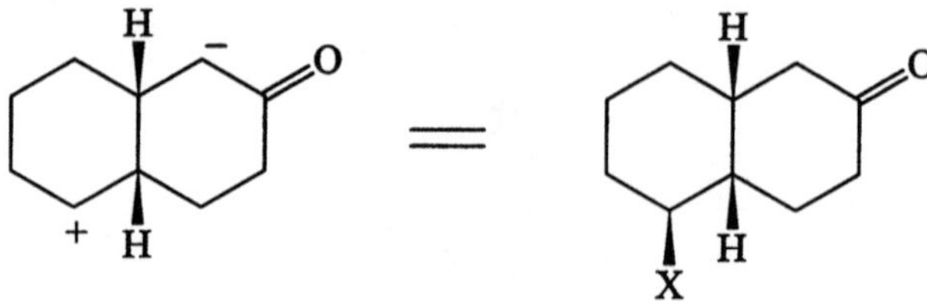

X = Br, OTs etc.

332A

Wenn Ihnen nicht klar sein sollte, warum **332A** in der hier vorgegebenen Stereochemie vorliegt, schlage ich vor, daß Sie zur Verdeutlichung ein Modell bauen. **332A** mit X = Tosylrest läßt sich, ausgehend vom Produkt der *Robinson-Anellierung* **332B** (Lernschritt 117), leicht herstellen:

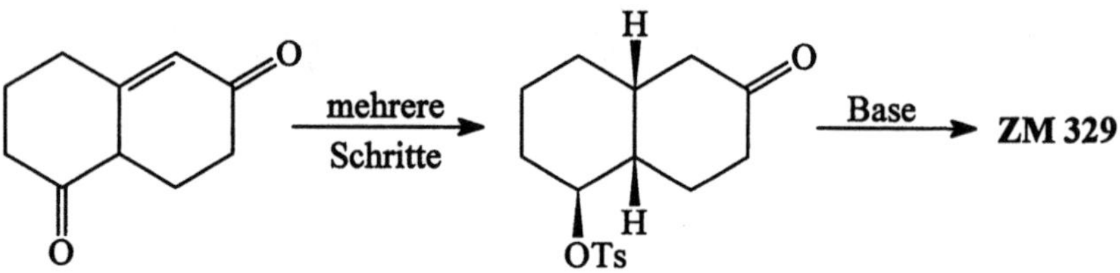

332B

Entwerfen Sie mit Hilfe der Methode des "gemeinsamen" Atoms eine Synthese für Zielmolekül **332**!

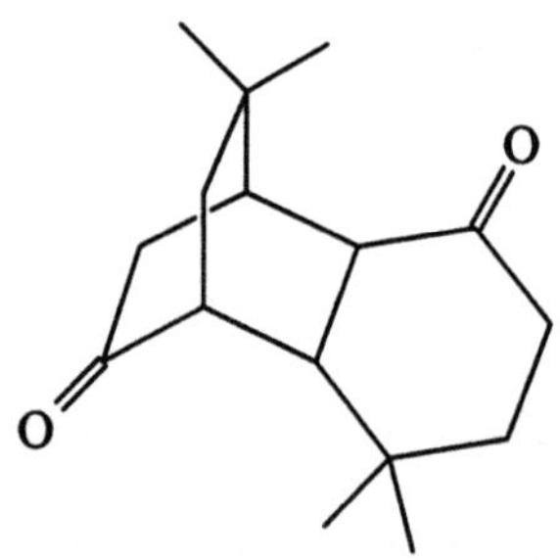

ZM 332

---

333. Analyse:
Wenn wir die "gemeinsamen" Atome markieren, stellen wir fest, daß es zwischen ihnen drei verschiedene Bindungen gibt, die wir spalten können, aber nur **a** und **c** führen zu einfachen Edukten. Beide sind weiterhin "logisch", denn wir könnten sofort Reagenzien für die Synthone angeben:

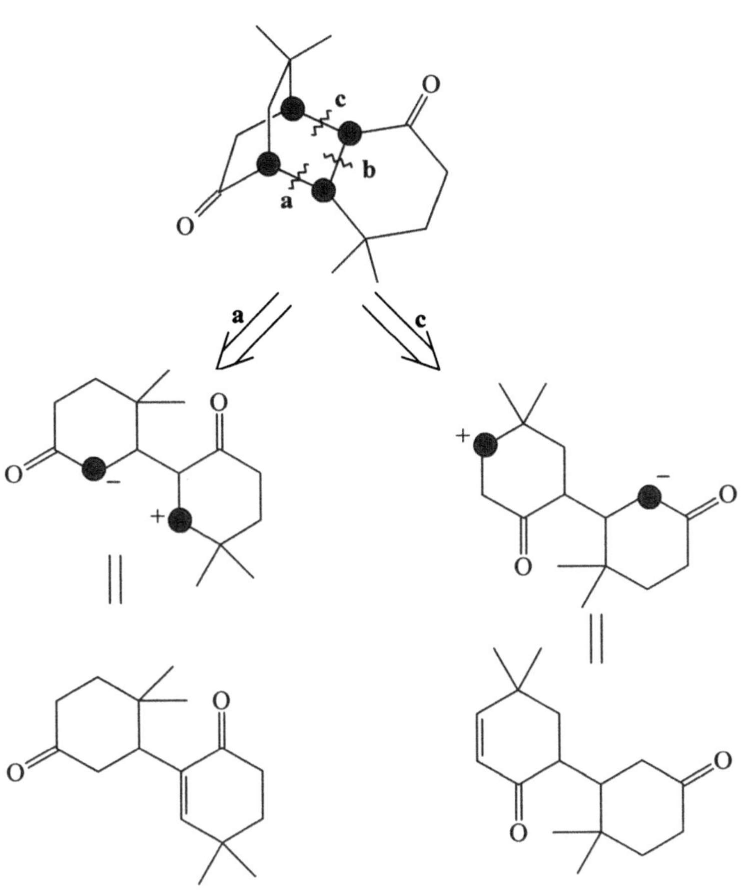

A **B**

Sowohl **A** als auch **B** sind 1,5-Dicarbonylverbindungen, aber nur **B** kann mittels der üblichen Retrosyntheseschritte weiter zerlegt werden.
Das Ergebnis der Zerlegung von **B** sind zwei Moleküle eines α,β-ungesättigten Ketons, mit deren Hilfe wir die Analyse fortsetzen können:

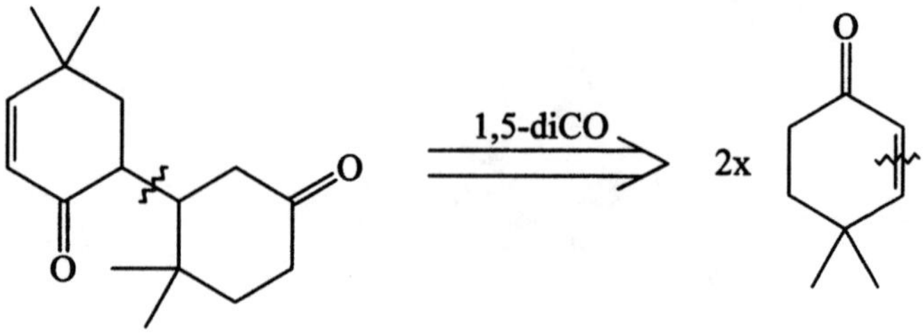

B

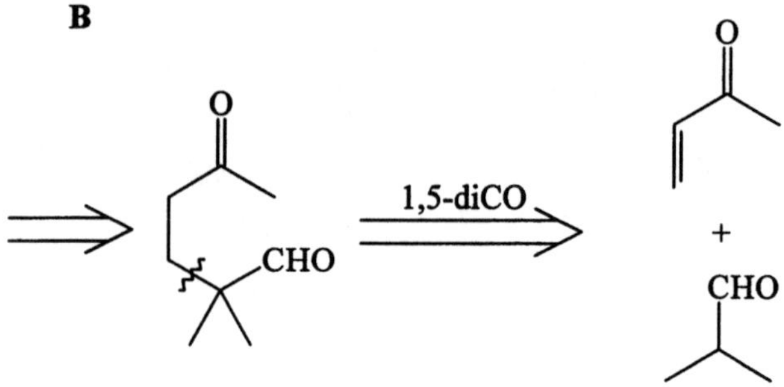

Synthese:
Diese Synthese wurde von *Lewis* veröffentlicht (*J. Chem. Soc. C*, **1971**, 753), wobei er jeweils den Trick mit dem Enamin einsetzt:

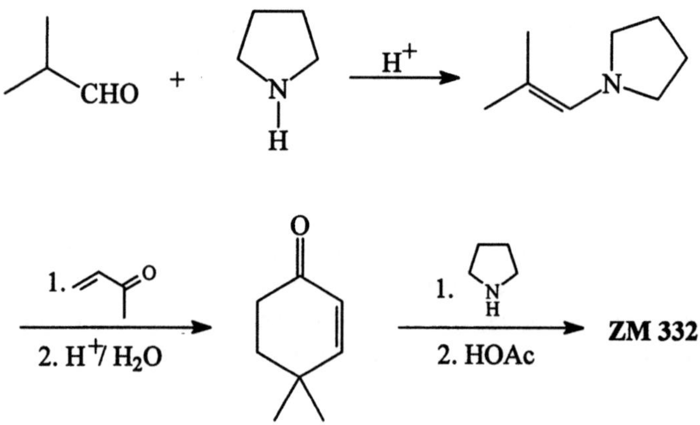

3. Umfassende Betrachtung der möglichen Bindungsspaltungen

334. Abgesehen von der Suche nach einer konvergenten Synthese oder dem Gebrauch der zwei strategischen Tricks, die wir gerade diskutiert haben, sind spezielle Kniffe in der strategischen Planung der Synthese unwichtig. Das Wichtigste ist, die kürzeste Route mit den für das Problem optimalsten Schritten zu finden. Um dieses zu verwirklichen, sollten wir alle möglichen Bindungsspaltungen in Betracht ziehen, selbst solche, die auf den ersten Blick nicht sehr vielversprechend aussehen.
Zur Verdeutlichung wollen wir die Synthese von *γ-Lactonen* analysieren (z. B. **ZM 334**), um zu sehen, wie die Wahl einer geeigneten Strategie von der Struktur des Zielmoleküls abhängt. Wir müssen der Reihe nach die Spaltung jeder der drei C-C-Bindungen betrachten. Die wahrscheinlich ansprechenste ist **b**:

ZM 334

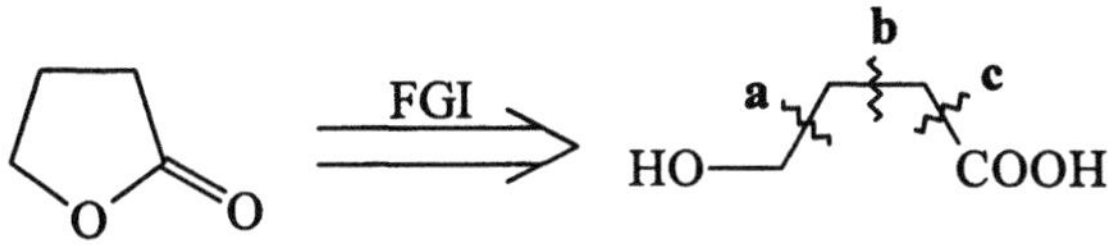

Vervollständigen Sie die Analyse ausgehend von der Spaltung **b**!

---

335. Analyse:
Hier kann die in den Lernschritten 171 bis 186 vorgestellte Methode für 1,4-dioxygenierte Kohlenstoffgerüste eingesetzt werden. Wir benötigen ein "unlogisches" Elektrophil, wofür sich in diesem Fall ein Epoxid anbietet:

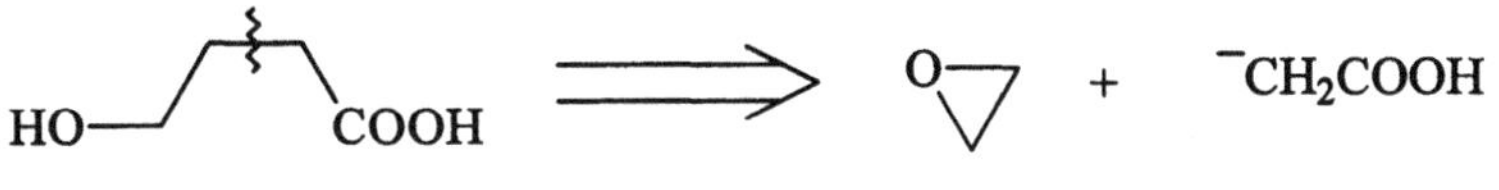

Synthese:
Schutzgruppe und Aktivierung müssen in der schon bekannten Art einsetzen werden:

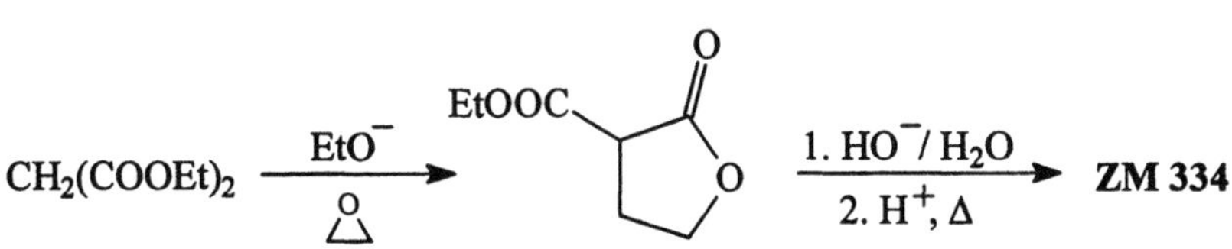

---

336. Was wären die möglichen Synthone für die Spaltung von Bindung **c**?

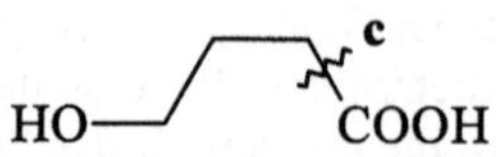

---

337. Die Polarisierung der Bindung kann beliebig gewählt werden:

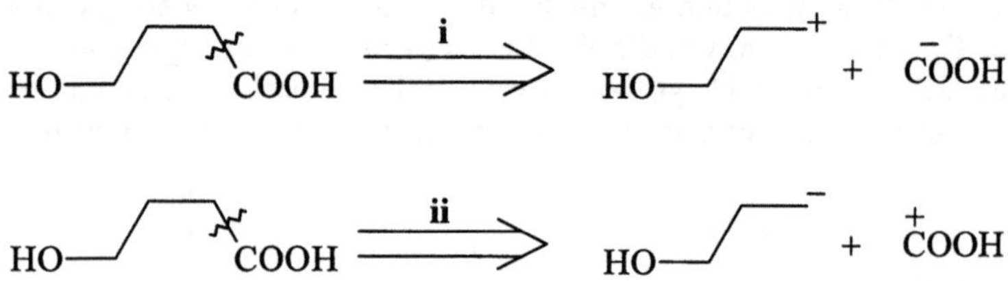

Beide Kombinationen sind möglich, uns erscheint aber die erste **(i)** vertrauter, da wir einen Michael-Akzeptor und ein Cyanid-Ion für die beiden Synthone einsetzen können.
Formulieren Sie mit Hilfe dieser Überlegungen die Synthese!

338.

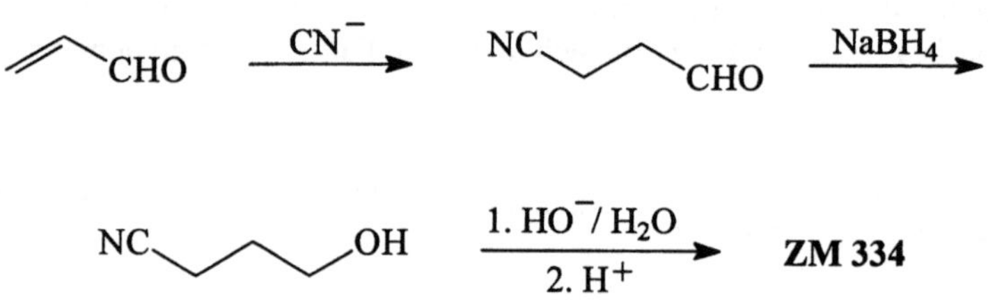

---

339. Abschließend bleibt noch in der gleichen Art und Weise die Betrachtung der Retrosynthese, die sich ergibt, wenn wir Bindung **a** spalten. Wir müssen die Synthone formulieren und nach den geeigneten Reagenzien suchen.

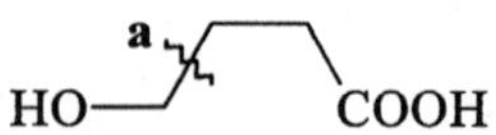

---

340. Wiederum kann die Polarisierung der Bindung beliebig gewählt werden:

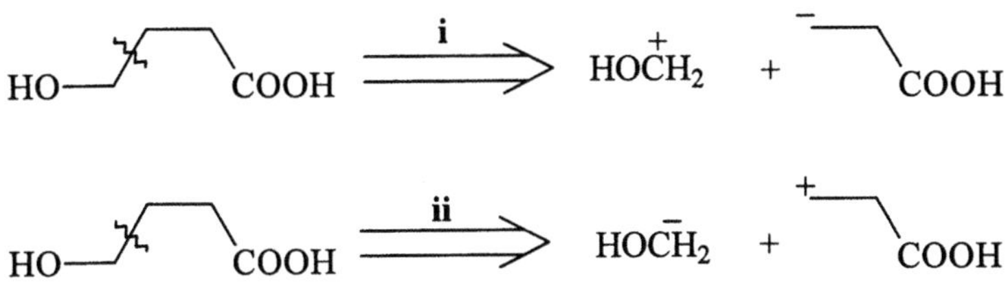

Für Route **(ii)** kann ein Michael-Akzeptor zusammen mit einem geeigneten Nucleophil - beispielsweise CH_3OCH_2MgCl - eingesetzt werden. Bei Route **(i)** wäre Formaldehyd als Elektrophil geeignet, das zusammen mit einem geschützten und aktivierten Nucleophil umgesetzt werden kann.

---

341. In Analogie zur *Reformatsky-Reaktion* kann das Zink-Derivat eines β-Bromesters als Nucleophil eingesetz werden:

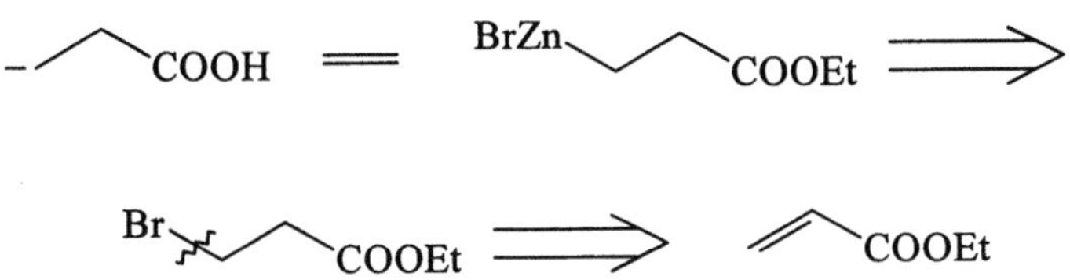

Damit lautet die Synthese:

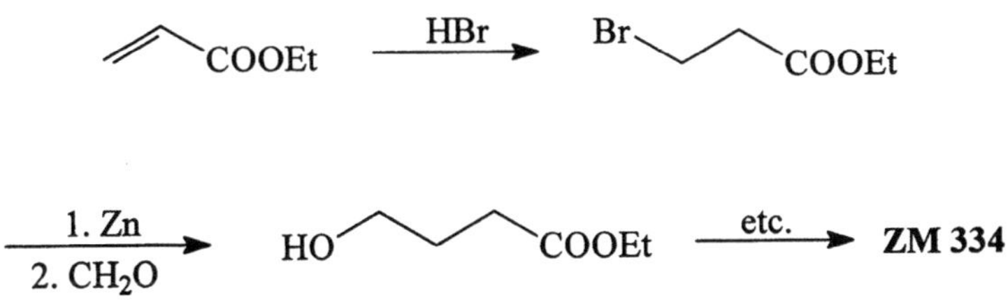

---

342. Jede dieser Methoden kann für ein bestimmtes Lacton die am besten geeignete sein. Das im letzten Lernschritt verwendete Verfahren erlaubt beispielsweise, einen Michael-Akzeptor zusammen mit einem beliebigen Aldehyd umzusetzen.
Welche Strategie wird im folgenden Beispiel verfolgt?

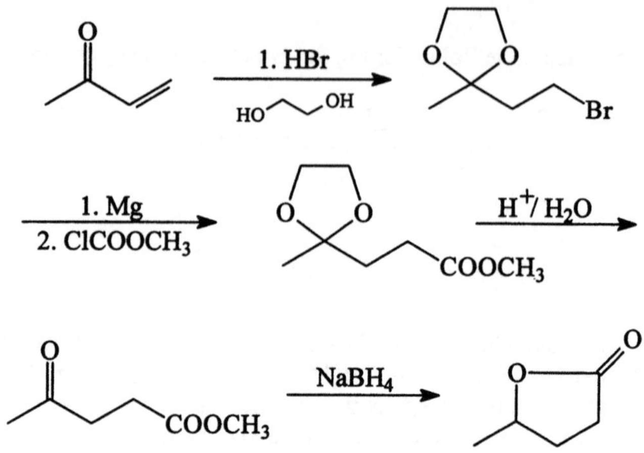

Literatur zur Synthese: *Tetrahedron Lett.* **1976**, 3105.

---

343. Eine Methode, die wir nicht im Detail diskutiert haben, ist die Strategie **c (ii)** aus den Lernschritten 336 und 337, wobei $ClCOOCH_3$ für das Synthon $^{+}COOH$ und das geschützte β-Bromketon für $CH_3CH(OH)CH_2CH_2^-$ eingesetzt werden.

---

344. Versuchen Sie, diese Methode bei Zielmolekül **344** einzusetzen. Welches ist in diesem Fall die richtige Strategie?

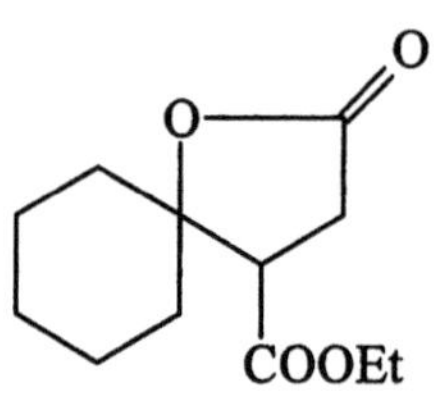

ZM 344

---

345. Analyse:
Wir beginnen damit, den Ring zu öffnen, um das eigentliche Problem sichtbar zu machen. Für das weitere Vorgehen wählen wir den Trick mit dem Verzweigungspunkt und spalten die Bindung zwischen diesen beiden Atomen. Damit scheint Strategie **a(i)** aus den Lernschritten 339 und 340 am besten für dieses Problem geeignet zu sein.

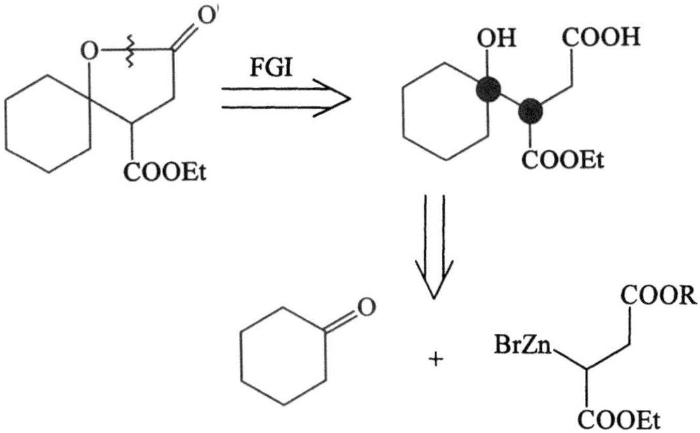

Synthese:
Wenn wir R = Et setzen, erhalten wir die folgende einfache Synthese:

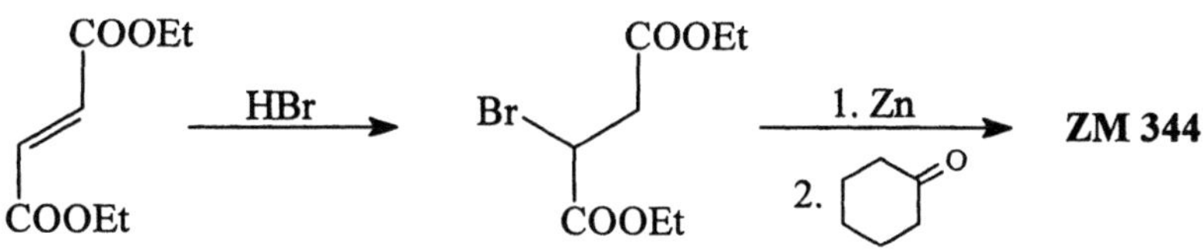

---

346. Das nächste Problem (Zielmolekül **346**) dürfte für Sie eine etwas größere Herausforderung darstellen:

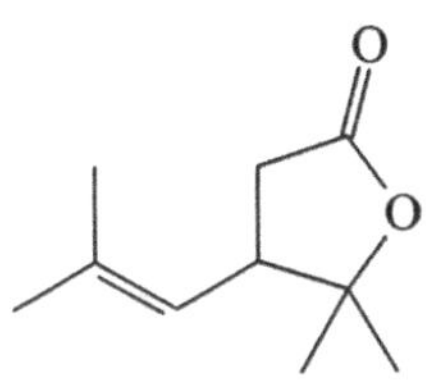

ZM 346

---

347. Analyse:
Wie gewöhnlich beginnen wir mit der Öffnung des Rings. Der tertiäre Alkohol, den wir dabei erhalten, kann durch Reaktion mit der ein- oder zweimolaren Menge Methylmagnesiumiodid hergestellt werden:

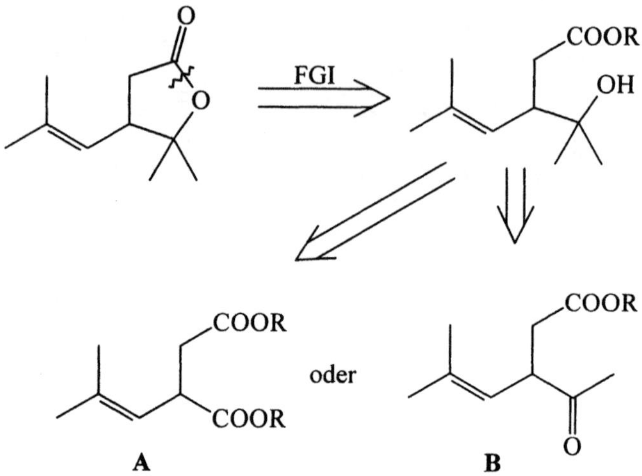

Zwischenverbindung **A** ist nicht so gut geeignet, da das Grignard-Reagenz an dem stärker abgeschirmten Ester angreifen müßte. Deshalb entscheiden wir uns für die andere Alternative.
Wie würden Sie Verbindung **B** herstellen?

---

348. Analyse:
Der am besten geeignete Retrosyntheseschritt ist der in den Lernschritten 335 und 171 - 175 diskutierte. Es stellt sich dabei aber die Frage, ob wir von dem ungesättigten Keton das entsprechende Enamin herstellen können, und ob die anschließende Alkylierung an der richtigen Stelle erfolgt.
Wie sich bei der Synthese herausstellt, kann sowohl das Enamin hergestellt als auch die Alkylierung erfolgreich durchgeführt werden.

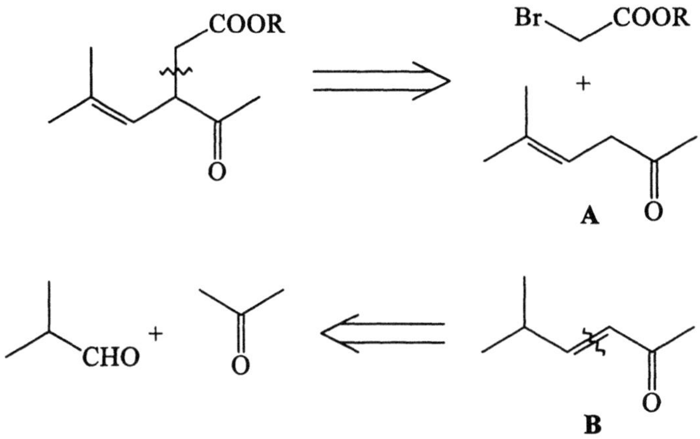

Sowohl **348A** als auch **348B** bilden das richtige Enamin, aber bei **B** handelt es sich um ein α,β-ungesättigtes Keton, dessen Retrosynthese einfacher ist.

Synthese:
Die Synthese ist beschrieben in *Bull. Soc. Chim. Fr.* **1955**, 1311; **1962**, 2243.

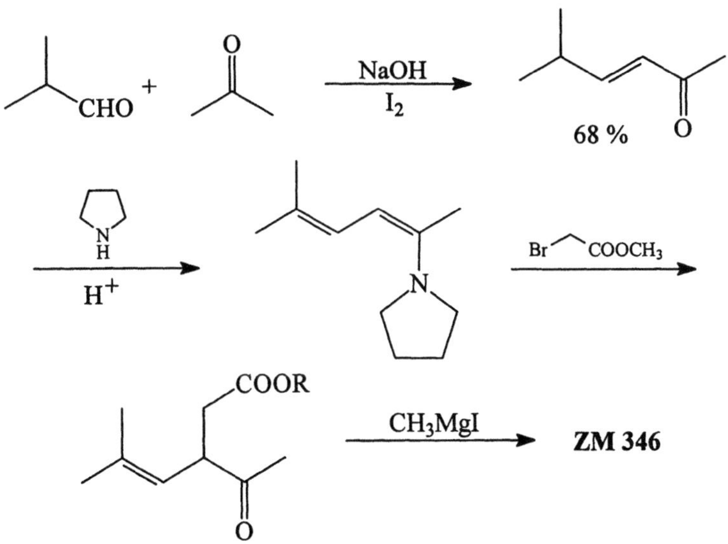

4. "FGIs" vor der ersten Bindungsspaltung
Die Kosten einer Synthese

349. Die Synthese des γ-Lactons (**ZM 346**) ist recht einfach, da alle Umwandlungen von funktionellen Gruppen auf Sauerstoff basieren. Daher kann eine Retrosynthese formuliert werden, die außer Oxidation und Reduktion keine weiteren FGIs beinhaltet. Im folgenden wollen wir die Synthese des Muskelrelaxans *Baclofen* (Zielmolekül **349**) betrachten, bei der die Umwandlung von funktionellen Gruppen deutlich komplexer ist. Welche funktionelle Gruppe bereitet Schwierigkeiten?

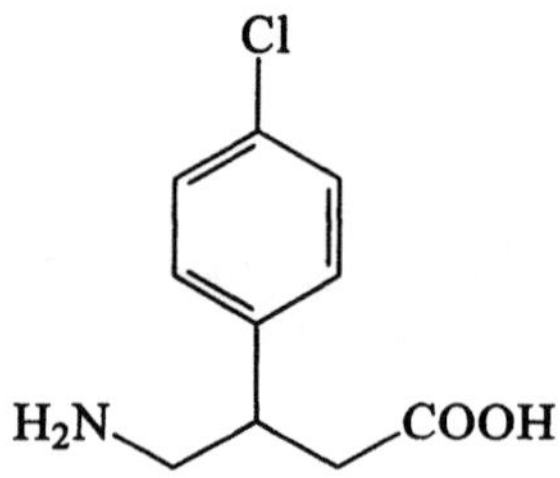

ZM 349

---

350. Es ist die Aminogruppe, die Schwierigkeiten bereitet.
Durch welche FGIs können wir **ZM 349** in ein Molekül überführen, das wir gut in Fragmente aufspalten können? Drei verschiedene Verbindungen kommen für unseren Zweck in Frage.

---

351. Die Bedeutung von NO_2 und CN haben wir bereits kennengelernt, aber primäre Amine können auch durch *Hofmann-Umlagerung* aus Amiden gewonnen werden (Laue, Plagens, S. 181 - 182).

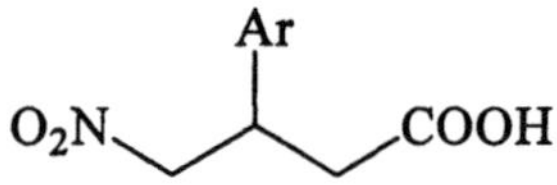

351A

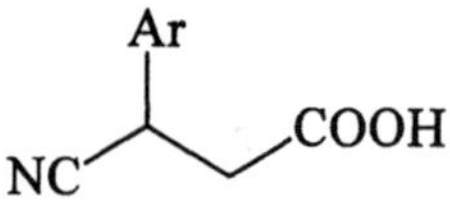

351B

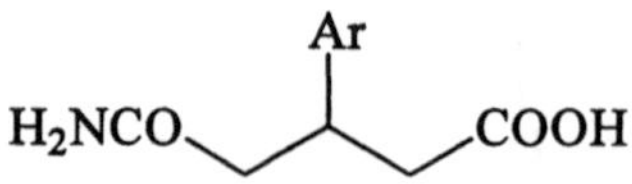

351C

Um **351C** herzustellen, müssen wir von der Dicarbonsäure nur eine der Säuregruppen in ein Amid überführen. Wie ließe sich dieses verwirklichen?

---

352. Da das Molekül symmetrisch ist, können wir zunächst das cyclische Anhydrid herstellen und dieses mit Ammoniak umsetzen, um die gewünschte unsymmetrische Verbindung **351C** zu erhalten:

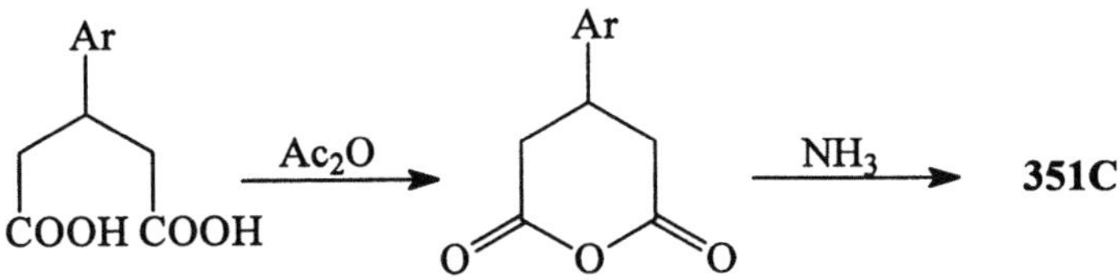

352A

Mit dem Kernstück der Retrosynthese, der Aufspaltung des Moleküls, müssen wir bei den Verbindungen **351A, 351B** und **352A** ansetzen. Analysieren Sie die möglichen Zerlegungen dieser drei Moleküle auf einem Blatt Papier. Dabei werden Sie sehen, daß die Synthesen von gemeinsamen Edukten ausgehen.

---

353. Analyse:
Alle Bindungsspaltungen erfolgen nach gebräuchlichen Verfahren:

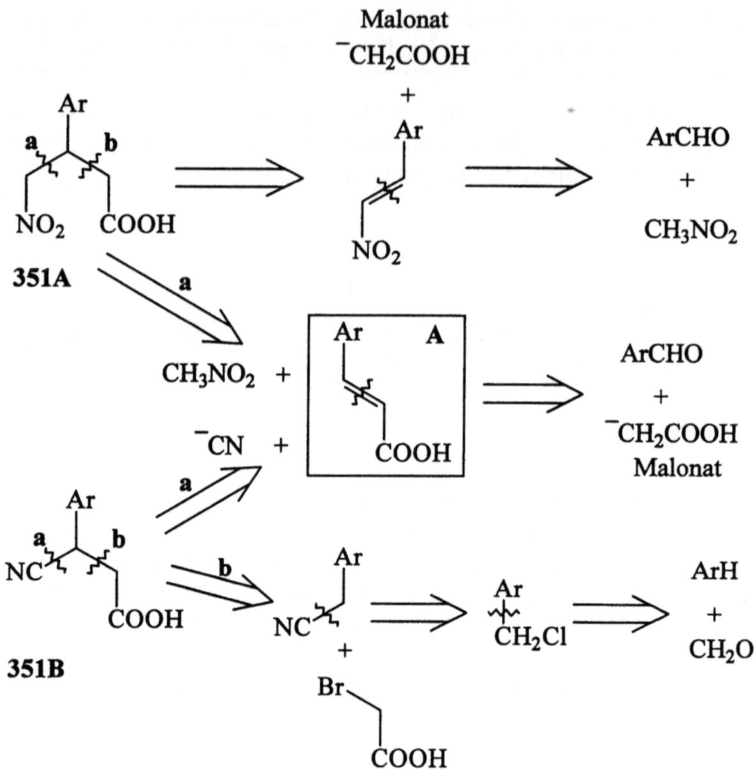

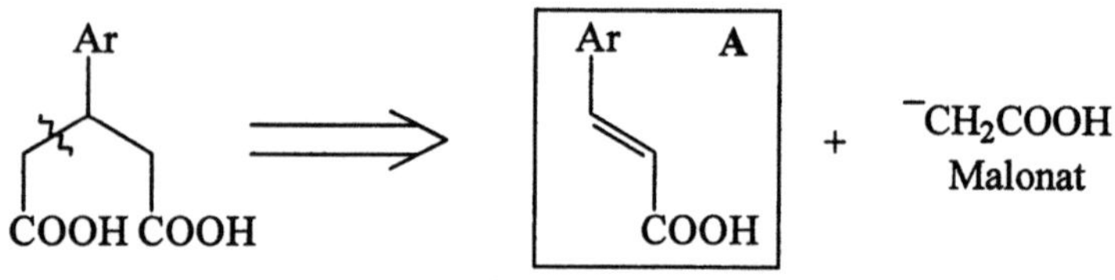

352A

Alle Wege im obigen Schema setzen sich aus bekannten Reaktionen zusammen und sind etwa gleich lang. Haben Sie bemerkt, daß die ungesättigte Säure **353A** ein Intermediat bei drei der Wege ist? Wenn Sie neue Reaktionssequenzen testen, ist es sinnvoll, eine Route mit einem gemeinsamen Intermediat (hier **353A**) zu wählen, denn wenn eine Sequenz mißlingt, können Sie dasselbe Intermediat bei einer anderen Route einsetzen.

Wir können die Wahl zwischen den drei Routen mit Intermediat **353A** anhand der Kosten treffen. Die Eduktpreise betrugen 1997:

p-Chlorbenzaldehyd	86 DM / kg
Malonsäurediethylesther	43 DM / kg
Natriumcyanid	46 DM / kg
Nitromethan	67 DM / kg

Vorausgesetzt, die Kosten für Lösungsmittel etc. wären bei allen drei Routen gleich, für welche würden Sie sich dann entscheiden?

---

354. Die relevante Größe ist nicht der Kilopreis, sondern der Preis pro Mol:

p-Chlorbenzaldehyd	MW 140	12.00 DM / mol
Malonsäurediethylesther	MW 160	6.90 DM / mol
Natriumcyanid	MW 49	2.30 DM / mol
Nitromethan	MW 61	4.10 DM / mol

353A ist zwar Bestandteil aller drei in Frage kommenden Routen, aber es ist offensichtlich billiger, ein Mol Cyanid oder Nitromethan anstelle eines Mols Malonsäureester einzusetzen. Tatsächlich tragen aber diese Verbindungen relativ wenig zu den Gesamtkosten bei; den größten Teil der Kosten macht *p*-Chlorbenzaldehyd aus. Das bedeutet, daß in diesem Fall die Wahl der Reaktionsfolge unabhängig von Kostenerwägungen getroffen werden kann!

---

5. Besonderheiten, die die Strategie bestimmen

355. *Chrysanthemumsäure* (**ZM 355**) ist ein wichtiger Bestandteil von *Pyrethrinen*, d.h. einer Art natürlich vorkommender Insektizide, die für Säugetiere praktisch ungefährlich sind. Welche Besonderheit dieses Moleküls wird unser strategisches Denken bestimmen?

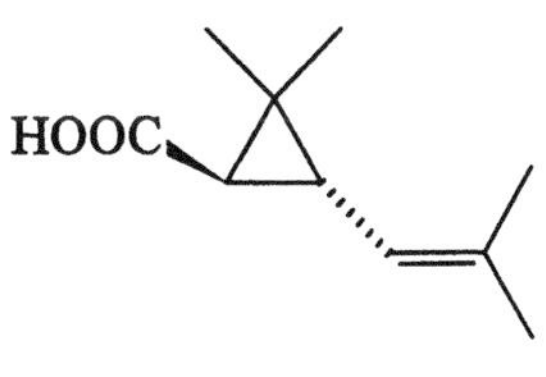

ZM 355

---

356. Sie werden vielleicht der Meinung sein, daß die Stereochemie bestimmend ist, aber die beste Antwort ist: Der Dreiring.

Welches sind die drei Retrosyntheseschritte, die Sie für den Dreiring in Betracht ziehen müssen? Falls Ihnen die Retrosynthese von Dreiringen nicht mehr gegenwärtig ist, schlagen Sie in den Lernschritten 276 - 288 nach.

---

357. Wir spalten gleichzeitig zwei Bindungen, so daß wir jeweils ein Carben und ein Olefin erhalten:

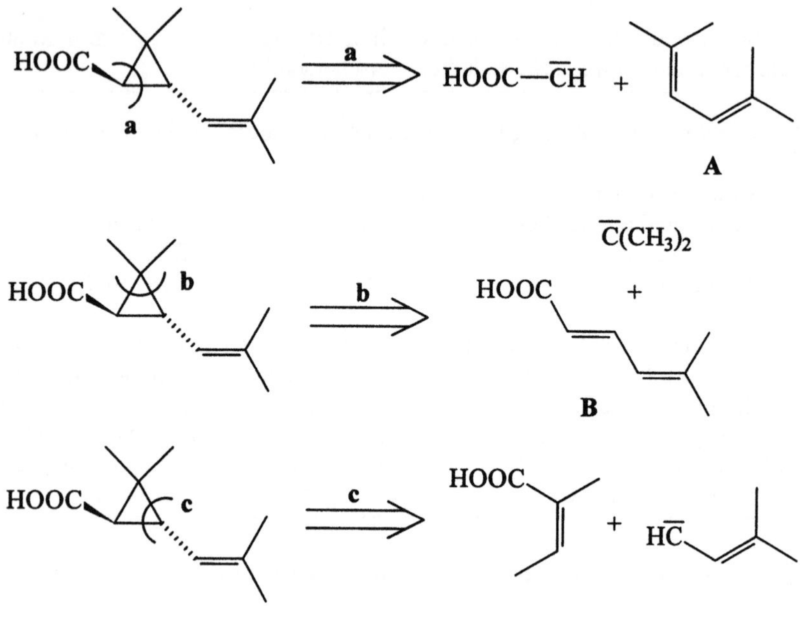

Wie würden Sie die dem Retrosyntheseschritt **a** entsprechende Synthese durchführen, und wie schätzen Sie die Erfolgsaussichten ein?

---

358. Analyse:
Einfach ist die Wahl des Carben-Synthons, für das Diazoessigester ($N_2CHCOOEt$) einsetzt werden kann. Das Dien können wir mit Hilfe der *Wittig-Reaktion* aus einem gebräuchlichen Allylbromid (**ZM 31**) herstellen.

Synthese:

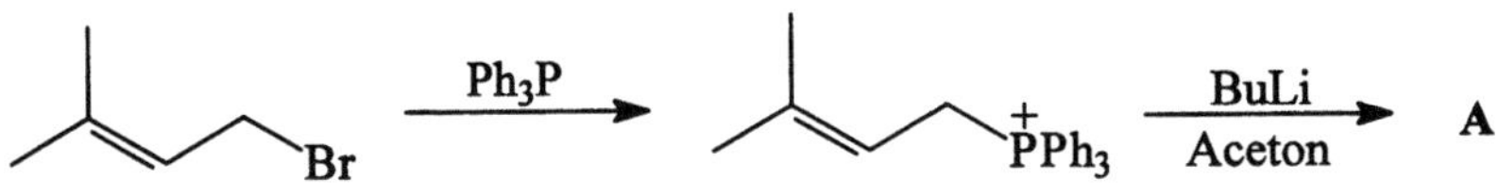

ZM 31

$NH_2CH_2COOEt \xrightarrow{HNO_2} N_2CH_2COOEt \xrightarrow{\mathbf{A}}$ **ZM 355?**

Bemerkungen:
Das Dien **A** ist symmetrisch, so daß es keine Rolle spielt, welche der beiden Doppelbindungen vom Carben angegriffen wird. Auf der anderen Seite dürfte es schwer sein, die Carbenaddition an die zweite Doppelbindung zu verhindern.
Die einzige Steuerung der Stereochemie erfolgt dadurch, daß die gewünschte *trans*-Verbindung stabiler ist. Japanische Chemiker haben auf diesem Weg optisch aktive *Chrysanthemumsäure* hergestellt (*Tetrahedron Lett.* **1977**, 2599).
Es hat sich herausgestellt, daß man das weniger stabile *cis*-Isomer durch Behandlung des Ethylesters mit Ethanolat in Ethanol in die stabilere *trans*-Verbindung überführen kann (*Tetrahedron Lett.* **1976,** 2441).

---

359. Betrachten Sie nun Strategie **b**.
Wie würden Sie die "Diensäure" **357B** herstellen, welches Reagenz würden Sie für das Carben-Synthon einsetzen, und wie schätzen Sie die Erfolgsaussichten für diese Route ein?

---

360. Analyse:
Die normale Methode für das Dien sieht erfolgversprechend aus:

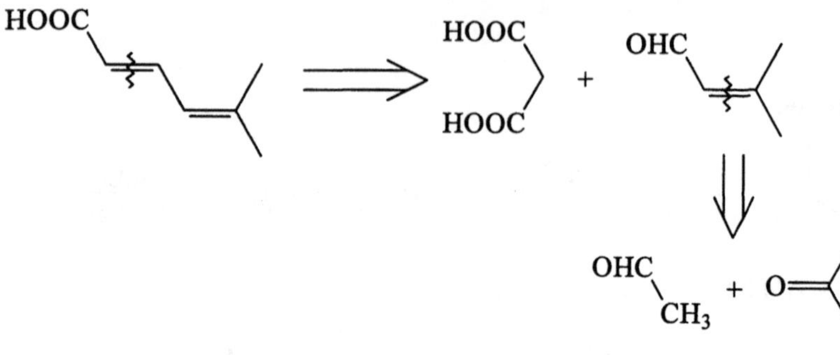

Die Synthese des Carben-Synthons könnte sich als schwierig erweisen, aber da das Olefin sich in Konjugation mit einer Carbonylgruppe befindet, können wir versuchen, ein Schwefelylid als nucleophiles Carbenäquivalent (wie in Lernschritt 283) einzusetzen.

Synthese:
Das Dien kann anhand der folgenden Synthesesequenz hergestellt werden:

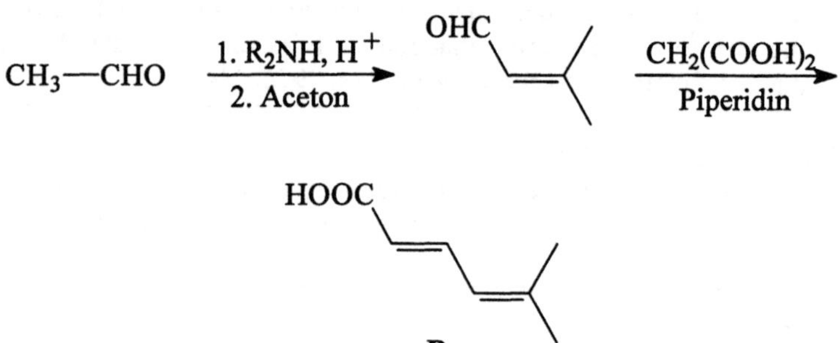

B

Ein Beispiel für ein geeignetes Schwefelylid ist Verbindung **C** in der folgenden Formel (*Tetrahedron Lett.* **1967**, 2325). Die Addition von Yliden dieser Art an α,β-ungesättigte Carbonylverbindungen ist in der Literatur beschrieben (*Tetrahedron Lett.* **1966**, 3681):

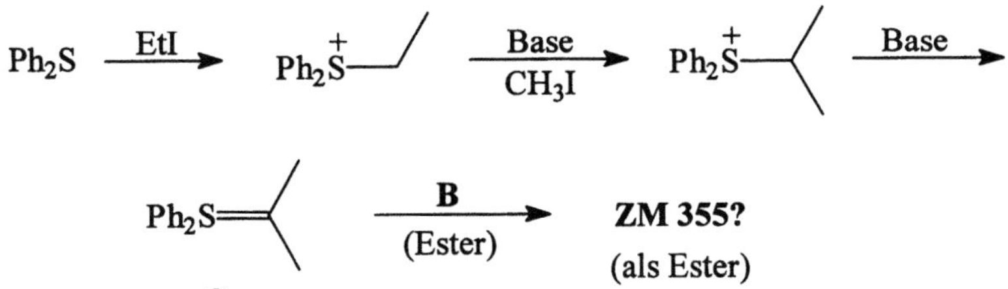

Kommentar:
Für diese Reaktionsfolge müssen wir auf nicht etablierte Reaktionen zurückgreifen, und das Hauptproblem dürfte sein, die richtige Kombination von Dienen und Carbenreagenzien zu finden. Deshalb erscheint die Wahl dieser Route als nicht so glücklich.

---

361. Mit Hilfe der folgenden, ganz normal erscheinenden *Wittig-Reaktion* wollte *Krief* (*Tetrahedron Lett.* **1976,** 3511) den Ester des Diens **360B** herstellen. Stattdessen erhielt er jedoch in guten Ausbeuten den Ester **361A** des Zielmoleküls **355**!

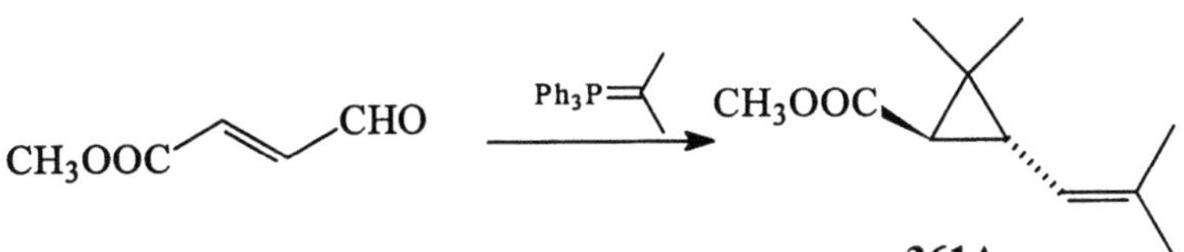

361A

Erklären Sie den Mechanismus, der für die Bildung von **361A** verantwortlich ist!

---

362. Zunächst läuft tatsächlich eine ganz normale *Wittig-Reaktion* ab. Danach aber muß ein zweites Mol Wittig-Reagenz als Äquivalent für ein Carben fungieren, genau in der Art, wie wir es für das Schwefelylid erhofften (*Tetrahedron Lett.* **1979,** 1511, 1515).

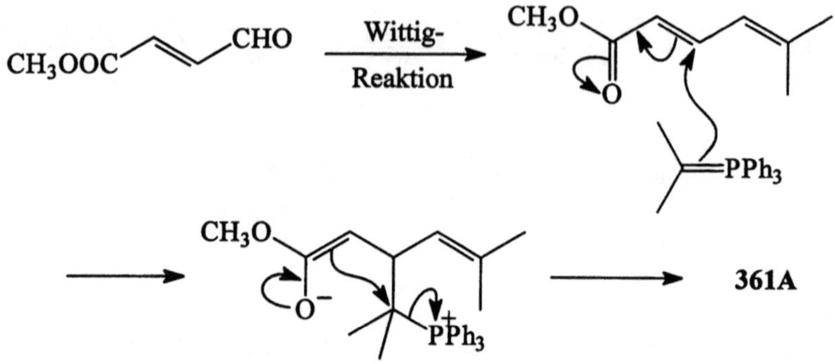

Es stellt sich also heraus, daß auch diese Strategie zum gewünschten Zielmolekül **355** führt.
Abschließend müssen wir noch diskutieren, wie wir Strategie **c** aus Lernschritt 357 umsetzen können.

---

363. Analyse:
Die ungesättigte Säure oder besser, der entsprechende Ester, kann leicht hergestellt werden, wobei die uns nun schon vertraute Verbindung **ZM 31** in ein Schwefel- oder Phosphorylid (als Carben-Reagenz) überführt wird:

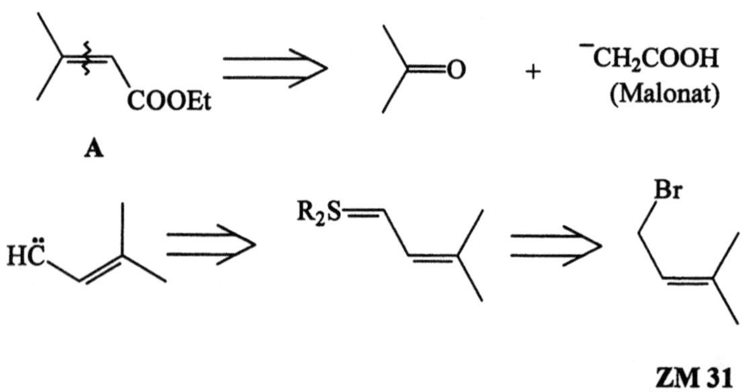

Synthese:
Obwohl der Ester **363A** auf diesem Wege mit einer Ausbeute von 60 % (*J. Indian Chem. Soc.* **1924**, *1*, 298) hergestellt wurde, ist der übrige Teil dieser Synthese in der Literatur noch nicht beschrieben.

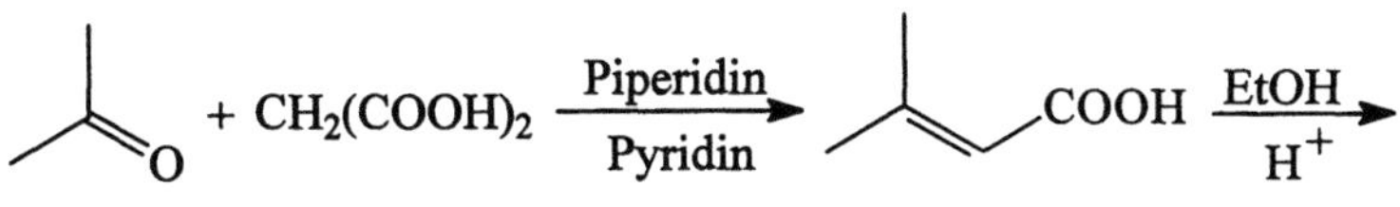

363A

---

364. Die wohl eleganteste Synthese von *Chrysanthemumsäure* beruht auf Strategie **c** aus Lernschritt 357, aber in einer etwas anderen als der eben beschriebenen Form. Sie erinnern sich vielleicht, daß man Zielmolekül **31** gewöhnlich als Produkt der Umsetzung von Aceton mit Acetylen erhält.
Schreiben Sie die Schritte dieser Reaktionssequenz auf!

---

365. Eine kommerzielle Synthese der *Chrysanthemumsäure* nutzt die Intermediate **365A** und **365B**, um die beiden Hälften des Moleküls zu generieren. Unter Einfluß von wäßriger Säure wandelt sich **B** in den isomeren Alkohol **366A** um.
Schreiben Sie die zugehörige Reaktionsgleichung auf!

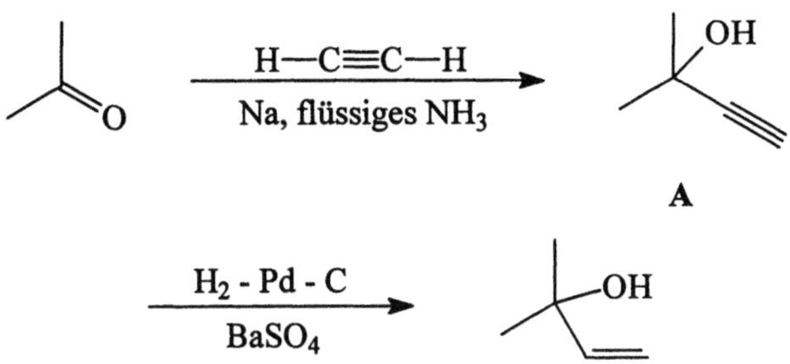

A

B

366.

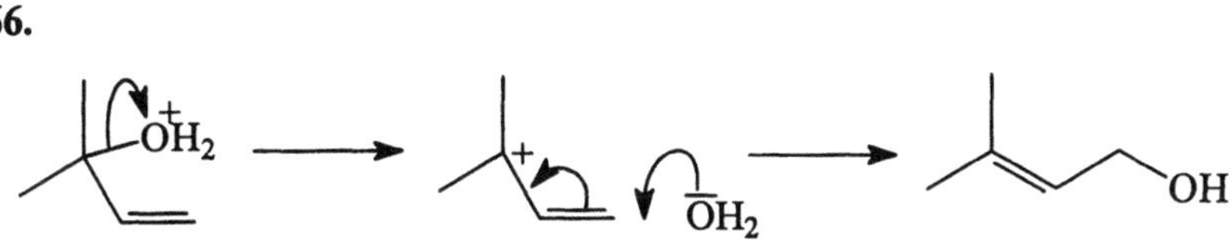

366A

Der Alkohol **365A** wird mit Salzsäure in das entsprechende Chlorid **C** überführt, das wiederum mit Base behandelt wird. Welche Position wird durch die Base deprotoniert?

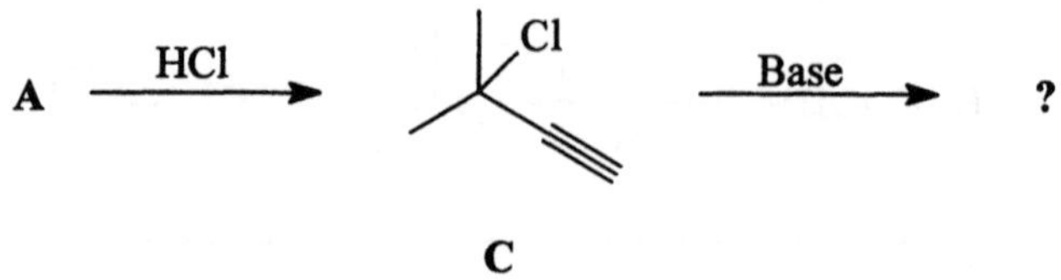

367. Das acetylenische Proton besitzt die größere Acidität. Das durch Deprotonierung gebildete Acetylid-Anion eliminiert Cl^- und bildet dabei ein sehr ungewöhnlich aussehendes Carben. Um welches handelt es sich?

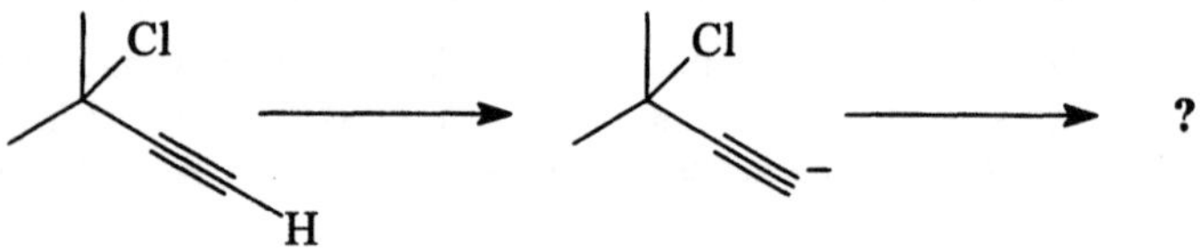

368.

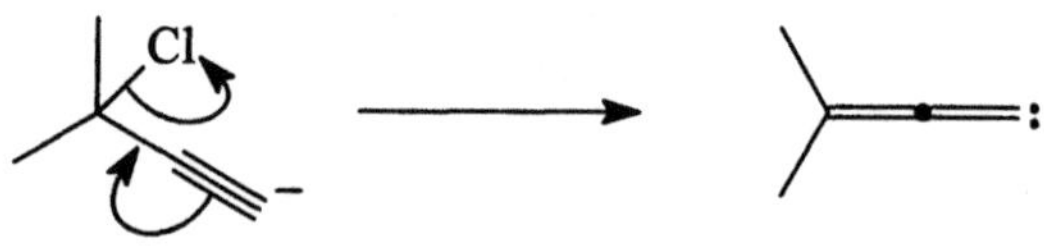

Dieses allenische Carben wird nun an den Alkohol **366A** addiert. Welches Produkt entsteht dabei?

369.

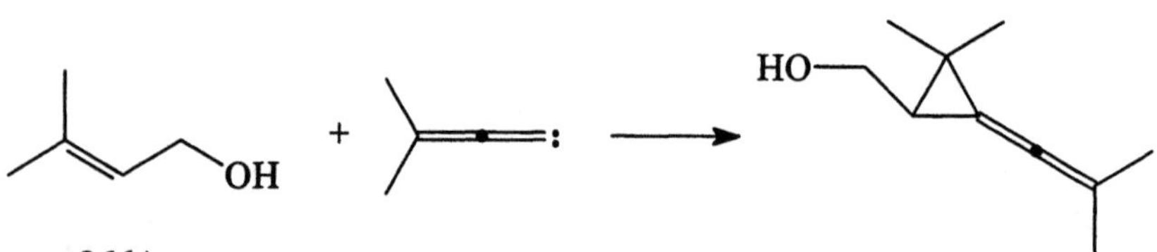

366A

Beachten Sie, daß wir die Stereochemie bisher noch gar nicht berücksichtigt haben. Die Reduktion mit Natrium in flüssigem Ammoniak führt selektiv zum *trans-Chrysanthemylalkohol*, den man mit CrO_3 zur Säure oxidieren kann. Schreiben Sie die gesamte Synthese als Übersicht auf!

370. Im folgenden ist die vollständige Synthese nach *Raphael* (*Chem. Commum.* **1971**, 555; *J. Chem. Soc. Perkin Trans. 1*, **1973**, 133) aufgeführt:

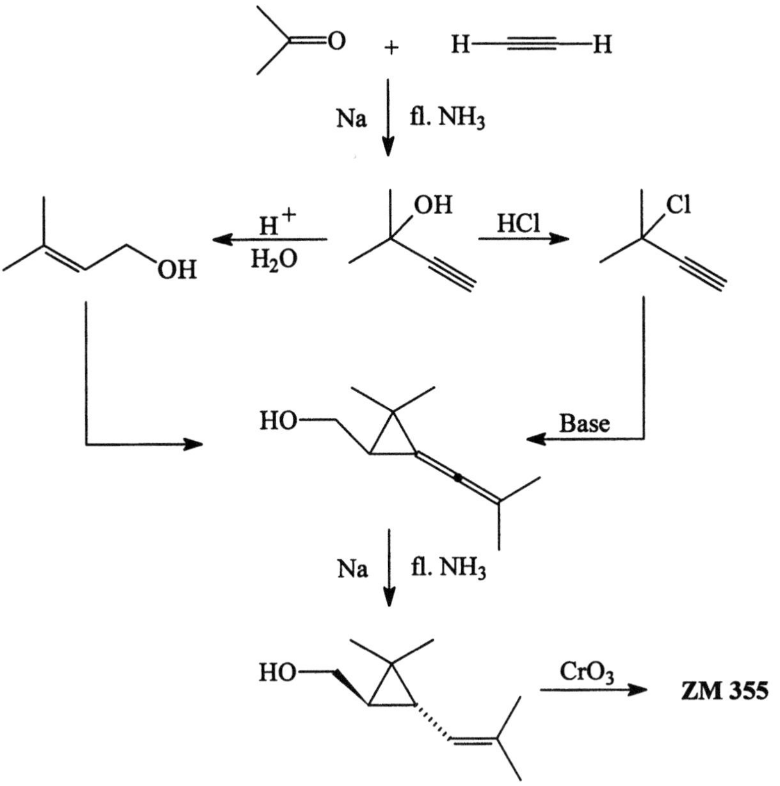

Insgesamt sind lediglich sechs Schritte notwendig, dieses komplizierte Molekül aufzubauen, womit wir mit Recht von einer wirtschaftlichen Synthese sprechen können. *Chrysanthemumsäure* ist so wichtig, daß sie auch auf einer Reihe anderer Wege hergestellt wurde (*Tetrahedron Lett.* **1976**, 2441; *Bull. Soc. Chim. Fr.* **1966**, 3499).

6. Addition funktioneller Gruppen

(a) Strategien für gesättigte Kohlenwasserstoffe

371. Vielleicht haben Sie an diesen Beispielen gesehen, daß Retrosyntheseschritte, die auf den ersten Blick wenig erfolgversprechend erscheinen, dennoch zu einer guten Gesamtstrategie zusammengeführt werden können. Bei der Planung der Synthese von Kohlenwasserstoffen müssen wir besonders flexibel sein, denn wir haben keine funktionellen Gruppen, die wir für die Wahl des Retrosyntheseschrittes ausnutzen können. Wir wollen *Twistan* (**ZM 371**) als Beispiel betrachten. Dieses Molekül besitzt einen Sechsring, der in einer Twistbootkonformation fixiert ist. Die Untersuchung dieser fixierten Struktur war auch der ursprüngliche Grund für die Herstellung dieses ungewöhnlichen Moleküls. Mit der Spaltung welcher Bindung wollen wir die Retrosynthese beginnen?

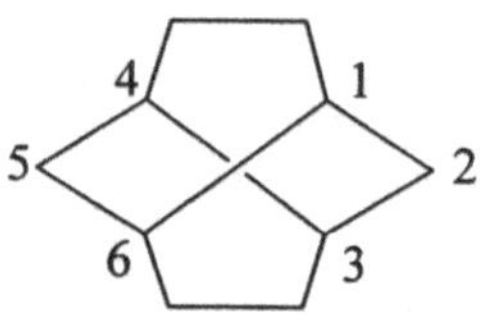

ZM 371

---

372. Wir wollen bei der Synthese dieses Moleküls unsere Methode der "gemeinsamen" Atome (Atome, die zu mehr als einem Ring gehören, Lernschritte 329 - 333) einsetzen. Dabei stellen wir fest, daß es aufgrund der Symmetrie des Moleküls nur eine Bindungsart gibt, die zwei "gemeinsame" Atome verbindet:

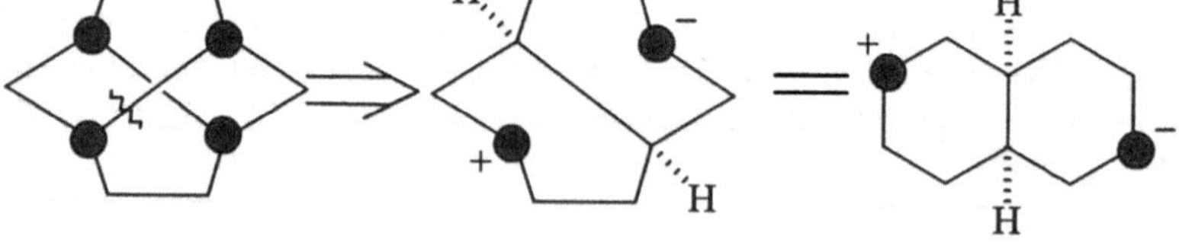

An dieser Stelle müssen wir funktionelle Gruppen einführen, um aus dem Synthon ein Reagenz zu erhalten. Welche funktionellen Gruppen schlagen Sie vor?

---

373. Naheliegend ist die Wahl einer Carbonylgruppe in Nachbarstellung zu einem negativ geladenen Kohlenstoffatom und einer OH-Gruppe anstelle der positiven Ladung. Die Hydroxy-Gruppe kann leicht in eine gute Abgangsgruppe überführt werden. Damit erhalten wir zwei mögliche Strukturen:

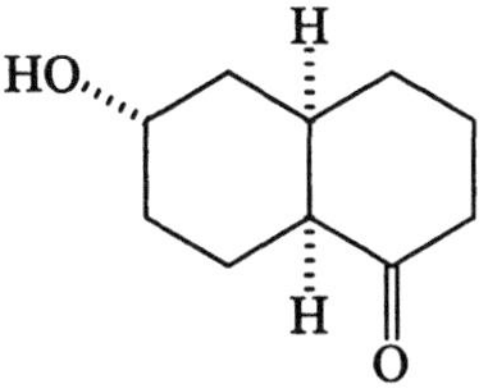

A

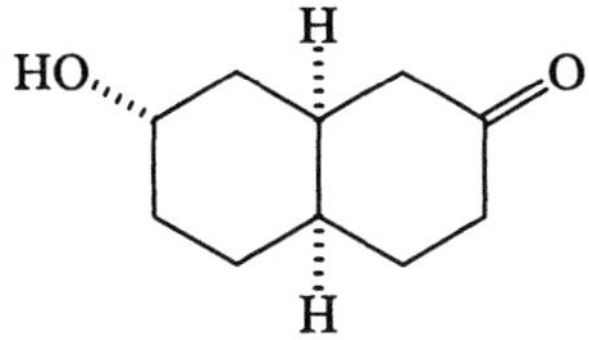

B

Eine dieser Verbindungen weist eine uns vertraute Beziehung für das oxygenierte Kohlenstoffgerüst auf. Um welche handelt es sich?

---

374. Verbindung **A** weist dieselbe Beziehung der oxygenierten Kohlenstoffatome zueinander auf wie das Produkt der *Robinson-Anellierung* (Verbindung **374**, Lernschritte 117 und 118).

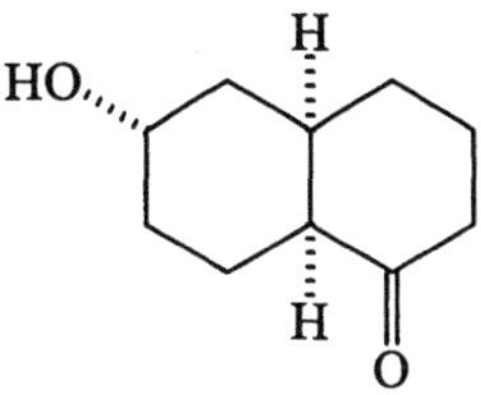

373A

$\triangleq$

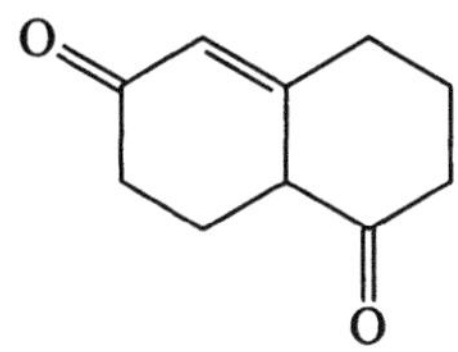

374A

Wie läßt sich Verbindung **374A** in **373A** überführen?

---

375. Das gesättigte Keton ist reaktiver als das α,β-ungesättigte Keton und muß daher vor der Reduktion mit einer Schutzgruppe versehen werden:

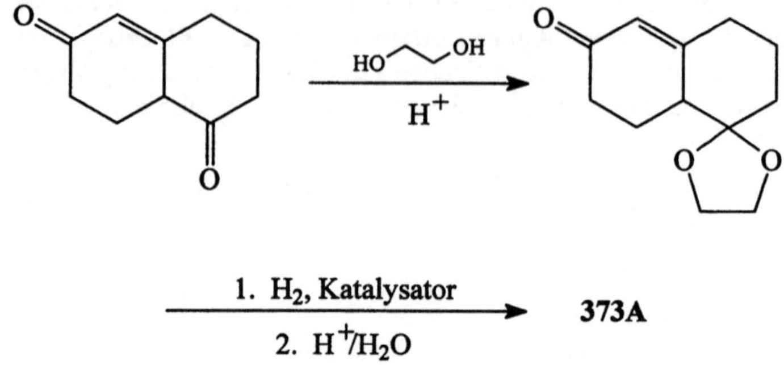

Schreiben Sie nun den übrigen Teil der Synthese auf! Beginnen Sie mit der Reaktion, die zur Bildung von **373A** führt, und vervollständigen Sie dann die Synthese bis hin zum *Twistan*.

376.

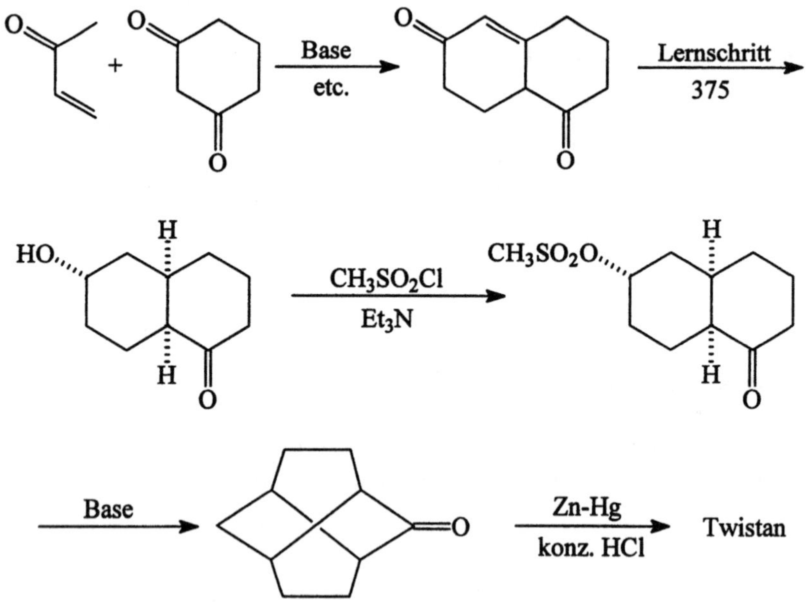

Abgesehen von einigen Details wurde *Twistan* weitgehend entsprechend dieser Methode synthetisiert. Weitere Synthesen gehen von anderen Bindungsspaltungen aus (**b**, **c** und **d**). Diese Synthesen wurden von *Hanson* und *Young* (*Aust. J. Chem.* **1976**, *29*, 145) unter dem Aspekt der Retrosynthese betrachtet.

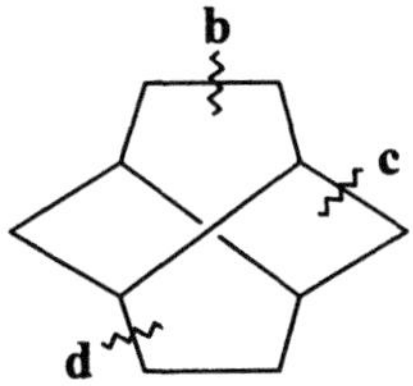

---

377. Der entscheidende Punkt bei der Syntheseplanung von Kohlenwasserstoffen ist die Wahl der Position für die Carbonylgruppe. Die Entscheidung kann außer von den "gemeinsamen" Atomen noch von anderen Besonderheiten abhängen.
Welche Strategie wird für die Synthese von Zielmolekül **377** die richtige sein?

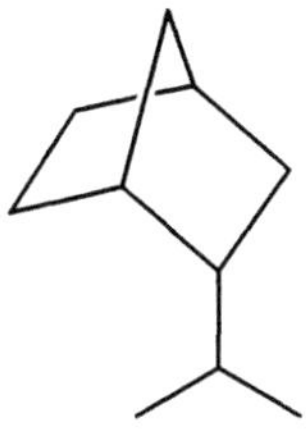

ZM 377

---

378. Der Isopropylrest kann auf zwei Arten aus einer Carbonylgruppe und einem Grignard-Reagenz abgeleitet werden:

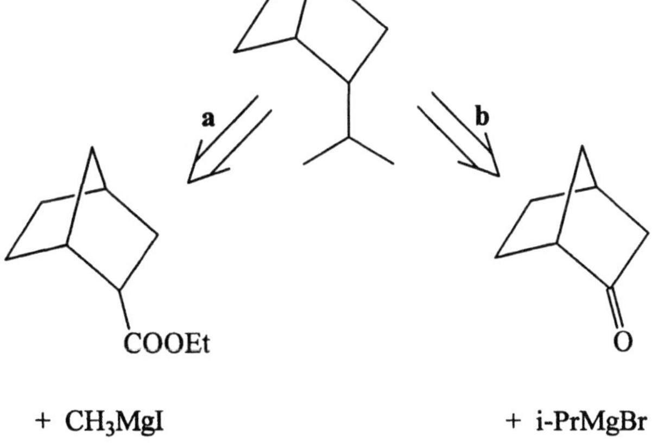

In beiden Fällen schließen sich Eliminierung von Wasser und Hydrierung des Olefins an. Welches Edukt für die *Grignard-Reaktion* kann leichter hergestellt werden?

---

379. Die Verbindung bei Strategie **a** kann, nachdem man eine Doppelbindung eingeführt hat, durch *Diels-Alder-Reaktion* hergestellt werden. Diese zusätzliche Doppelbindung stört bei der Synthese nicht, da wir abschließend ohnehin alle Doppelbindungen hydrieren:

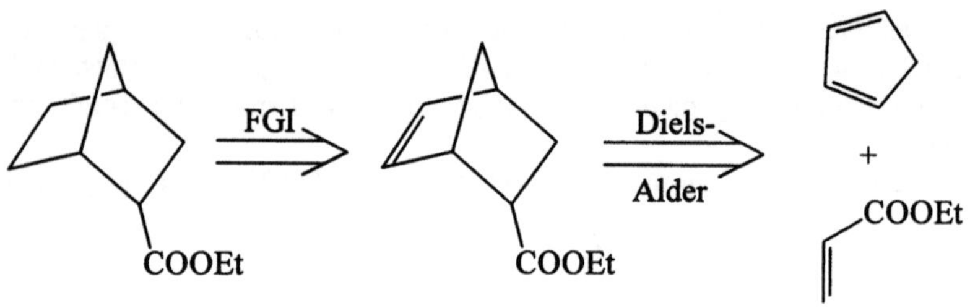

Schreiben Sie die vollständige Synthese auf!

---

380. Synthese:

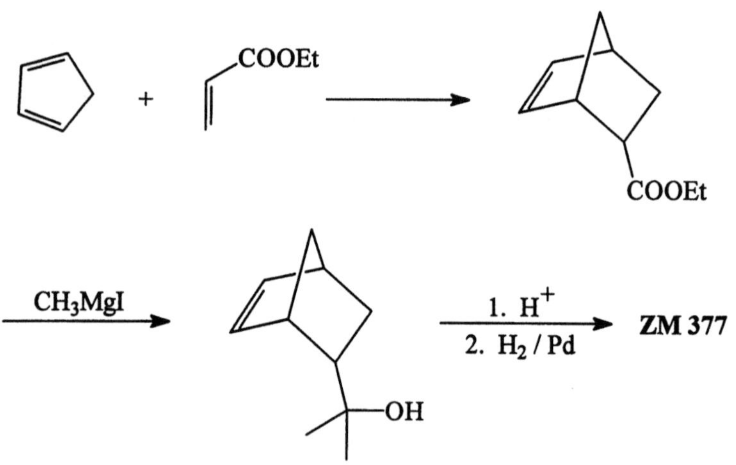

(b) Addition funktioneller Gruppen an Intermediate

381. Betrachten wir das folgende Problem: Wir haben immer angenommen, daß intramolekulare Carbonylkondensationen, die zu Fünf- und Sechsringen führen,

gegenüber zu Vierringen führenden Prozessen bevorzugt werden. Wie sieht es aber mit Siebenringen aus? Einige Chemiker wollten diese Frage untersuchen und wählten daher die Cyclisierung von Zielmolekül **381**, um zu prüfen, ob Produkt **A** oder **B** gebildet wird.
Vorher müssen wir jedoch **ZM 381** herstellen!

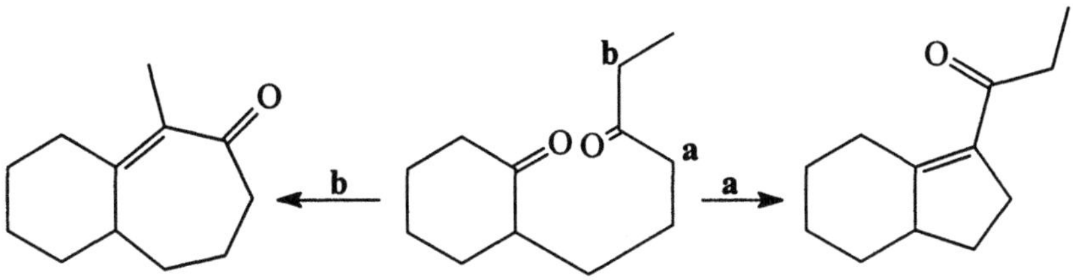

B **ZM 381** **A**

---

382. Analyse:
Bei Zielmolekül **381** handelt es sich um eine 1,6-Dicarbonylverbindung, bei der wir unseren Trick mit der "Wiederverknüpfung" zum Cyclohexenderivat anwenden können. Die folgenden Retrosyntheseschritte bis hin zu **382B** gehören zu unserem Standardrepertoire (Lernschritte 36 - 38) und dürften Ihnen daher keine Probleme bereiten. **382B** ist hingegen nicht so leicht herzustellen.

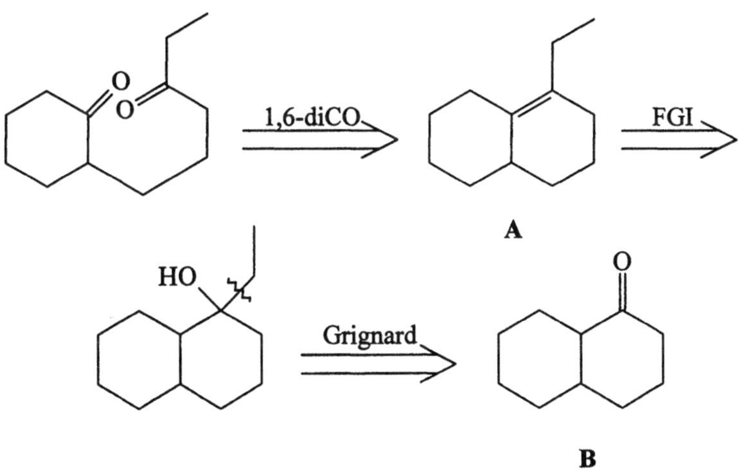

A

B

An welcher Positionen können wir bei **382A** eine, für die weitere Retrosynthese hilfreiche, Carbonylgruppe einführen?

---

383. Fortsetzung der Analyse:

Es bietet sich an, Verbindung **383A** zu nutzen, da es sich um eine α,β-ungesättigte Carbonylverbindung handelt, deren C-C-Doppelbindung wir leicht spalten können, wodurch wir zu einem monocyclischen Edukt gelangen:

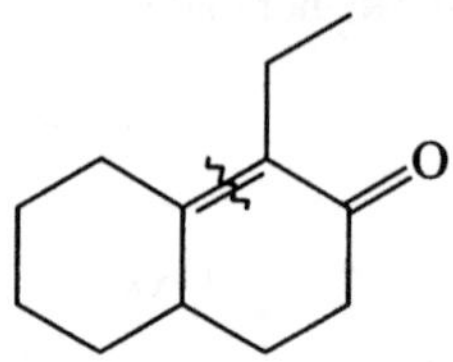

383A

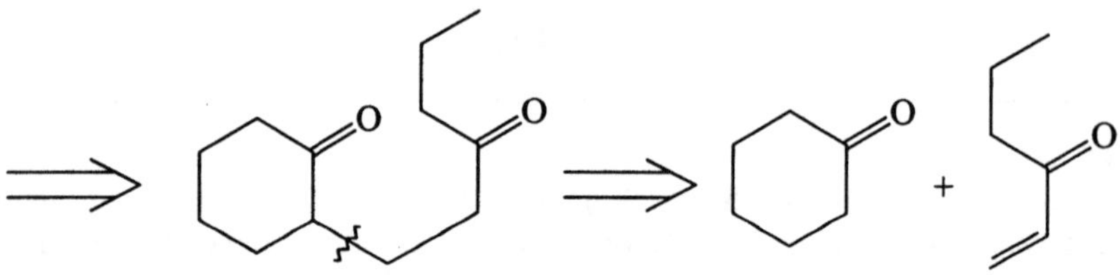

Synthese:

Die Synthese wurde mit kleinen Variationen entsprechend unserer Strategie durchgeführt, wobei die Ethylgruppe erst zu einem späteren Zeitpunkt eingeführt wurde:

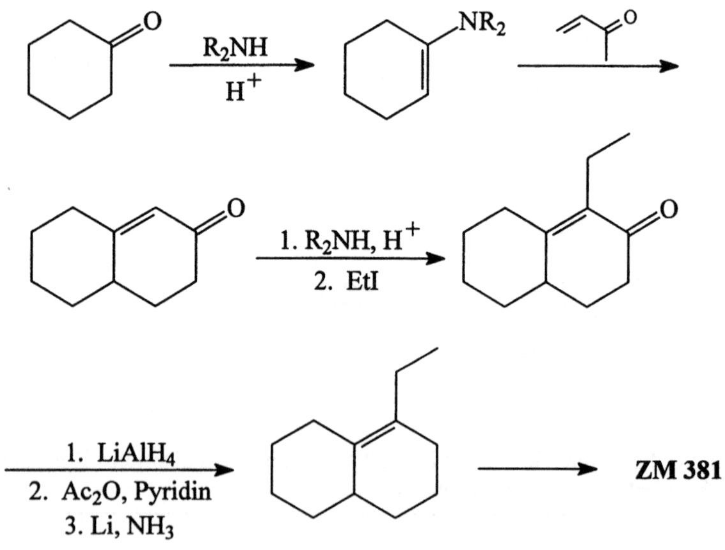

Zurück zu unserer ursprünglichen Frage, ob bevorzugt der Fünf- oder der Siebenring gebildet wird. Bei der Behandlung von **ZM 381** mit Base (Methanolat in Methanol) bildete sich Verbindung **381A**, woraus wir schließen können, daß Fünfringe leichter als Siebenringe entstehen (*J. Org. Chem.* **1976**, *41*, 2955).

Obwohl man prinzipiell an jeder beliebigen Position des Zielmoleküls eine Carbonylgruppe einführen kann, bringt dies doch immer zusätzliche Syntheseschritte mit sich, so daß Sie diese Strategie nur als letzten Ausweg wählen sollten.

7. Moleküle, deren funktionellen Gruppen keine Beziehung zueinander aufweisen

384. Die Synthese von gesättigten Kohlenwasserstoffen ist ein Problem, weil sie keine Funktionalität aufweisen. Genauso schlimm kann es sein, wenn ein Molekül über mehrere funktionelle Gruppen verfügt, die alle ohne Beziehung zueinander sind.

Bisabolen (**ZM 384**) weist drei Doppelbindungen auf, die alle relativ weit voneinander entfernt sind. Erläutern Sie für jede dieser drei Doppelbindungen eine Synthesestrategie!

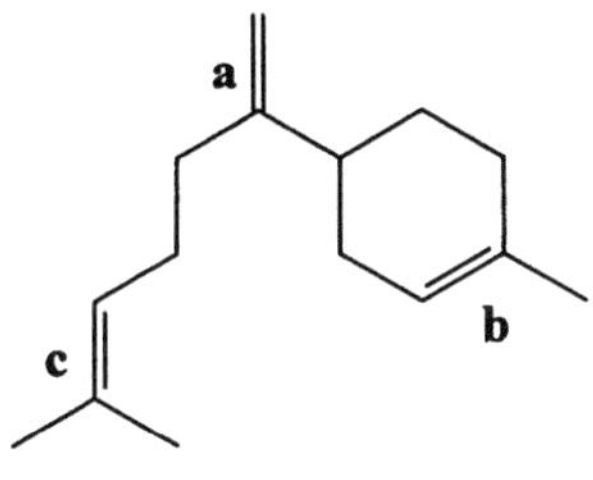

ZM 384

385.

(a) Doppelbindung **a** kann durch eine *Wittig-Reaktion* entstanden sein, wobei $Ph_3P{=}CH_2$ mit dem entsprechenden Keton umgesetzt wird - eine gute Möglichkeit für den Start der Retrosynthese.

(b) Doppelbindung **b** kann durch Addition von Methylmagnesiumiodid an ein Keton, durch eine *Diels-Alder-Reaktion*, *Birch-Reduktion* oder eine *Robinson-Anellierung* entstanden sein - keine gute Position für den Start der Retrosynthese.

(c) Doppelbindung **c** kann ebenfalls aus einer *Wittig-Reaktion* entstanden sein, wobei die Wahl, was als Keton- oder Phosphorverbindung eingesetzt wird, beliebig ist. Eine zusätzliche Möglichkeit, diese Doppelbindung in das Molekül

einzuführen, besteht in der Addition von $(CH_3)_2C{=}CHCH_2Br$ (**ZM 31**) an den entsprechenden Reaktionspartner - auch eine recht gute Position für den Beginn der Retrosynthese.
Wenn wir diese drei Möglichkeiten gegeneinander abwägen, so erscheint uns **a** am besten geeignet. Führen Sie diesen Retrosyntheseschritt durch, und machen Sie einen Vorschlag für die weiteren Schritte!

386.

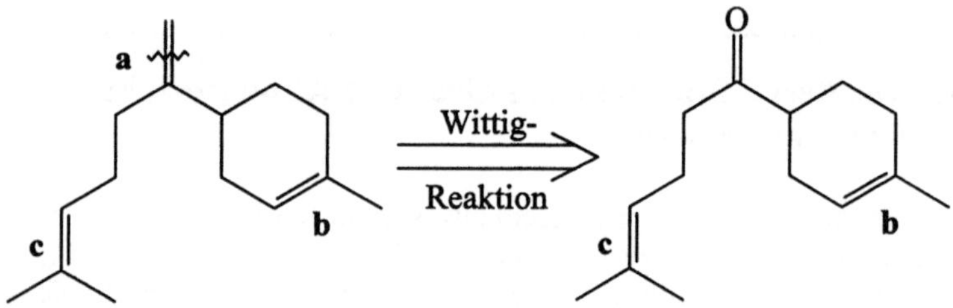

Nun können wir zwischen den Alternativen **b** und **c** aus Lernschritt 385 wählen. Überlegen Sie, welche am besten geeignet ist!

---

387. Für Doppelbindung **b** scheint die *Diels-Alder-Reaktion* die beste Wahl zu sein. Im Falle von Doppelbindung **c** ist die Alkylierung mit einem Allylhalogenid am besten geeignet.
Selbstverständlich könnten Sie andere Reaktionen wählen, doch fahren Sie bei der Analyse auf dem hier eingeschlagenen Weg fort.

---

388. Wenn Sie alle Möglichkeiten, auch im Hinblick auf die Reihenfolge der Reaktionen, betrachtet haben, so werden Sie zu dem Ergebnis kommen, daß die Spaltung der Bindung **c** vor der Spaltung der Bindung **b** durchgeführt werden sollte:

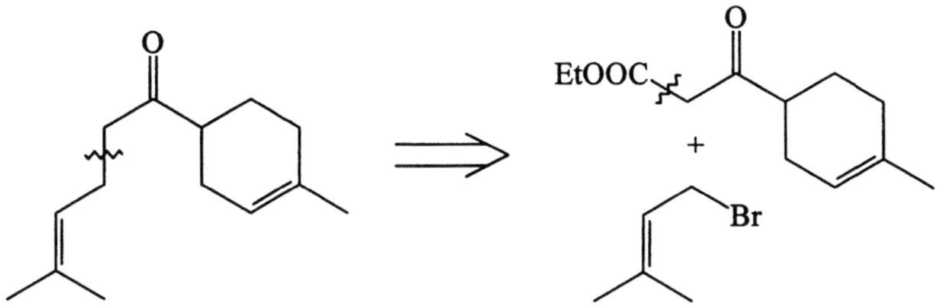

ZM 31

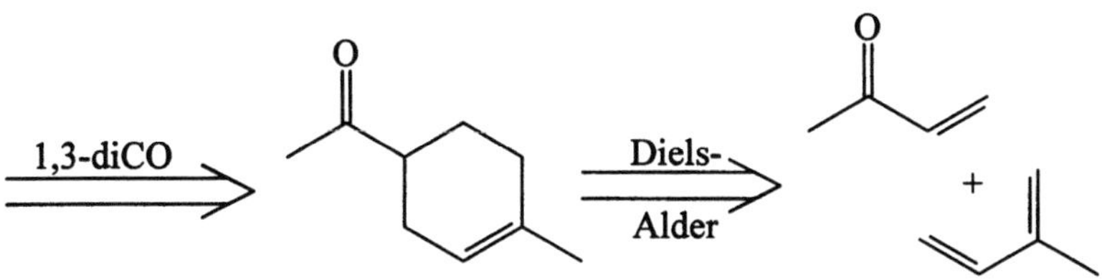

Schreiben Sie nun die vollständige Synthese auf. Diskutieren Sie dabei die für den Aufbau von *Bisabolen* notwendige Selektivität, und überprüfen Sie, ob wir diese bei den gewählten Reaktionsschritten auch finden werden.

389.

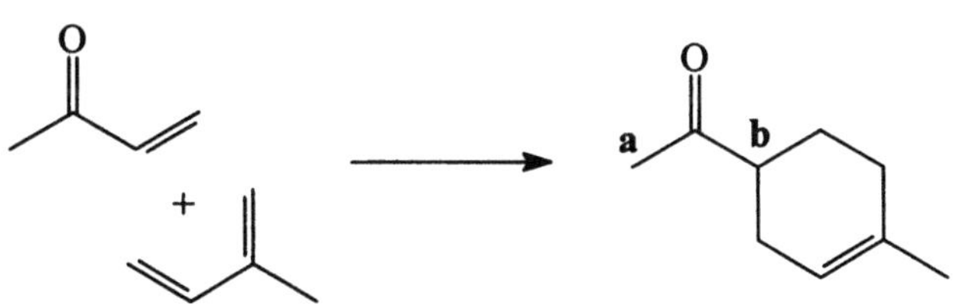

Die *Diels-Alder-Reaktion* hätte auch zum anderen Regioisomer führen können, in der Tat erhalten wir aber bevorzugt die gewünschte Verbindung.
Beide Seiten (zu den Atomen **a** und **b**) des Ketons können enolisieren, aber nur das folgende aktivierte Produkt bildet ein stabiles Anion (Lernschritt 101):

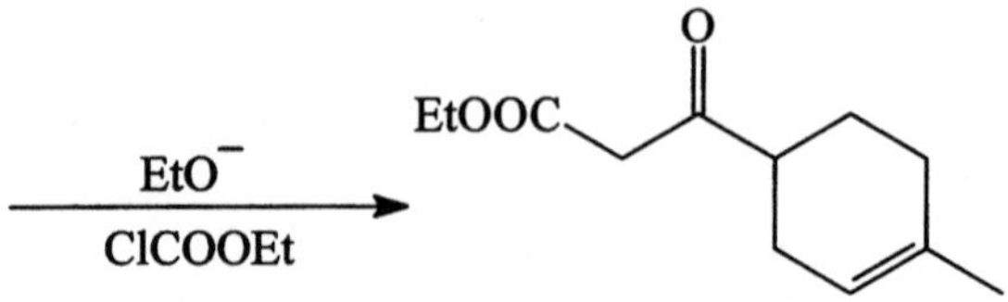

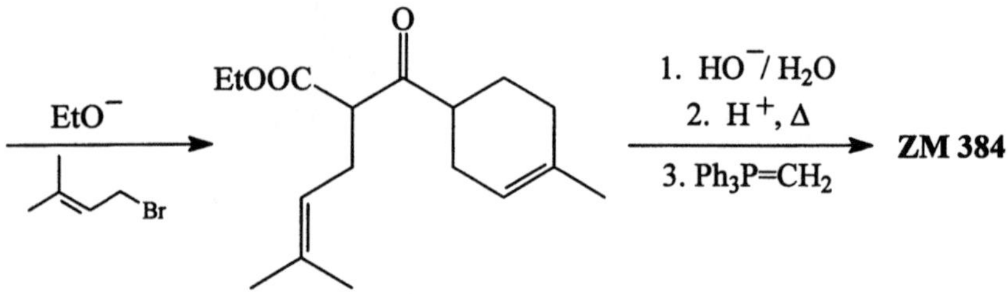

Die hier beschriebene Synthese entspricht der von *Vig* und seiner Gruppe (*J. Indian Chem. Soc.* **1966**, *43*, 27) durchgeführten. Darüber hinaus wurde *Bisabolen* auf einer Reihe anderer Wege synthetisiert.

---

390. An dieser Stelle haben Sie das Ende des systematischen Teils dieses Lernprogramms erreicht. Wenn Sie der Reihe nach die verschiedenen Abschnitte bearbeitet und das meiste davon verstanden haben, werden Sie nun in der Lage sein, auch kompliziertere Retrosynthesen durchzuführen.
Aus didaktischen Überlegungen heraus wurden für dieses Lernprogramm nur Probleme ausgewählt, für die es eine einfache Lösung gibt. Viele Moleküle, mit denen Sie in Zukunft konfrontiert werden, stellen eine größere Herausforderung dar. Doch mit der Logik, die Sie in diesem Buch gelernt haben, sollten Sie in der Lage sein, auch schwierige Probleme zu lösen. In den folgenden Lernschritten finden Sie einige Anregungen, mit Hilfe derer Sie mehr über Syntheseplanung lernen können.

K. Vertiefung

391. Auf den nächsten Seiten erhalten Sie einen Überblick über die Anwendungsaufgaben und über das, was Sie auf den letzten Seiten dieses Buches noch erwartet.

1. Anwendungsaufgaben:
Zur Kontrolle Ihres Lernfortschrittes wurden über das Lernprogramm verteilt Anwendungsaufgaben eingefügt. Die nochmalige Bearbeitung dieser Aufgaben ist aber auch an dieser Stelle sinnvoll, weil man dadurch überprüfen kann, ob man sich das bereits Gelernte wieder vergegenwärtigen kann.

Anwendungsaufgaben	1 -3	Lernschritte	29 - 35
Anwendungsaufgaben	4 - 6	Lernschritte	78 - 83
Anwendungsaufgaben	7 - 8	Lernschritte	108 - 111
Anwendungsaufgaben	9 -11	Lernschritte	125 - 130
Anwendungsaufgaben	12 - 13	Lernschritte	167 - 170
Anwendungsaufgaben	14 - 15	Lernschritte	190 - 193
Anwendungsaufgaben - Synthese von Lactonen	16 - 18	Lernschritte	203 - 209
Allgemeine Anwendungsaufgaben	19 - 23	Lernschritte	210 - 219
Anwendungsaufgaben	24	Lernschritte	232 - 233
Anwendungsaufgaben	25 - 27	Lernschritte	267 - 272
Anwendungsaufgaben	28 - 30	Lernschritte	295 - 300
Allgemeine Anwendungsaufgaben	31 - 34	Lernschritte	301 - 308

2. Wiederholungsaufgaben:
Für diejenigen von Ihnen, die bereits alle Anwendungsaufgaben bearbeitet haben, folgt ein Abschnitt nicht zu komplizierter Wiederholungsaufgaben mit Lösungen.

3. Strategieprobleme:
Bei der Behandlung von Synthesestrategien haben wir jeweils nur den Aspekt der geradlinigen, auf das Produkt ausgerichteten Synthese betrachtet.
In diesem Abschnitt sind einige anspruchsvolle Probleme ohne ausgearbeitete Antworten aufgeführt. Sie sind komplizierter als die Anwendungsaufgaben (Lernschritte 412 - 420).

4. Probleme mit mehreren veröffentlichten Lösungen
In diesem Abschnitt werden Sie mit einigen "wirklichen" Problemen konfrontiert, für die in der Literatur mehrere Lösungsmöglichkeiten angegeben

sind. Das bietet Ihnen die Möglichkeit, Ihre Lösungsvorschläge mit den publizierten Syntheserouten zu vergleichen (Lernschritte 421 - 424).

5. Weiterführende Literatur

Da Sie nun die Problematik der Syntheseplanung kennen, dürften Sie aus dem Studium publizierter Synthesen großer Moleküle wertvolle Erkenntnisse gewinnen können.

Einen ausgezeichneten Einblick in die Syntheseplanung bietet das Buch von E. J. Corey, Xue-Min Cheng, *The Logic of Chemical Synthesis*, Wiley, New York, **1992.**

L. Wiederholungsaufgaben

392. Wiederholungsaufgabe 1:
Blätteralkohol (**ZM 392**) ist eine in Pflanzen weitverbreitete Verbindung, die den charakteristischen Geruch von grünen Blättern und Gras aufweist. Nur das *cis*-Isomer weist diesen Geruch auf und wird als Bestandteil von Duftstoffen verwendet.
Wie würden Sie **ZM 392** herstellen?

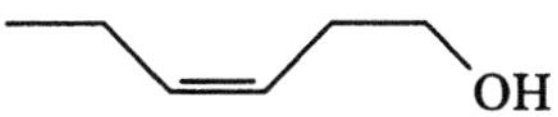

ZM 392

---

393. Analyse:
Cis-Olefine lassen sich aus Acetylenen herstellen. Wenn wir dieses bei der Retrosynthese berücksichtigen, so gelangen wir zu dem folgenden Ergebnis:

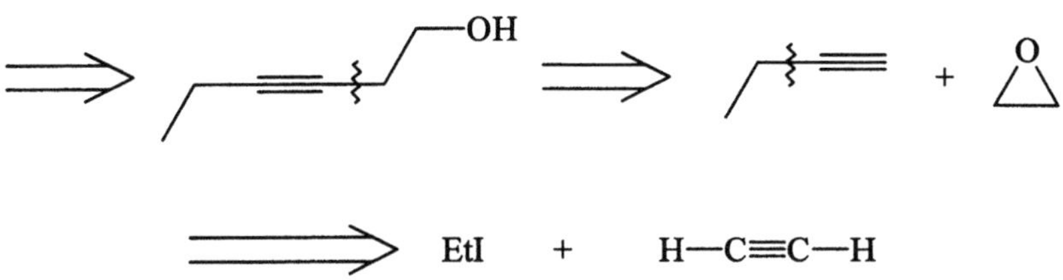

Synthese:
Sondheimer hat Blätteralkohol auf dem folgenden Weg hergestellt (*J. Chem. Soc.* **1950**, 877):

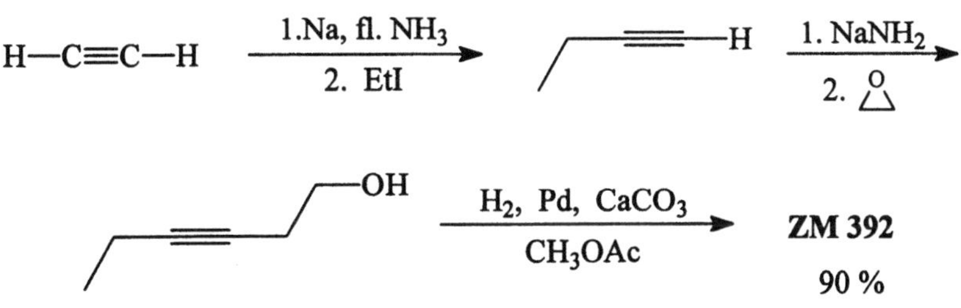

47 % Ausbeute bezogen auf das Acetylen

---

394. Wiederholungsaufgabe 2:
α-*Terpinol*, ebenfalls eine in Pflanzen weit verbreitete Verbindung, war einer der ersten Naturstoffe, der in reiner Form isoliert wurde. Anfangs war unklar, ob α-*Terpinol* die Struktur von **ZM 394A** oder die von **ZM 394B** aufweist.
Schlagen Sie für beide Verbindungen eine Synthese vor, damit Sie die Produkte mit dem Naturstoff vergleichen können!

ZM 394A

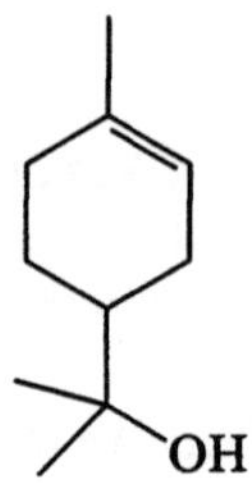

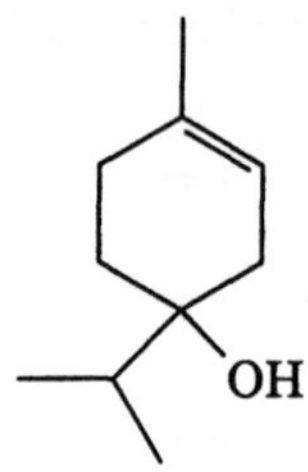

ZM 394B

---

395. Analyse:
Jede moderne Synthese dieser Verbindungen basiert auf der *Diels-Alder-Reaktion* oder der *Birch-Reduktion*.

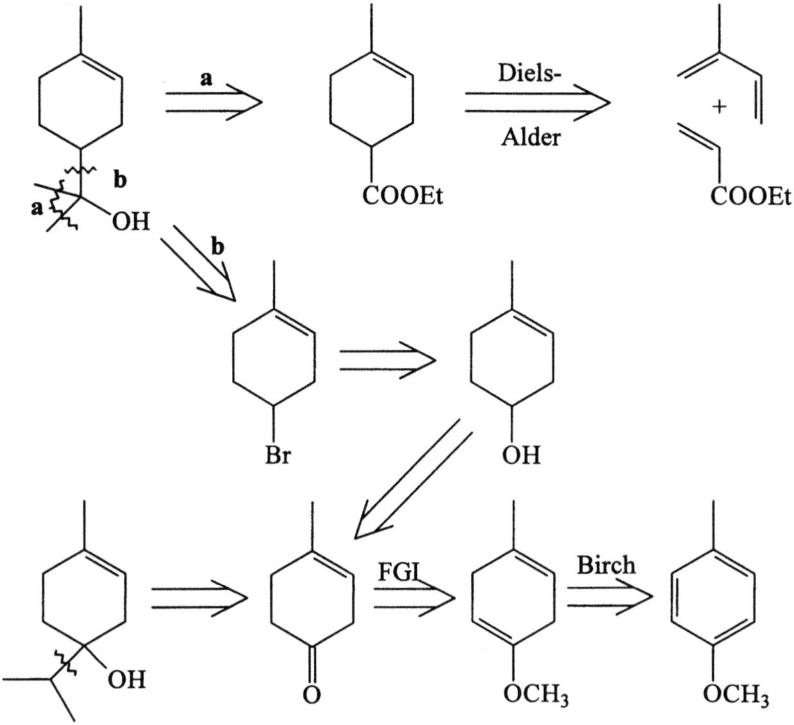

Synthese:
Da wir bei der *Birch-Reduktion* Intermediat **395A** für die Synthese der Verbindungen **ZM 394A** und **ZM 394B** nutzen können, wählen wir den folgenden Weg:

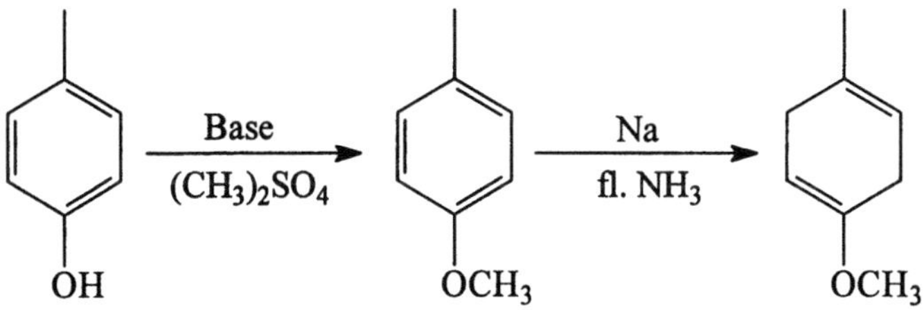

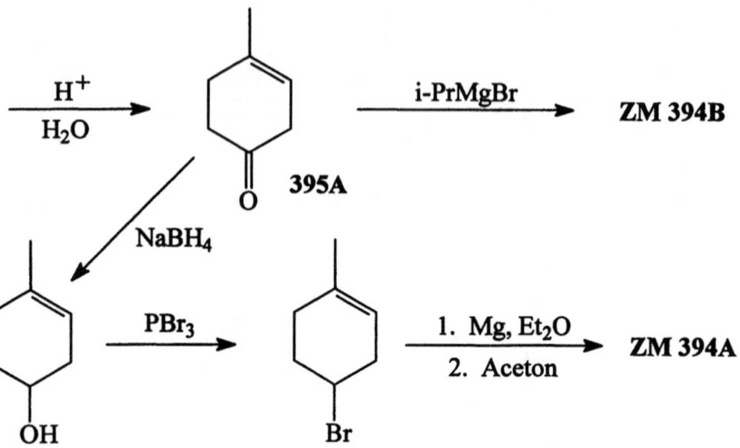

Es stellte sich heraus, daß Zielmolekül **394A** die richtige Struktur für α-*Terpinol* ist.
Die wohl kürzeste Synthese von α-*Terpinol* wurde von *Alder* und *Vogt* mit Hilfe der *Diels-Alder-Reaktion* durchgeführt (*Justus Liebigs Ann. Chem.* **1940**, *564*, 109):

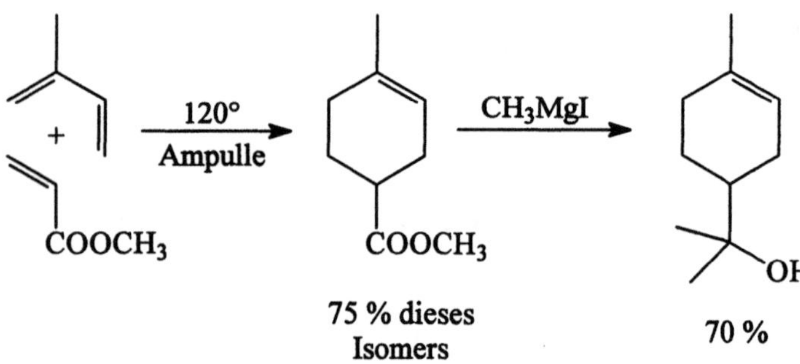

---

396. Wiederholungsaufgabe 3:
House (*J. Org. Chem.* **1965**, *30*, 1061) wollte intramolekulare *Diels-Alder-Reaktionen* an Molekülen wie **ZM 396** mit n = 3 oder n = 4 untersuchen. Das Produkt würde bei erfolgreicher Reaktion entsprechend einen Fünf- oder einen Sechsring aufweisen. Es handelt sich offensichtlich um ein gutes Konzept, denn bei leichter Modifikation der Synthese sollten ebenfalls andere Ringgrößen zugänglich sein.
Wie würden Sie **ZM 396** herstellen?

ZM 396

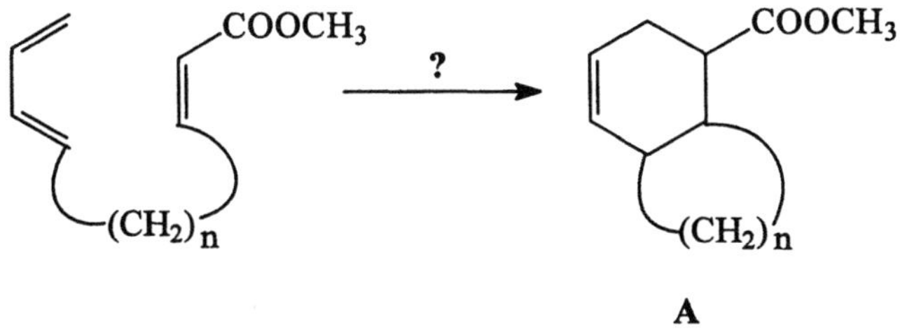

---

397. Analyse:
Wenn wir die zentrale Alkylkette als den Teil des Moleküls betrachten, den wir bei der Retrosynthese nicht verändern, können wir bei späteren Synthesen jede beliebige Zahl für n wählen. Die naheliegendste Methode ist eine aus zwei *Wittig-Reaktionen* bestehende Reaktionsfolge:

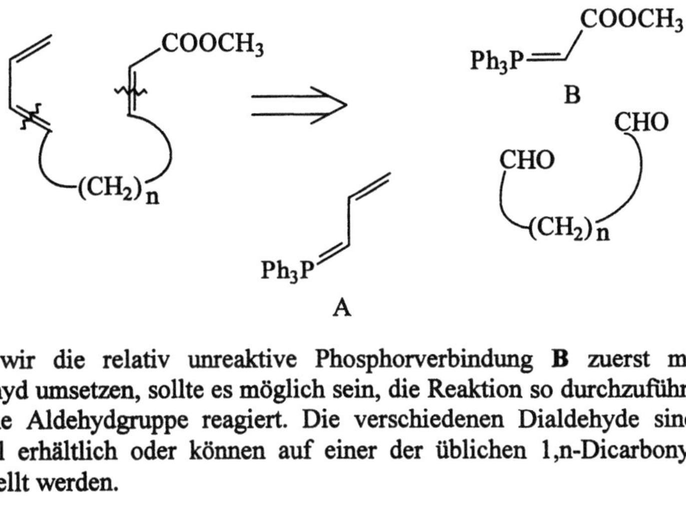

Wenn wir die relativ unreaktive Phosphorverbindung **B** zuerst mit dem Dialdehyd umsetzen, sollte es möglich sein, die Reaktion so durchzuführen, daß nur eine Aldehydgruppe reagiert. Die verschiedenen Dialdehyde sind kommerziell erhältlich oder können auf einer der üblichen 1,n-Dicarbonylrouten hergestellt werden.

Synthese:
Im folgenden ist die Synthese von *House* aufgeführt:

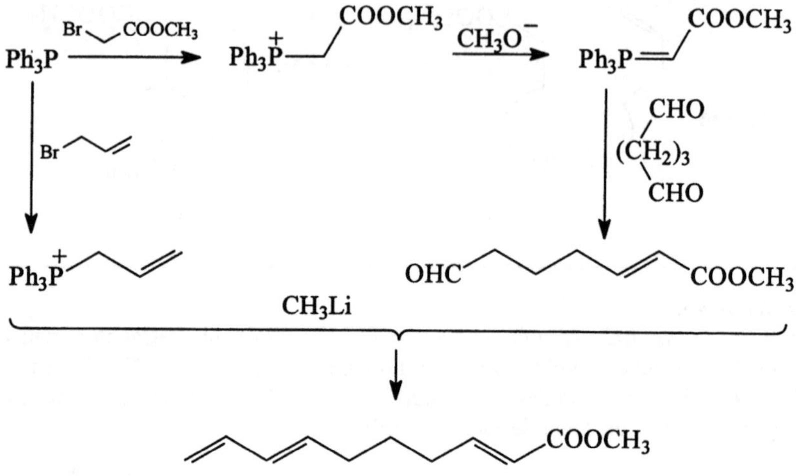

ZM 396 (n=3)

Um zur ursprünglichen Fragestellung zurückzukehren: Beim Erhitzen dieses Moleküls (**ZM 396**, n = 3) findet eine intramolekulare *Diels-Alder-Reaktion* statt, und ein Produkt mit Fünfring (**396A**, n = 3) wird gebildet.

---

398. Wiederholungsaufgabe 4:
Celestolid (**ZM 398**) ist ein Beispiel für Verbindungen mit einem angenehmen Eigengeruch, die aber in erster Linie so eingesetzt werden, daß sie den Geruch anderer Verbindungen herausheben und stärken.
Wie würden Sie Zielmolekül **398** herstellen?

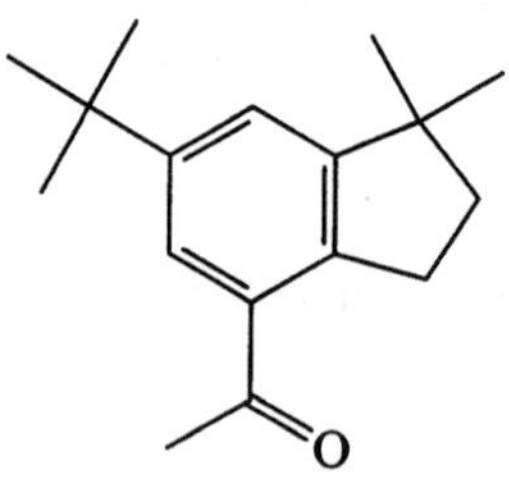

ZM 398

---

399. Analyse:
Die Einführung der einzigen funktionellen Gruppe ist banal, denn die Acetylseitenkette läßt sich leicht durch *Friedel-Crafts-Acylierung* einführen. Damit gelangen wir zum eigentlichen Problem und zu Verbindung **399A**:

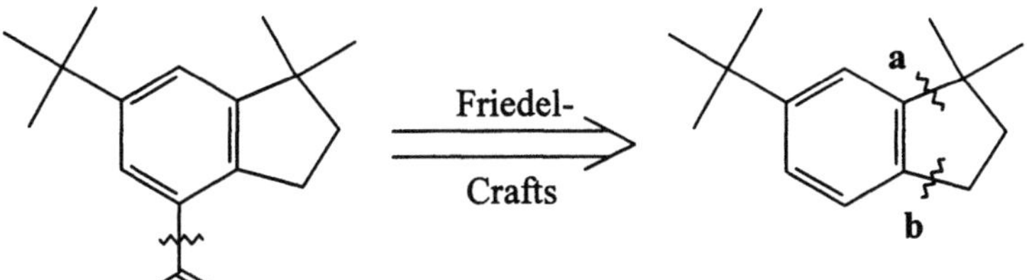

399A

Bei der Retrosynthese dieser Verbindung werden sicherlich die Bindungen **a** und **b** gespalten, wobei die Reihenfolge der Schritte eine entscheidende Rolle spielt. Wir müssen zunächst die Bindung spalten, die wir bei der Synthese als letzte knüpfen. Dieses ist Bindung **a** mit der "falschen" Orientierung - *meta*-ständig zum *tert.*-Butylrest. Die Knüpfung dieser Bindung erfolgt intramolekular, weshalb sich die richtige Orientierung von selbst ergibt. Damit erhalten wir Verbindung **399B**, für die im folgenden eine der möglichen Retrosynthesen aufgeführt ist:

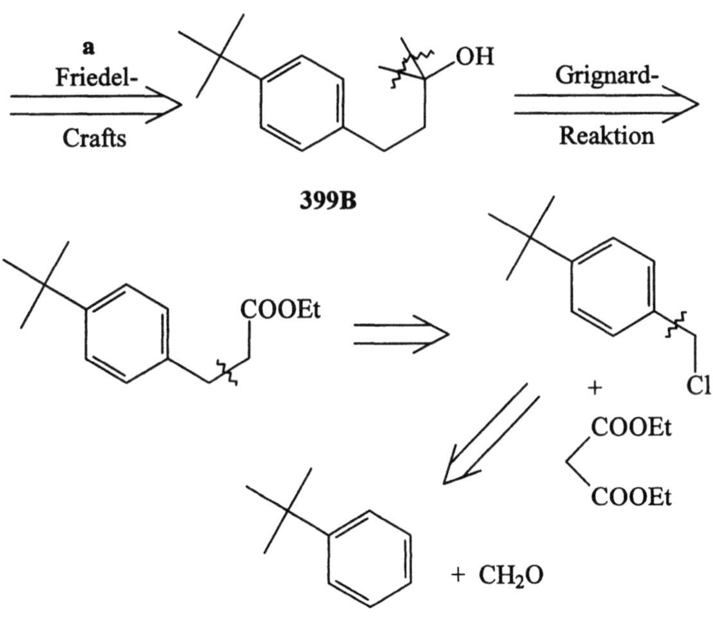

Synthese:
Im folgenden ist eine erfolgreiche Synthese für **ZM 398** aufgeführt (*Recl. Trav. Chim. Pays-Bas* **1958**, *77*, 854). Beachten Sie, daß bei der *Friedel-Crafts-Alkylierung* von *tert.*-Alkylverbindungen kein Aluminiumchlorid als Katalysator notwendig ist, da sich diese Verbindungen sehr leicht bilden.

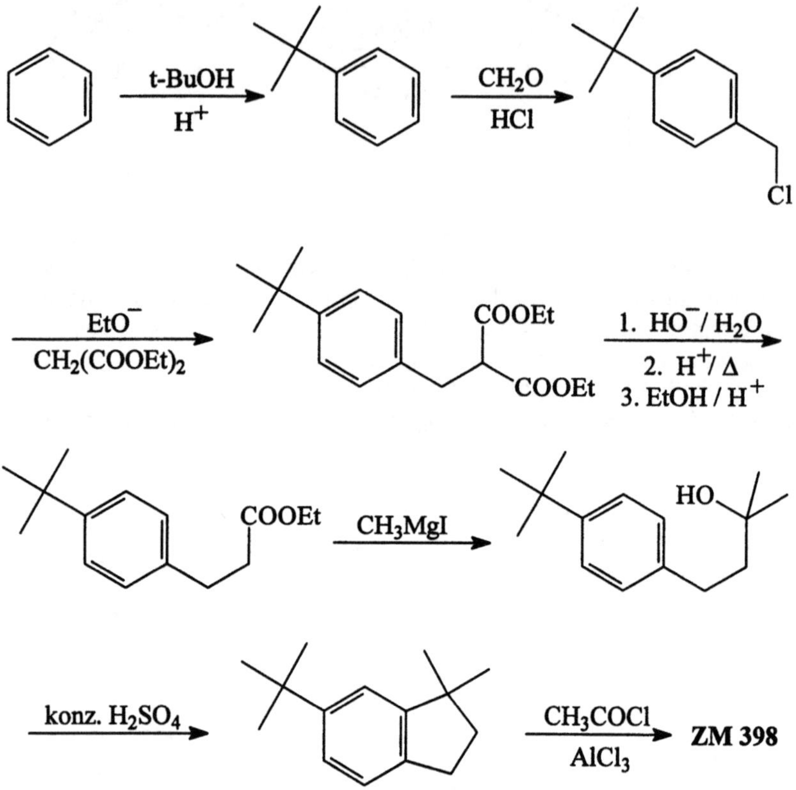

---

400. Wiederholunsaufgabe 5:
Zielmolekül **400** wurde von *Raphael* bei der Synthese von *Clofen*, einem Naturstoff, genutzt. Wie würden Sie diese Verbindung herstellen?

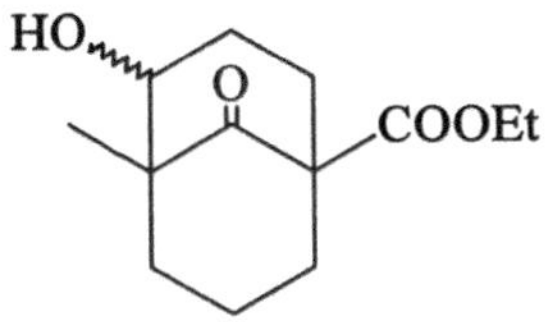

ZM 400

---

401. Analyse:
Wir können jede der Bindungen **a** bis **d** zu den "gemeinsamen" Atomen der beiden Sechsringe spalten, um einen einfachen Sechsring zu erhalten. Am günstigsten ist es, Bindung **a** zu spalten, da sie Bestandteil eines 1,3-dioxygenierten Systems ist:

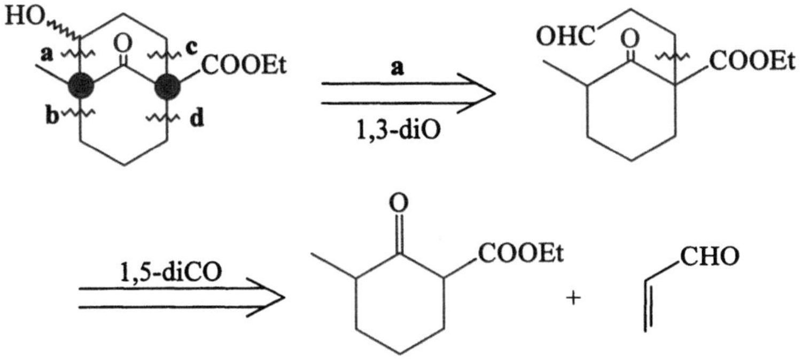

Synthese:
Das Edukt ist verwandt mit **ZM 100**, so daß wir die dort benutzte Methode einsetzen können:

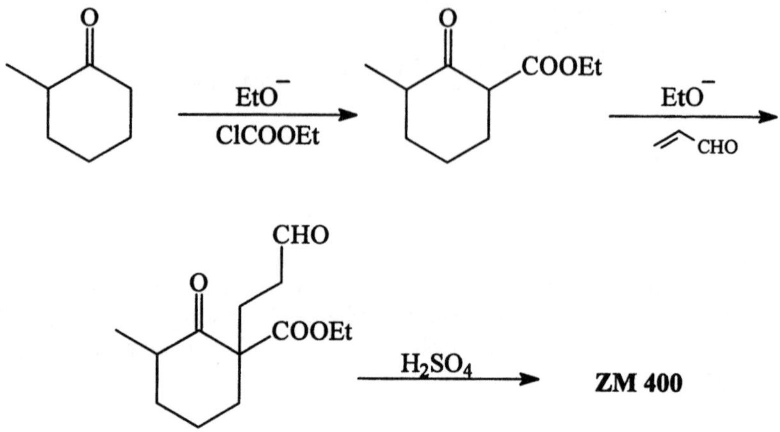

ZM 400

Nur ein Isomer (siehe Lernschritt 101, Verbindung **A**) wird gebildet, denn das alternative Produkt kann kein stabiles Enolat-Anion bilden. Die hier angeführte Synthese entspricht weitgehend der von *Raphael* durchgeführten (*Tetrahedron* **1962**, *18*, 55; *Proc. Chem. Soc. London* **1963**, 239).

---

402. Wiederholunsaufgabe 6:
Cascarillsäure kommt natürlich in *Wolfsmilchgewächsen* vor. Wie würden Sie die Verbindung **ZM 402** herstellen?

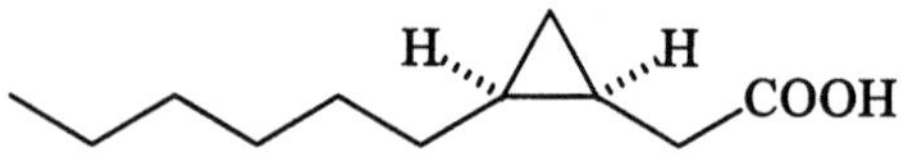

ZM 402

Cascarillsäure

---

403. Analyse:
Der Dreiring ist das entscheidende Molekülfragment und die Spaltung des Dreirings der entscheidende Retrosyntheseschritt. Nur bei der richtigen Wahl der Bindungsspaltung erhält das Produkt mit Sicherheit die richtige Stereochemie. Der Einfachheit halber schreiben wir in den folgenden Formeln R für den n-Hexylrest:

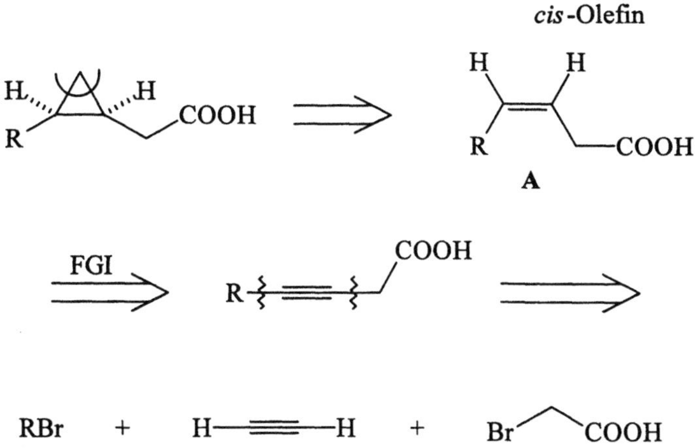

Synthese:
Die Säuregruppe kann bei der Synthese Schwierigkeiten verursachen. An deren Stelle könnten wir selbstverständlich auch einen Ester wählen, aber α-Bromester sind zu reaktiv, um sie mit Acetylenen umsetzen zu können. Weiterhin besteht die Gefahr, daß die Doppelbindung in **A** zum konjugierten System umlagert.
Diese Probleme können wir umgehen, indem wir ein Epoxid einsetzen und den Alkohol abschließend zur Säure oxidieren:

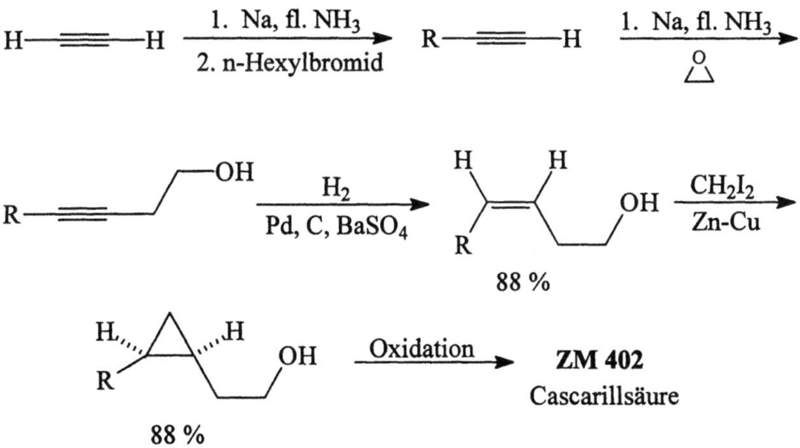

404. Wiederholungsaufgabe 7:
Zielmolekül **404** wurde als Intermediat in einer Steroidsynthese benötigt. Wie wurde es vermutlich hergestellt?

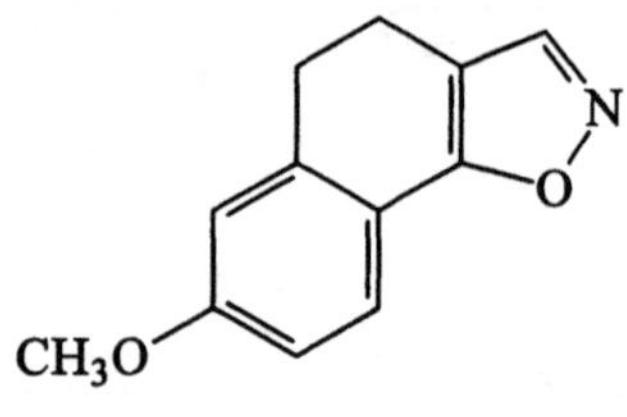

ZM 404

---

405. Analyse:
Wir beginnen mit der Retrosynthese am Heterocyclus: Die Abspaltung der beiden Heteroatome als Hydroxylamin liefert uns eine 1,3-Dicarbonylverbindung (siehe Methode aus den Lernschritten 258 -261).

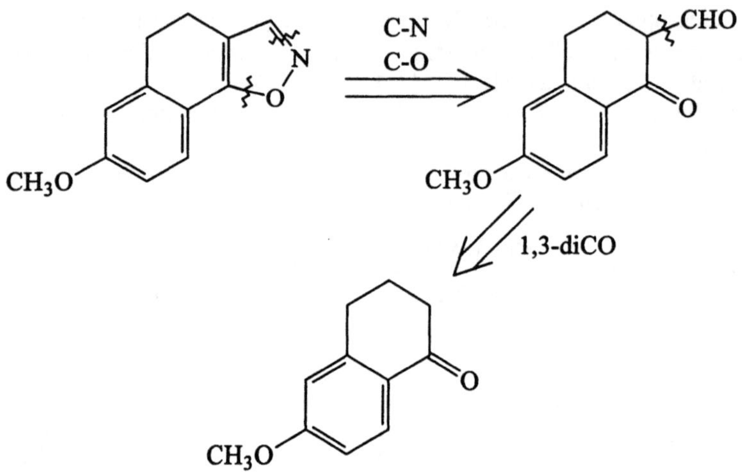

A

Verbindung **A** (siehe auch **224A**) ist ein Isomer des Ketons, das wir in Lernschritt 328 hergestellt haben. Es kann leicht unter Ausnutzung der dort diskutierten intramolekularen Strategie synthetisiert werden:

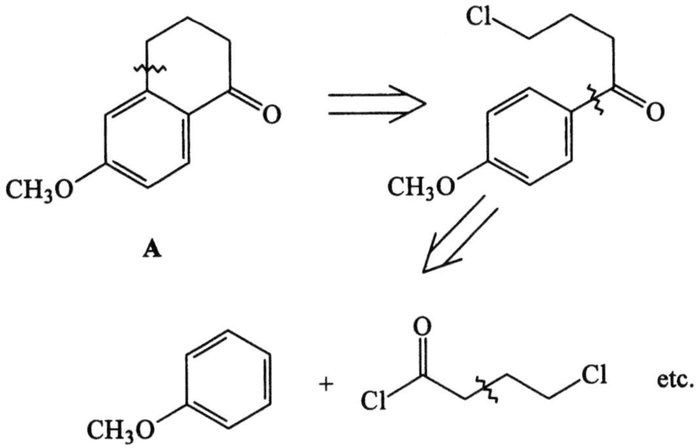
CH3O
O
Cl
O
CH3O
CH3O
O
Cl
Cl
etc.

A

Synthese:

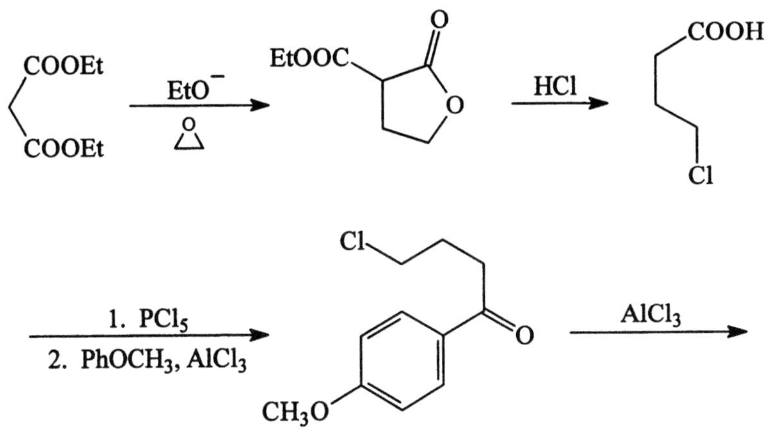
COOEt
COOEt
EtO⁻
EtOOC
O
O
HCl
COOH
Cl
1. PCl5
2. PhOCH3, AlCl3
Cl
O
CH3O
AlCl3

B

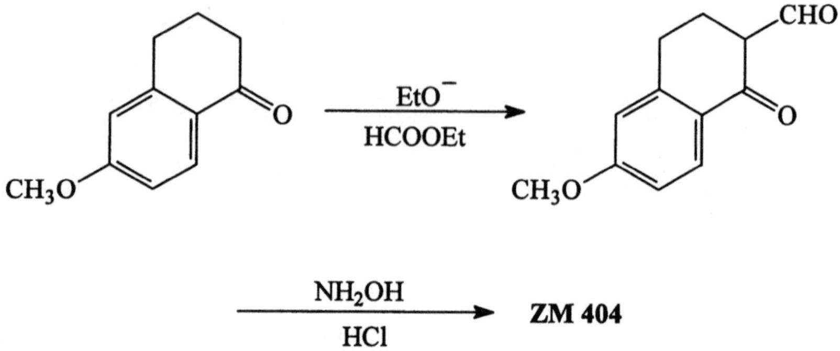

ZM 404

Diese Synthese wurde erstmals von *Velluz* (*Angew. Chem.* **1960**, *72*, 725) durchgeführt. Das von ihm verwendete Lacton kann anstelle der γ-Chlorsäure eingesetzt werden (*Org. Synth. Coll. Vol. IV*, 898). Andere Synthesesequenzen für **A** werden in *J. Am. Chem. Soc.* **1947**, *69*, 576, 2936 diskutiert. Es ist wahrscheinlich, daß die oben angeführte Cyclisierung von **B** nicht zu dem gewünschten Sechsring führen würde, sondern zu einem Fünfring (*J. Chem. Soc.* **1956**, 4647).
Der gebräuchlichste, aber "unlogische" Weg zur Herstellung von Verbindung **A** ist die Reduktion von β-*Naphtholmethylether* mit anschließender Oxidation des Produkts mit CrO_3.

---

406. Wiederholungsaufgabe 8:
Zielmolekül **406** ist ein synthetisches Intermediat, das mit *Cannabinol*, einem halluzinogenen Wirkstoff des Hanfs, verwandt ist. Wie würden Sie diese Verbindung synthetisieren?

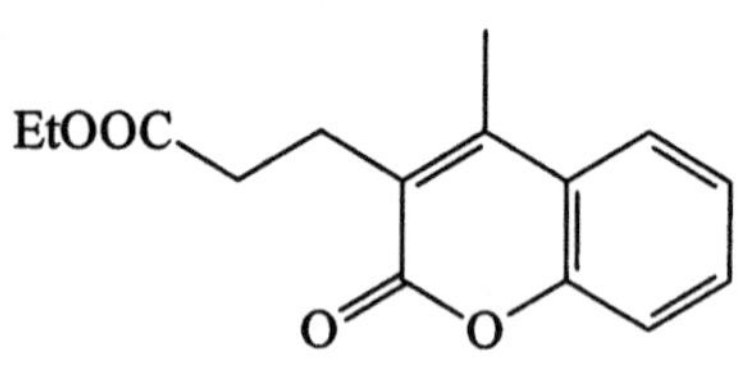

ZM 406

---

407. Analyse:
Wieder treffen wir auf ein Lacton, und wiederum führt uns die Ringspaltung zum eigentlichen Problem, der Verbindung **A**. Unser gebräuchlicher Retrosyntheseschritt für α,β-ungesättigte Carbonylverbindungen **a** ergibt eine 1,5-Dicarbonylverbindung **B** sowie ein Keton **C**, das sich von einem Phenol ableitet.

Alternativ dazu könnten wir zunächst Bindung **b** spalten, wodurch wir den Ketoester **D** erhalten, den wir wie unten abgebildet aufspalten können:

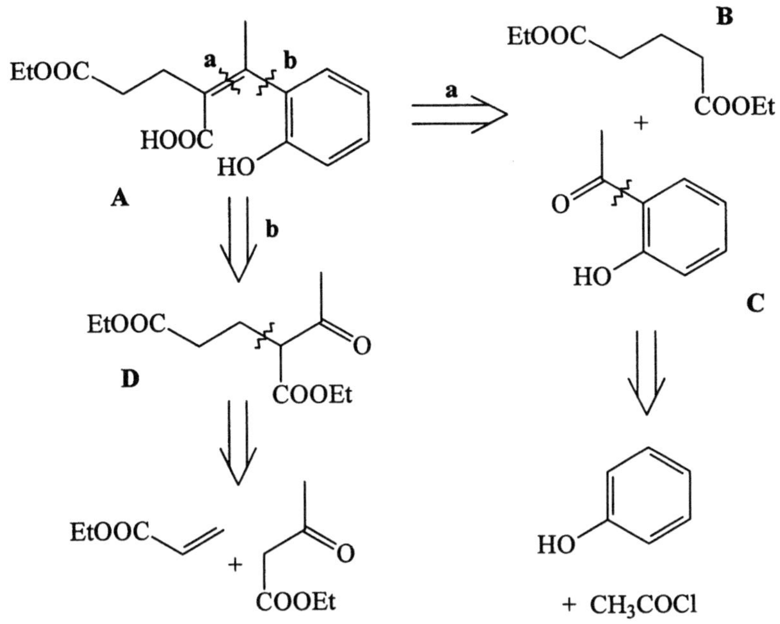

Welche Route wir auch wählen, wir brauchen in jedem Fall das *ortho*-Substitutionsmuster. Für Verbindung **C** können wir dieses mit Hilfe der *Fries-Verschiebung* erreichen (PhOH + $CH_3COCl \rightarrow PhOCOCH_3$, das anschließend mit Aluminiumchlorid zu **C** umlagert). Zum Mechanismus lesen Sie bei Laue, Plagens, S. 137 - 140 nach.

Ein weiteres Problem ist die *cis-trans*-Isomerie der Doppelbindung von Verbindung **A**! Route **b** löst dieses Problem, denn die Reaktion von **D** mit Phenol führt direkt zu **ZM 406**, wobei die Umesterung zur Knüpfung der CO-Bindung führt. Anschließend erfolgt der Kondensationsschritt. Dieses entspricht der in den Lernschritten 319 ff. diskutierten Strategie.

Synthese:

Chem. Ber. **1948**, *81*, 197; *J. Am. Chem. Soc.* **1967**, *89*, 5934. Für die gesamte Synthese sind lediglich zwei Schritte notwendig!

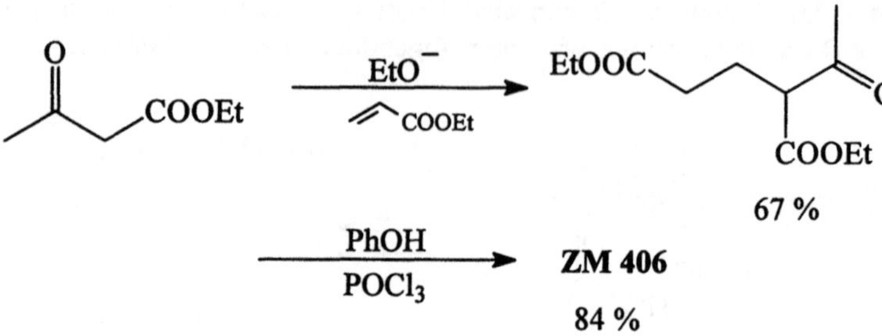

---

408. Wiederholungsaufgabe 9:
Schlagen Sie eine Synthese für Zielmolekül **408** vor!

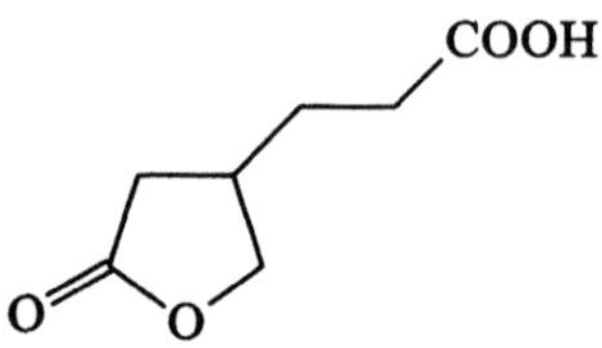

ZM 408

---

409. Analyse:
Bei dieser Verbindung handelt es sich um ein γ-Lacton, dessen retrosynthetischen Strategien wir ausführlich in den Lernschritten 334 - 348 besprochen haben. Durch Öffnung des Lactonrings erhalten wir eine Verbindung mit 1,4-, 1,5- und 1,6-dioxygeniertem Kohlenstoffskelett.
Bei 1,6-Dicarbonylverbindungen kann man den Trick mit der "Wiederverknüpfung" zum Cyclohexenderivat einsetzen:

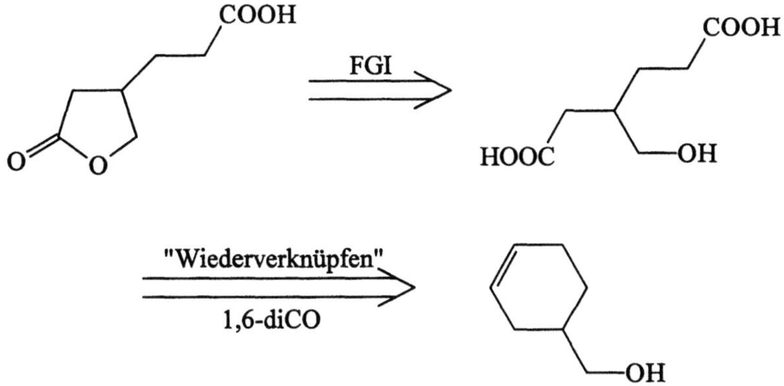

Damit haben wir fast das Produkt einer *Diels-Alder-Reaktion*, und zur Aktivierung muß lediglich der Alkohol in einen Aldehyd oder Ester überführt werden:

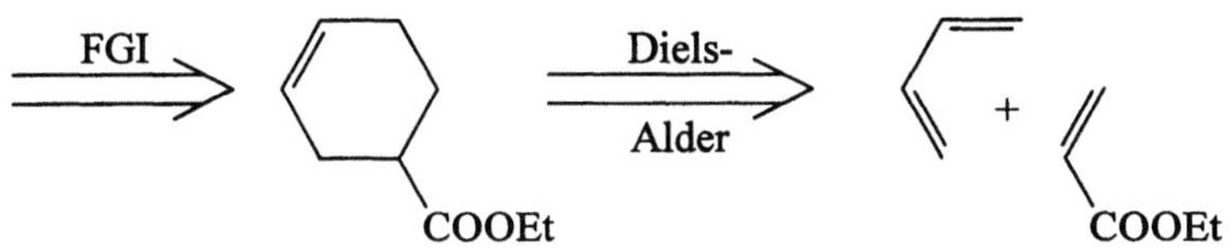

Synthese:
Die Synthese erfolgt wie in *Acta Chem. Scand. Ser. B*, **1977**, *31*, 189 beschrieben:

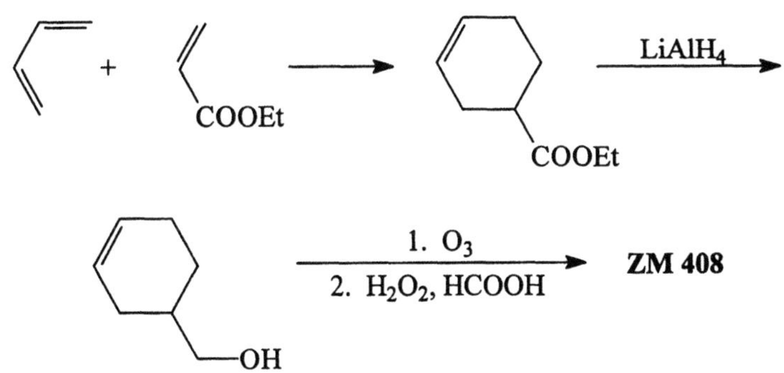

Die abschließende Cyclisierung zum Fünfring läuft spontan ab.

410. Wiederholungsaufgabe 10:
Zielmolekül **410** ist ein Intermediat in einer Alkaloidsynthese. Wie Sie im Laufe dieser Retrosynthese feststellen werden, ist es kein Problem, daß nicht alle Phenylreste verethert sind.

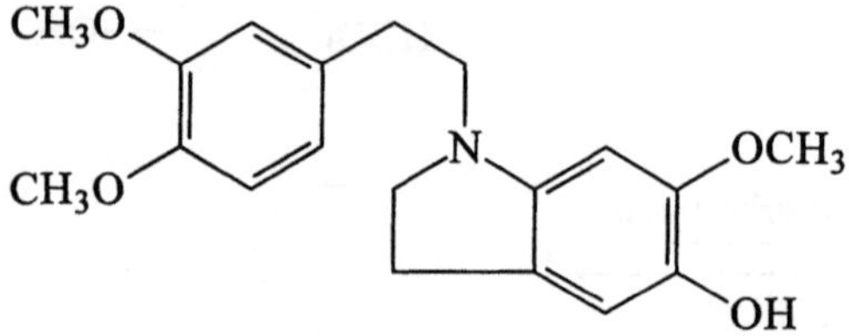

ZM 410

---

411. Analyse:
Das Stickstoffatom ist der Schlüssel zu diesem Problem. Zunächst müssen wir jedoch bei einer der benachbarten CH_2-Gruppen eine Carbonylgruppe einführen. Strategisch gesehen erzielen wir den größeren Fortschritt, wenn wir mit der exocyclischen CH_2-Gruppe beginnen:

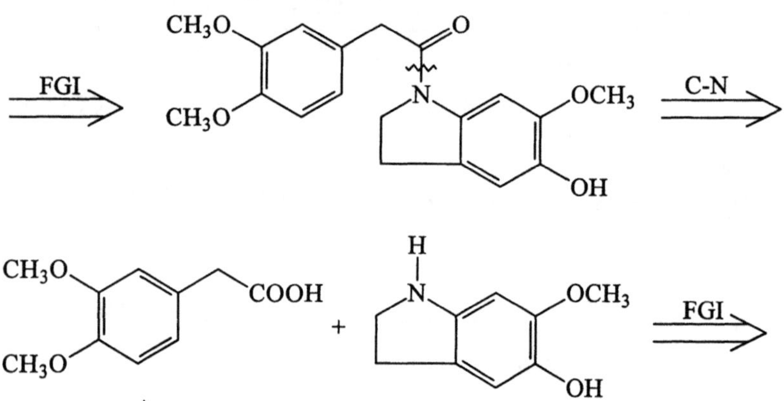

A

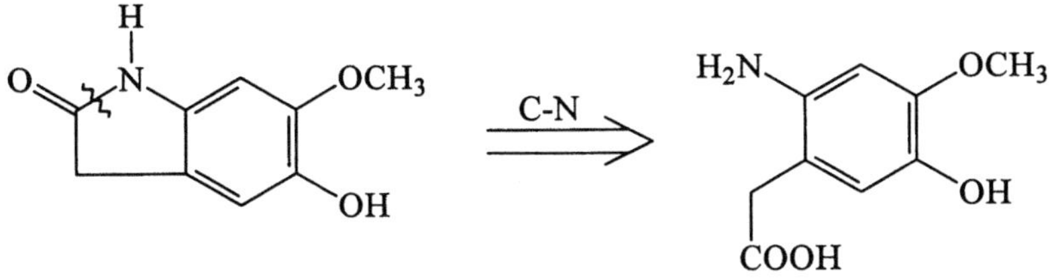

B

Es sieht so aus, als könnte man Verbindung **B** aus **A** (siehe Lernschritt 247) erhalten, wobei die Aminogruppe auf dem Umweg über die Nitrogruppe hergestellt werden muß. Diese Reaktionsfolge erlaubt uns durch eine nucleophile Substitution die Hydrolyse nur einer Ethergruppe.

Synthese:
Die Synthese nutzt dasselbe Edukt wie Lernschritt 247. Die weiteren Schritte gehen auf *McDonald* und *Wylie* (unveröffentlicht Cambridge 1976 - 1977) zurück:

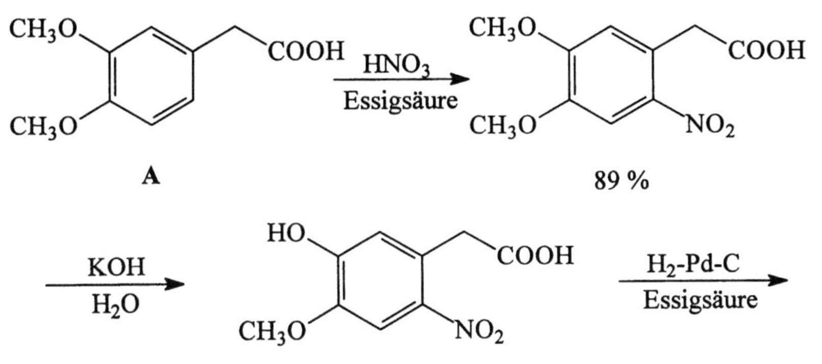

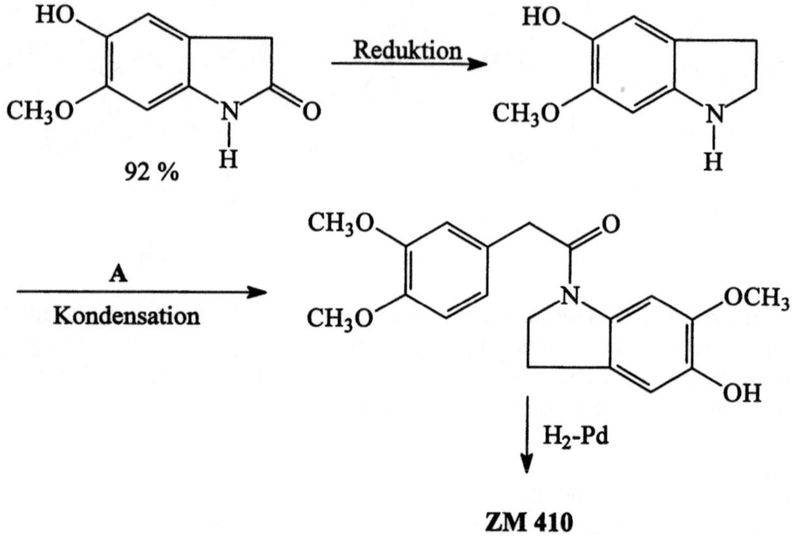
HO
CH3O
92 %
N
H
O
Reduktion
HO
CH3O
N
H
A
Kondensation
CH3O
CH3O
O
N
OCH3
OH
H2-Pd
ZM 410

M. Strategische Probleme

412. Im folgenden sind Probleme ohne Lösungen angeführt, mit deren Hilfe Sie an umfangreichere Retrosynthesen herangeführt werden sollen.

Strategieproblem 1: "Das falsche Substitutionsmuster"

Es ist immer ein Problem, *meta*-substituierte aromatische Verbindungen herzustellen, wenn beide Substituenten *ortho-* und *para*-dirigierend sind. Welche Strategie würden Sie vorschlagen?
Ein Beispiel ist das Alkylhalogenid (**ZM 412**), das als Intermediat in Steroidsynthesen eine Rolle spielt:

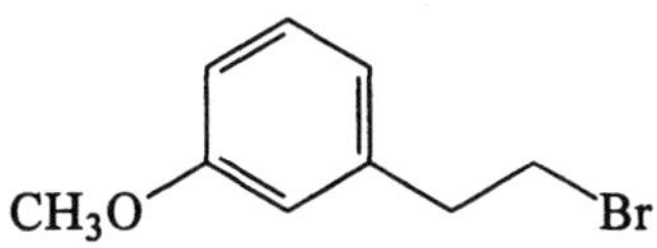

ZM 412

---

413. Folgende Hinweise können Ihnen bei der Retrosynthese helfen:

- Wie werden *meta*-substituierte Verbindungen prinzipiell hergestellt?
- Welche der beiden Seitenketten kann leichter eingefügt werden?
- Wie kann diese Seitenkette addiert werden?

Wie würden Sie Zielmolekül **413**, ausgehend von dem Alkylbromid, das Sie gerade hergestellt haben, synthetisieren? Bei diesem Molekül handelt es sich wiederum um ein Intermediat, das in Steroidsynthesen Verwendung findet. Wenn Sie daran interessiert sind, können Sie mehr darüber in *Helv. Chim. Acta* **1947**, *30*, 1422 und *J. Am. Chem. Soc.* **1942**, *64*, 974 nachlesen.

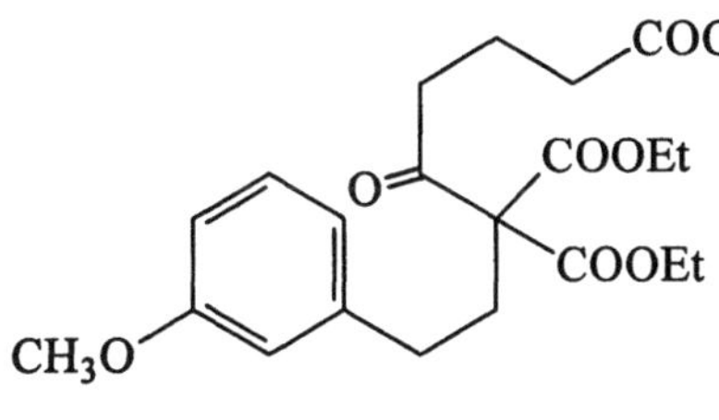

ZM 413

---

414. Strategieproblem 2: "Falsche Ringgrößen"

Bisher haben wir uns noch nicht mit der Synthese von Siebenringen beschäftigt. Die Kombination eines Sieben- mit einem Fünfring (siehe unten) ist ein in Naturstoffen verbreitetes Motiv. Dieses wird oft aus zwei miteinander verknüpften Sechsringen hergestellt, denn deren Synthese ist leichter zu beherrschen.
Welche aus zwei miteinander verknüpften Sechsringen bestehenden Moleküle sind für die Synthese der beiden folgenden Bicyclen geeignet?

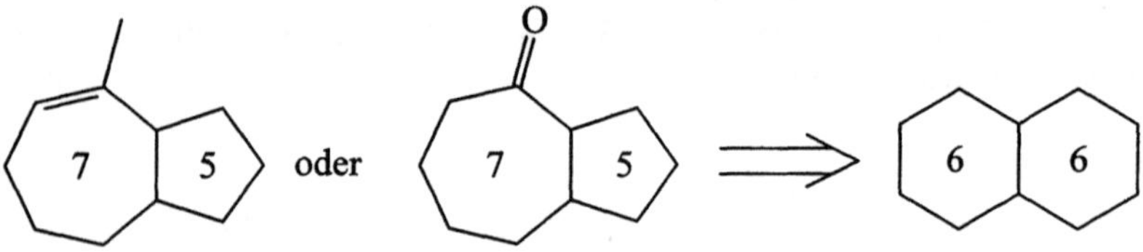

Antworten auf diese Frage finden Sie in *J. Am. Chem. Soc.* **1966**, *88*, 4113; **1969**, *91*, 6473: **1971**, *93*, 1746; *Org. Synth. Coll. Vol. V*, 277.

---

415. Strategieproblem 3: "Ein zu großer Ring"

Die Synthese von mittleren Ringen ist ebenfalls ein kniffliges Problem. Eine Synthesemethode ist die Bindungsspaltung in einer bicyclischen Verbindung:

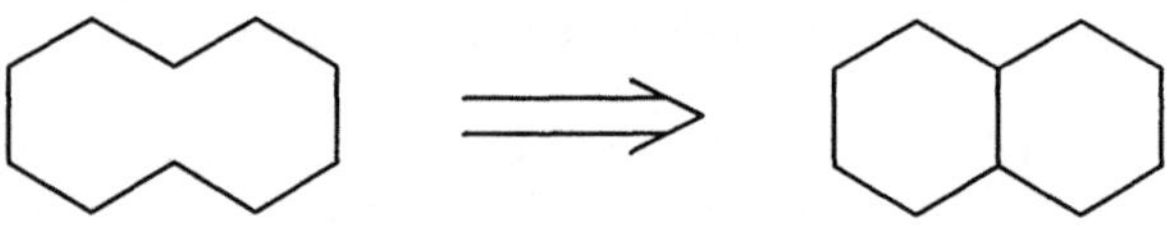

Welche Art von Reaktion kann genutzt werden, um diese Strategie umzusetzen? Formulieren Sie für die folgenden Verbindungen die vollständigen Synthesen!

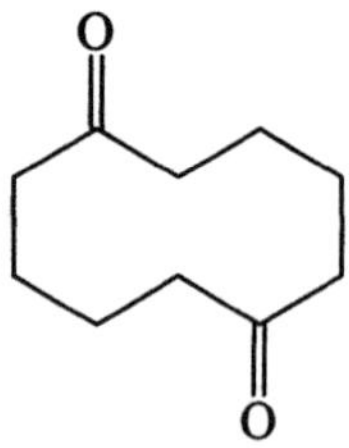

ZM 415A

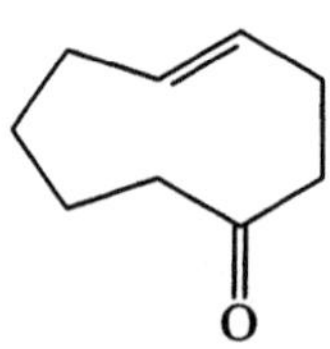

ZM 415B

Beachten Sie, daß es sich bei **ZM 415B** um das *trans*-Isomer handelt!

Lösungen des Problems finden Sie in den folgenden Literaturstellen: *J. Am. Chem. Soc.* **1963**, *85*, 362; **1964**, *86*, 485; *Chem. Ber.* **1933**, *66*, 563; *Tetrahedron Lett.* **1976**, 4409.

---

416. Strategieproblem 4: "Die falsche Polarisierung"

Sie haben gesehen, daß es wichtig ist, zu so vielen Synthonen wie möglich die entsprechenden Reagenzien zu besitzen. Eines, das wir bisher noch nicht erwähnt haben, ist das Acyl-Anion R-CO⁻. Im Falle von R = Methyl kennen wir bereits ein Reagenz (siehe Lernschritt 145).
Überlegen Sie sich für dieses Synthon ein Reagenz, das generell anwendbar ist! Damit sollte dieses Synthon ideal für Ketonsynthesen geeignet sein:

$$R^1CO^- \quad + \quad R^2{-}Hal \longrightarrow R^1COR^2$$

---

417. Dieses Problem stellt eine wirkliche Herausforderung dar. Vielleicht finden Sie Lösungen, indem Sie zwei Substituenten mit dem Kohlenstoffatom verknüpfen. Wie sieht es beispielsweise mit einem substituierten Wittig-Reagenz aus?

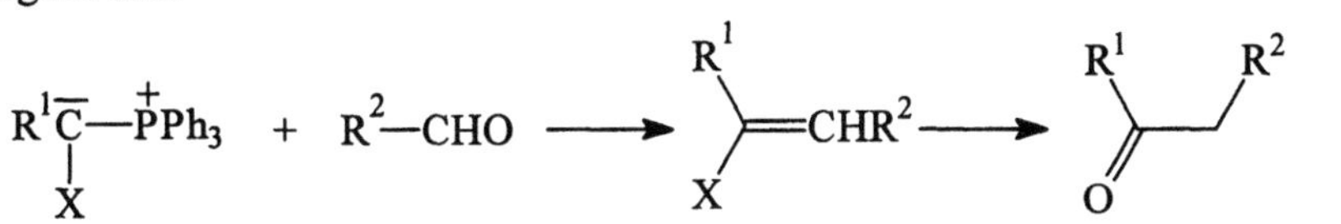

Um was für einen Substituenten muß es sich bei X handeln, damit die Sequenz durchführbar ist? Eine Darstellung mehrerer Lösungen finden Sie in *Tetrahedron* **1976**, *32*, 1943 und *Synthesis* **1977**, 357.

---

418. Strategieproblem 6: "Markierte Verbindung für biochemische Studien"

Mevalonsäurelacton (*Mevalolacton*) **ZM 418** ist ein Intermediat in der Biosynthese von Terpenen und Steroiden. Um genau untersuchen zu können, was während der Reaktion beispielsweise zu *Limonen* (**418A**) passiert, brauchen wir verschiedene Proben von *Mevalonsäurelacton*, bei denen jeweils eines der Kohlenstoffatome als ^{14}C markiert ist. Damit wird unsere übliche Retrosynthesestrategie auf den Kopf gestellt, denn wir müssen nach Reaktionen suchen, bei denen jeweils nur ein Kohlenstoffatom eingeführt wird. Für die Markierung können Reagenzien wie $^{14}CH_3I$, $Na^{14}CN$ und $^{14}CH_3COOH$ verwendet werden. Suchen Sie nach Methoden, um einige der markierten Verbindungen herzustellen!

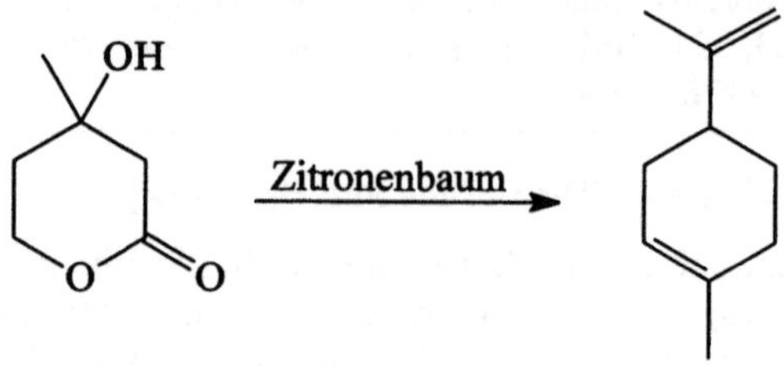

ZM 418 **A**

Einige Lösungen finden Sie in *Tetrahedron* **1959**, *5*, 311; *Chem. Abs.* **1966**, *65*, 614; *J. Am. Chem. Soc.* **1975**, *97*, 4144. Weiterhin können Sie bei Cornforth und Cornforth in *Natural Substances formed Biologically from Mevalonic Acid*, Hrsg. Goodwin, Academic Press **1970** nachlesen. Dort sind die verschiedenen Routen beschrieben.

---

419. Strategieproblem 7: "Enantioselektive Synthese"

Viele Verbindungen für Pharmazeutika, Duftstoffe und Insektizide müssen nicht nur die richtige relative Stereochemie aufweisen, sondern darüber hinaus auch enantiomerenrein vorliegen, um einsetzbar zu sein. Überlegen Sie sich Strategien, um nur ein Enantiomer synthetisieren zu können:

(a) Sollten Sie die Synthese mit einer optisch aktiven Verbindung beginnen?

oder

(b) sollten Sie an einem bestimmten Punkt eine Enantiomeren-trennung durchführen?

(c) Welches ist der beste Zeitpunkt für eine Enantiomerentrennung?

und

(d) was machen Sie mit dem unerwünschten Enantiomer?

Der folgenden Liste können Sie Beispiele für Ihre Überlegungen entnehmen:

Zielmoleküle in den Lernschritten 133, 135, 152, 214, 242, 249, 251, 377.

Anwendungsaufgabe	8	Lernschritt 110
Anwendungsaufgabe	26	Lernschritt 269
Anwendungsaufgabe	27	Lernschritt 271
Anwendungsaufgabe	32	Lernschritt 303
Wiederholungsaufgabe	6	Lernschritt 402
Wiederholungsaufgabe	9	Lernschritt 408

γ-Lactone	Lernschritte 342 - 348
Baclofen	Lernschritte 349 - 354
Chrysanthemumsäure	Lernschritte 355 - 370

---

420. In knapper Form die Antworten zu den Fragen:

(a) Ja, wenn eines erhältlich ist - was normalerweise nicht der Fall ist.
(b) Müssen Sie normalerweise machen.
(c) So früh wie möglich.
(d) Recyceln Sie es, oder benutzen Sie es für die Enantiomerentrennung einer anderen Verbindung.

Die Frage nach der stereochemischen Kontrolle ist ein Thema, das uns während des gesamten Lernprogramms begleitet hat. Mit fortschreitendem Kenntnisstand werden die Moleküle immer komplizierter und die Stereochemie bekommt eine immer größere Bedeutung. Dieses wird an vielen von *Corey* (*The Logic of Chemical Synthesis*) beschriebenen Synthesen deutlich.

N. Probleme mit mehreren publizierten Lösungen

421. Dieses Cyclopentadion wird in Steroidsynthesen als Vorstufe für den D-Ring benötigt. Anders als die entsprechende Verbindung mit Sechsring ist diese Verbindung schwer herzustellen. Schlagen Sie eine Lösung für dieses Problem vor!

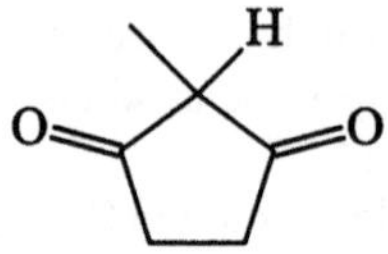

Publizierte Lösungen:

Bull. Soc. Chim. Fr. **1955**, 1036; **1965**, 645; *Org. Synth.* **1967**, *47*, 83; *J. Org. Chem.* **1967**, *32*, 1236; *Angew. Chem.* **1967**, *79*, 97, 378; *Chem. Ber.* **1967**, *100*, 2973; **1969**, *102*, 3238.

---

422. *Cis-Jasmon* (**ZM 422**) ist ein wichtiger Inhaltsstoff in zahlreichen Parfümen. Es gibt mehrere mögliche Retrosynthesen. Für Ihre Überlegungen dürfte es hilfreich sein zu wissen, daß die Cyclisierung von Diketon **422A** selektiv zu *cis-Jasmon* führt.

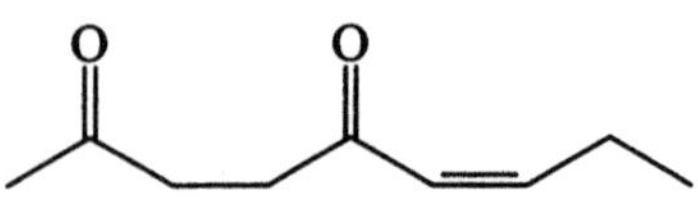

422A

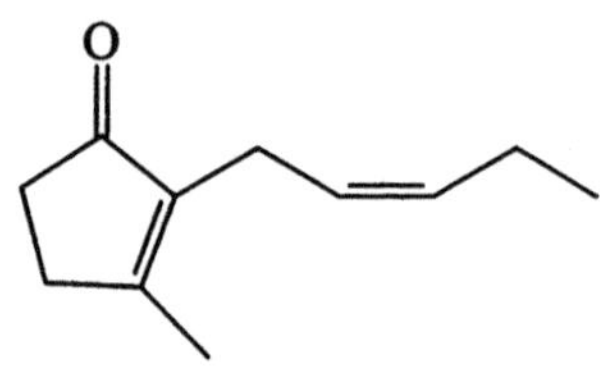

ZM 422

Publizierte Lösungen:

J. Chem. Soc. C. **1969**, 1016, 1024; *J. Chem. Soc. Chem. Commun.* **1972**, 529; *Tetrahedron Lett.* **1972**, 1233; **1976**, 4867; **1971**, 1569, 2575; 1973, 3267, 3271, 3275; **1974**, 3883, 1237, 1387, 4223; *J. Am. Chem. Soc.* **1964**, *86*, 935, 936; **1970**, *92*, 7428; **1971**, *93*, 5309, 3091; **1972**, *94*, 8641; **1973**, *95*, 4446, 4763; *Can. J. Chem.* **1972**, *50*, 2718,; *J. Org. Chem.* **1972**, *37*, 341, 2363; **1966**, *31*, 977; **1971**, *36*, 2021; *Chem. Lett.* **1972**, 793; **1973**, 713.

Eine Übersicht über 14 Synthesen von *cis-Jasmon* finden Sie in *Natural Products Chemistry*, Hrsg. Nakanishi et. al., Academic Press, New York, **1975**, Vol. 2, S. 21.

---

423. *Juvabion* ist eine von einigen Koniferenarten produzierte Substanz, die ein Insektenhormon imitiert. Dadurch wird eine Art natürlicher Kontrolle der Insektenpopulation erreicht, da die Substanz verhindert, daß die Tiere die Reife erreichen.

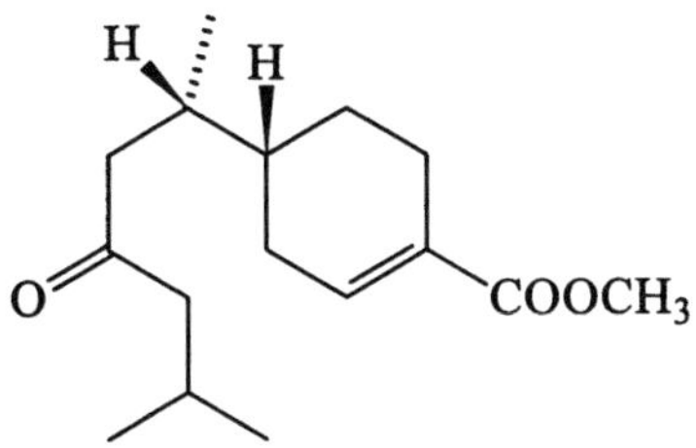

Juvabion

Publizierte Lösungen:

Tetrahedron Lett. **1967**, 2515, 4677; **1969**, 351; *Tetrahedron* **1968**, *24*, 3127; *Chem. Comm.* **1968**, 1057; *Can. J. Chem.* **1968**, *46*, 1467; *J. Am. Chem. Soc.* **1970**, *92*, 336.

---

424. *Grandisol* mit seinem Vierring ist ein anderes Insektenhormon, das männliche Sexualhormon des *Rüsselkäfers*, um genau zu sein. Es kann als hochspezifisches Mittel in der Insektenbekämpfung eingesetzt werden.

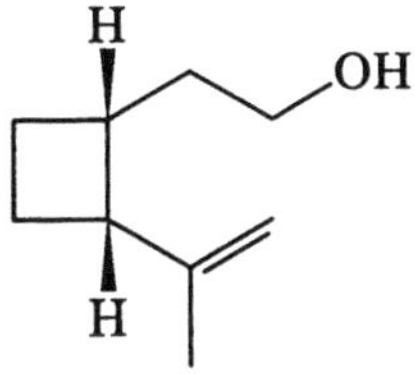

Grandisol

Publizierte Lösungen:

Science **1969**, 166, 1010; *J. Am. Chem. Soc.* **1970**, *92*, 425; **1974**, *96*, 5268, 5270, 5272; **1976**, *98*, 4594; *J. Org. Chem.* **1972**, *37*, 1854.

GPSR Compliance

The European Union's (EU) General Product Safety Regulation (GPSR) is a set of rules that requires consumer products to be safe and our obligations to ensure this.

If you have any concerns about our products, you can contact us on ProductSafety@springernature.com

In case Publisher is established outside the EU, the EU authorized representative is:

Springer Nature Customer Service Center GmbH
Europaplatz 3
69115 Heidelberg, Germany

Batch number: 10577917

Printed by Printforce, the Netherlands